高等院校建筑·景观·艺术设计系列教材(之五)
景观设计基础理论
王祝根 张青萍 编著
U0062523
东南大学出版社
·南京·

内容简介

在我国经济发展与城市化进程持续保持高速增长的环境下，景观设计作为处理人口、城市、生态与自然之间协调关系的应用学科得到了较快的发展，尤其是2011年我国国务院学位委员会、教育部新增风景园林学为一级学科，构建人居环境科学中建筑学、城市规划学和风景园林学三位一体的完整的学科框架。作为人居环境科学的三大支柱之一，风景园林学是一门建立在广泛的自然科学和人文艺术学科基础上的应用学科，作为风景园林一级学科下的主要专业方向，景观设计是一门涉及多专业领域知识的综合性学科，是关于景观的分析、规划布局、改造、设计、管理、保护和恢复的科学和艺术。

本书从景观设计理论的基础性与系统性出发，结合现代景观设计的发展趋势，以景观设计的概念与传承关系为起点，以现代景观设计的基础理论为重点，将景观设计历史与景观设计理论、方法三者相结合，共同构成本书的核心内容。该书内容全面，逻辑严谨，行文流畅，在编写时亦充分考虑设计专业学生的知识层次、理解能力与学习特点，注重设计历史与理论叙述的逻辑性、概括性与简洁性。

本书可作为高等院校景观设计、环境设计、园林设计等专业的课程教材，也可作为相关专业人员的参考用书及景观设计相关专业培训机构的培训用书。

图书在版编目（CIP）数据

景观设计基础理论 / 王祝根，张青萍编著 . — 南京：东南大学出版社，2012.11
高等院校建筑 · 景观 · 艺术设计系列教材
ISBN 978-7-5641-3647-5

Ⅰ. ①景… Ⅱ. ①王… ②张… Ⅲ. ① 景观设计—高等学校—教材 Ⅳ. ① TU986.2

中国版本图书馆 CIP 数据核字（2012）第153200号

景观设计基础理论

编　　著　王祝根　张青萍

选题策划　李　玉　**责任印制**　张文礼
责任编辑　李　玉　**封面设计**　王祝根　余武莉

出版发行　东南大学出版社
出 版 人　江建中
社　　址　南京市四牌楼2号（邮编 210096）
印　　刷　扬中市印刷有限公司
经　　销　全国各地新华书店
开　　本　787mm × 1092mm　1/12
印　　张　16
字　　数　328千字
版　　次　2012年11月第1版　2012年11月第1次印刷
印　　数　1-3 000册
书　　号　ISBN 978-7-5641-3647-5
定　　价　128.00元

CONTENT

目 录

CONTENT
目 录

第一章　景观设计概述

第一节　绪　论

在2011年国务院学位委员会、教育部公布的新的《学位授予和人才培养学科目录(2011)》中新增风景园林学为一级学科，构建人居环境科学中建筑学、城市规划学和风景园林学三位一体的完整的学科框架。作为人居环境科学的三大支柱之一，风景园林学是一门建立在广泛的自然科学和人文艺术学科基础上的应用学科，其核心是协调人与自然的关系，其特点是综合性非常强，涉及规划设计、园林植物、工程学、环境生态、文化艺术、地理学、社会学等多学科的交汇综合，担负着自然环境和人工环境建设与发展、提高人类生活质量、传承和弘扬中华民族优秀传统文化的重任。在我国城市化进程快速推进的今天，城市、人口与生态环境的矛盾日益突出，产生了前所未有的生态压力，城市化和城市生态化发展为中国风景园林事业提出了更加艰巨的任务和更高的要求，然而现行的人才培养规模、规格已不能适应我国风景园林事业发展的需要。我国将“风景园林学”正式升级为一级学科，标志着风景园林行业从国家层面得到了充分重视和认可，预示着风景园林教育春天的到来。

作为一级学科，目前教育界及相关学者探索对风景园林学下设风景园林历史理论与遗产保护、大地景观规划与生态修复和园林与景观设计等5个二级学科。其中园林与景观设计无疑将是风景园林学科的核心内容与重点方向。

作为风景园林一级学科下的主要专业方向，景观设计应该是设计内容丰富，具有科学理性分析和艺术灵感创作于一体的，关于对土地设计的综合研究，旨在解决人们一切户外空间活动的问题，为人们提供满意的生活空间和活动场所。

景观设计可以说是一门古老而崭新的学科，它的存在和发展一直与人类的发展息息相关，包括人们对生存生活环境的追求，以及对生活环境无意识和有意识的改造活动。这种活动孕育了景观设计学。因此，在介绍景观设计的基本理论之前，有必要认识景观与景观设计的相关概念及其基本内涵等几个基础性问题。

第二节 景观的涵义

景观(Landscape),是一个具有时间属性的动态整体系统,它是由地理圈、生物圈和人类文化圈共同作用形成的。当今的景观概念已经涉及地理、生态、园林、建筑、文化、艺术、哲学、美学等多个方面。由于景观研究是一门指出未来方向,指导人们行为的学科,它要求人们跨越所属领域的界限,跨越人们熟悉的思维模式,并建立与其他领域融合的共同基础。

不同的学科领域对“景观”一词有着不同的定义与理解。地理学把景观作为一个科学名词,定义为一种地表景象,或综合自然地理区,或是一种类型单位的通称,如城市景观、森林景观等(辞海,1995);艺术学中则把景观作为表现与再现的对象,等同于风景(图 1.2.1,图 1.2.2);建筑师把景观作为建筑物的配景或背景 ;生态学家把景观定义为生态系统或生态系统的系统 ;旅游学家把景观当做资源 ;而更常见的是景观被城市美化运动者和开发商等同于城市的街景立面、霓虹灯、园林绿化和小品。

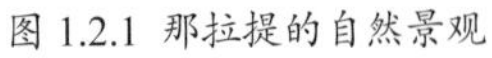
图 1.2.1 那拉提的自然景观

图 1.2.2 荒漠化的自然景观

由此可见,景观,尤其是自然景象,哪怕是同一景象,不同的人也会有不同的理解,正如 Meinig 所说“同一景象的十个版本”(1976)。如美国的“Landscape”,主要指凡是与土地有关的空间环境和资源,中国的“Landscape”常常是指“山水”,而日本的“Landscape”更多的是指“造园”。“Landscape”还被说成“景观”、“风景”、“造园”、“园林”、“风景园林”等多种释译。

因此,作为大地综合体,景观具有多种含义,也是多个学科的研究对象。这些含义包括 :

一、景观作为视觉审美的对象,在空间上与人、物、我分离,景观所指表达了人与自然的关系,人对土地、人对城市的态度,也反映了人的理想和欲望。

二、景观作为生活其中的栖息地,是体验的空间,人在空间中的定位和对场所的认同,使景观与人物我一体。

三、景观作为系统,物我彻底分离,使景观成为科学客观的解读对象。

四、景观作为符号，是人类历史与理想、人与自然、人与人相互作用与关系在大地上的烙印。

以此分析，景观是审美的、体验的、科学的、有含义的。以下对其概念的延伸解释有助于加深我们对景观概念的理解。

在西方，景观一词最早可追溯到成书于公元前的旧约圣经，西伯来文为“noff”，从词源上与“yafe”即美（beautiful）有关。在上下文中，它是用来描写所罗门皇城耶路撒冷壮丽景色的（Naveh，1984）。因此这一最早的景观含意实际上是城市景象。可以想象，这是一个牧羊人，站在贫瘠的高岗之上，背后是充满恐怖而刻薄的大自然，眼前则是沙漠绿洲中的棕榈与橄榄掩映着的亭台楼阁宫殿之所。因此，这时的景观是一种乡野之人对大自然的逃避，是对安全和提供庇护的城市的一种憧憬，而城市本身也正是文明的象征。景观的设计与创造，实际上也就是造城市、造建筑的城市（图 1.2.3）。

图 1.2.3 美国芝加哥城市景观

景观作为视觉审美对象的含意，一直延续到现在，但该词所包含的内涵和其背后所传达的人类审美态度，却经历了一些微妙的变化。第一个变化来源于文艺复兴时期对乡村土地的贪欲，即景观作为城市的延伸；其二则来源于工业革命中后期对城市的恐惧和憎恶，即景观作为对工业城市的对抗。

人们最早注意到的景观是城市本身，“景观的视野随后从城市扩展到乡村，使乡村也成为景观”（Cosgrove，1998，P70）。文艺复兴之前的欧洲封建领主制将人束缚于君权之下，人被系于土地之中，大自然充满神秘和恐怖，且又为人类生活之母，对土地的眷恋和依赖，使人如母亲襁褓中的婴儿。城市资本主义的兴起使人从土地中解放出来，土地的价值从生存与生活所必需的使用价值，转变为可以交换的商品和资源，人与土地第一次分离而成为城里人。新兴的城市贵族通过强大的资本勾画其理想城市，同时不断向乡村扩展，将其作为城市的附属。新贵族们想用理想城市的模式来组织和统领理想的乡村风景，实现一种社会的、经济的和政治的新秩序。而画家（更确切地说是资助画家们的新贵族）眼中的城市理想社会和人与自然新和

图 1.2.4 德国乡村景观

谐的“理想城市”是严格几何的、纪念性的和完全基于透视学的。理想城市模式与文艺复兴时期的绘画一样，景观成为逃避城市的理想之地（图 1.2.4）。

景观作为视觉美含意的第二个转变，源之于工业化带来的城市环境的恶化。工业化本身是文艺复兴的成果，但至少从 19 世纪下半叶开始，在欧洲和美国各大城市，城市环境极度恶化。城市作为文明与高雅的形象被彻底毁坏，相反成为丑陋的和恐怖的场所，而自然原野与田园成为逃避的场所。因此，作为审美对象的景观也从欣赏和赞美城市，转向爱恋和保护田园。因此才有以奥姆斯特德（F. L. Olmsted）为代表的景观设计师（Landscape Architect 而非 Gardener）的出现，和景观设计学（Landscape Architecture 而非 Gardening）；因此才有以倡导田园风光为主调的美国城市公园运动，和以保护自然原始美景为主导的美国国家公园体系；因此也才有霍华德那深得人心的田园城市和随后的田园郊区运动。

至此，文明社会关于景观（风景）的态度经过了一个翻天覆地的变化。这一转变的轨迹从逃避恐怖的大自然而向往壮丽的城市，到设计与炫耀理想的城市，并把乡村作为城市的延伸和未来发展的憧憬，进而发展到畏惧城市、背离城市，而把田园与郊野作为避难之所，从而在景观中隐隐地透出对自然田园的珍惜与怜爱。景观的这一审美内涵上的递变，也明显地反映在景观保护、设计、创造及管理的态度上。

每一景观都是人类居住的家，或者说是潜在的“家”。中国古代山水画把可居性作为画境和意境的最高标准。无论是作画或赏画，实质上都是一种卜居的过程（郭熙、郭思《林泉高致》）。也是场所概念（Place）的深层的含义。这便又回到哲学家海德格尔的栖居（Dwelling）概念（Heidegger，1971）。栖居的过程实际上是与自然的力量与过程相互作用，以取得和谐的过程，大地上的景观是人类为了生存和生活而对自然的适应、改造和创造的结果。同时，栖居的过程也是建立人与人和谐相处的过程。因此，作为栖居地的景观，是人与人，人与自然关系在大地上的烙印。

图 1.2.5 圣彼得堡城市景观

城市的龙山或靠山，村落背后的风水林，村前的水塘，房子后门通往山后的小路，还有梯田和梯田上的树丛，甚至是家禽、家畜、蔬菜、瓜果，都是千百年来人与自然力相互作用、取得平衡的结果，是人们对大自然丰饶的选择和利用，也是对大自然的刻薄与无情的回避和屈服。桃花源的天人和谐景观并不是历来如此，也决非永远如此，正是在与自然力的不断协调过程中，有时和谐，有时不和谐，最终自然教会了人如何进行生态的节制，包括如何节约土地和水，保护森林，如何选地安家，如何引水筑路，如何轮种和配植作物，懂得“斧斤以时入山林，材木不可胜用”（孟子 · 梁惠王）；懂得“仲冬斩阳木，仲夏斩阴木”（周礼 · 地官）。

城市中的红线栏杆、篱笆城墙、屋脊之高下、门窗之取向，农村的田埂边界、水渠堤堰，大地上的运河驰道、边境防线，无不是国与国，家与家和人与人之间长期竞争、交流和调和而取得短暂的平衡的结果，这即是 Jackson 所谓的政治景观。

从另一角度看，人类是符号动物，景观是一个符号传播的媒体，是有含义的，它记载着一个地方的历史，包括自然和社会历史；讲述着动人的故事，包括美丽的或者是凄惨的故事；讲述着土地的归属，也讲述着人与土地、人与人及人与社会的关系，因此行万里路，如读万卷书。景观具有语言的所有特征，它包含着话语中的单词和构成——形状图案、结构、材料、形态和功能（图 1.2.5）。所有景观都是由这些组成的。如同单词的含义一样，景观组成的含义是潜在的，只存在于上下文中才能显示。景观语言也有方言，它可以是实用的，也可以是诗意的。海德格尔把语言比喻成人们栖居的房子。景观语言是人类最早的语言，是人类文字及数字语言的源泉。“河出图，洛出书”固然是一个神话传说，但它却生动地说明了中国文字与数字起源于对自然景观中自然物及现象的观察和启示的过程。

同文字语言一样，景观语言可以用来说、读和书写，为了生存和生活——吃、住、行、求偶和生殖，人类发明了景观语言，如同文字语言一样，景观语言是社会的产物。景观语言是为了交流信息和情感的，同时也是为了庇护和隔离的，景观语言所表达的含义只能部分地为外来者所读懂，而有很大部分只能为自己族群的人所共享，从而在交流中维护了族群内部的认同，而有效地抵御外来者的攻击。

景观中的基本名词是石头、水、植物、动物和人工构筑物，它们的形态、颜色、线条和质地是形容词和状语（图 1.2.6，图 1.2.7）。这些元素在空间上的不同组合，便构成了句子、文章和充满意味的书。一本关于自然的书，关于一个地方的书，以及关于景观中人的书。当然，要读懂，读者就必须要有相应的知识和文化。不同的社会文化背景的人，如同上下文关系中的景观语言一样，是有多重含义的，这都是因为人是符号的动物；而景观符号，是人类文化和理想的载体。

另外很重要的一点，景观作为人在其中生活的地方，把具体的人与具体的场所联系在一起。在本书第六章中专门就景观

图 1.2.6 草原村落景观

图 1.2.7 自然植被与水体景观

的场所与空间进行了详尽的叙述，因为景观是由场所构成的，而场所的结构又是通过景观来表达。与时间和空间概念一样，场所（地方）是无所不在的，人离不开场所，场所是人于地球和宇宙中的立足之处，场所使无变为有，使抽象变为具体，使人在冥冥之中有了一个认识和把握外界空间和认识及定位自己的出发点和终点。哲学家们把场所上升到了一个哲学概念，用以探讨世界观及人生（Casey，1998；Heidegger，1971）；而地理学家、建筑及景观理论学者又将其带到了理解景观现象的更深层次。对场所性的理解首先必须从场所的物理属性，主体人与场所的内—外关系，以及人在场所中的活动，无所不在的时间这四个方面来认识。这四个方面构成景观作为体验场所的密不可分的整体。

第三节　景观设计学的相关概念

景观设计使人与自然相互协调，和谐共存，是大工业时代的产物、科学与艺术的结晶，融合了工程和艺术、自然与人文科学的精髓，创造一个高品质的生活居住环境，帮助人们塑造一种新的生活意识，更是社会发展的趋势。它是关于景观的分析、规划布局、改造、设计、管理、保护和恢复的科学和艺术。对景观设计专业，不同的国家和地区有不同的解释，如加拿大景观设计师协会将其定义为是一门关于土地利用和管理的专业。

我国国家劳动和社会保障部对景观设计学的定义是：

景观设计（Landscape Architecture）是一门建立在广泛的自然科学和人文艺术学科基础上的应用学科，核心是协调人与自然的关系。它通过对有关土地及一切人类户外空间的问题，进行科学理性的分析，找到规划设计问题的解决方案和解决途径，监理规划设计的实施，并对大地景观进行维护和管理。

景观设计（Landscape Architecture）是人类社会发展到一定阶段的产物，也是历史悠久的造园活动发展的必然结果。景观是人类的世界观、价值观、伦理道德的反映，是人类的爱和恨、欲望与梦想在大地上的投影，而景观设计是人们实现梦想的途径。从定义上理解，它包括了对土地和户外空间的人文艺术和科学理性的分析、规划设计、管理、保护和恢复。景观设计和其他规划职业之间有着显著的差异。景观设计要综合建筑设计、城市规划、城市设计、市政工程设计、环境设计等相关知识，并综合运用其创造出具有美学和实用价值的设计方案。

根据解决问题的性质、内容和尺度的不同，景观设计包含两个主要方向，即：景观规划（Landscape Planning）和景观设计（Landscape Design），前者是指在较大尺度范围内，基于对自然和人文过程的认识，协调人与自然关系的过程，具体说是为某些使用目的安排最合适的地方和在特定地方安排最恰当的土地利用；而对这个特定地方的设计就是景观设计。

景观设计专业的产生和发展有着相当深厚和宽广的知识底蕴，如哲学中人们对人与自然之间关系（或人地关系）的认识；在艺术和技能方面的发展，一定程度上还得益于美术、建筑、城市规划、园艺以及近年来兴起的环境设计等相关专业。但美术、建筑、城市规划、园艺等专业产生和发展的历史比较早，尤其在早期，建筑与美术（画家）是融合在一起的。城市规划专业也是在不断的发展中才和建筑专业逐渐分开的，尽管在中国这种分工体现得还不是十分明显。因此，谈到景观设计学的产生首先有必要理清它和其他相近专业之间的关系，或者说其他专业所解决的问题和景观设计所解决的问题之间的差异。这样才可能阐述清楚景观设计专业产生的背景。

景观概念作为土地及土地上的空间和物质所构成的综合体，它是复杂的自然过程和人类活动在大地上的烙印。基于以上的概念理解，从原始人类为了生存的实践活动，到农业社会、工业社会所有的更高层次的设计活动，在地球上形成了不同地域、不同风格的景观格局。如俞孔坚先生在《从选择满意景观到设计整体人类生态系统》中列出的农业社会的栽培和驯养生态景观，水利工程景观，村落和城镇景观，防护系统景观，交通系统景观；工业社会的工业景观，及其带来或衍生的各种景观。

在这里景观是一种客观现象或客观状态，其本身并无好坏之分。景观的价值和审美的功能还没有被人们充分认识。因此，现代意义上的景观设计还没有真正产生。工业化社会之后，工业革命虽然给人类带来了巨大的社会进步，但由于人们认识的局限，同时也将原有的自然景观分割得支离破碎，完全没有考虑生态环境的承受能力，也没有可持续发展的指导思想。这直接导致了生态环境的破坏和人们生活质量的下降，以至于人们开始逃离城市，寻求更好的生活环境和生活空间。景观的价值逐渐开始被人们认识和提出。有意识的景观设计才开始酝酿。或者可否从另外的角度理解，景观设计的发展在不同的时期有一条主线：在工业化之前人们为了追求欣赏娱乐的景观造园活动，如国内外的各种“园、囿”，在这样的思路之下，产生了国内外的园林学、造园学等；工业化带来的环境问题强化了景观设计的活动，从一定程度上改变了景观设计的主题，由娱乐欣赏转变为追求更好的生活环境；由此开始形成现代意义上的景观设计，即解决土地综合体的复杂的综合问题，解决土地、人类、城市和土地上的一切生命的安全与健康以及可持续发展的问题。在时间概念的范畴上，工业革命前的园林规划设计、城市规划和建设归纳为传统意义的景观设计或景观活动；本书中论述的景观设计特指现代意义上的景观设计，即在大工业化、城市化背景下兴起的景观设计。

景观设计产生的历史背景可以主要归结为以下几个方面：工业化带来的环境污染；与工业化相随的城市化带来的城市拥挤，聚居环境质量恶化。基于工业化带来的种种问题，一些有识之士开始对城市，对工业化进行质疑和反思，寻求解决的办法。

现代景观设计学科的发展和其职业化进程，美国是走在最前列的。在全世界范围内，英国的景观设计专业发展也比较早。1932 年，英国第一个景观设计课程出现在莱丁大学（Reading University），相当多的大学于 20 世纪 50—70 年代早期分别设立了景观设计研究生项目。景观设计教育体系相对而言业已成熟，其中，相当一部分学院在国际上享有盛誉。

在美国景观规划设计专业教育是哈佛大学首创的。在某种意义上讲，哈佛大学的景观设计专业教育史代表了美国的景观设计学科的发展史。从 1860 年到 1900 年，奥姆斯特德等景观设计师在城市公园绿地、广场、校园、居住区及自然保护地等方面所做的规划设计奠定了景观设计学科的基础，之后其活动领域又扩展到了主题公园和高速公路系统的景观设计。

对景观设计专业而言，20 世纪 50 年代的丹·凯利的“设计就是生活”使景观设计摆脱了单纯的审美意义，后来又经历了以人为本的功能主义和应对人与自然关系的历程。可以说，当代景观设计专业越来越成为一个应对危机的学科。从美国景观设计师协会对景观设计学学科的定义演变可以看到这种变化。从 1909 年到 1920 年，美国景观设计师协会称景观设计学是一种为人们装饰土地和娱乐的艺术；20 世纪 50 年代，景观设计学被定义为安排土地，并以满足人们的使用和娱乐为目标；1975 年称景观设计学是一门设计、规划和土地管理的艺术，通过文化与科学知识来安排自然与人工元素，并考虑资源的保护与管理；1983 年称景观设计学是一门通过艺术和科学手段来研究、规划、设计和管理自然与人工的专业；到 20 世纪 90 年代，美国景观设计师协会又申明，景观设计学其内容是灵活的设计，使文化与自然环境相融合，构建自然和谐的可持续平衡。

纵观国外的景观设计专业教育，非常重视多学科的结合，包括生态学、土壤学等自然科学，也包括人类文化学、行为心理学等人文科学，最重要的还必须学习空间设计的基本知识。这种综合性进一步推进了学科发展的多元化。因此我们可以说，景观设计专业是大工业、城市化和社会化背景下，在现代科学与技术的基础上应运而生的新生专业。

第四节　景观设计的内容

科技发展和社会的进步使人们认识到城市规划的重要性，环境和景观的价值所在。今天世界各地的人们都开始关注城市的健康发展，关注如何营造一个良好的居住环境和生活空间，这也是景观设计与建筑学、城乡规划学、风景园林学共同追求的目标。

景观设计涉及景观资源保护、规划设计、环境营造与管理等领域，范围包括：国土、区域、乡村、城市等一系列公共性与私密性的人类聚居环境、风景景观、园林绿地。景观学专业是从事景观资源保护、规划设计、环境营造与管理三方面工程实践的专业学科。景观设计的专业及核心知识是景观与风景园林规划设计，其相关专业及知识包括建筑学、城市规划、室内设计、环境艺术。其作用和目标是运用景观策划、规划、设计、建设、施工、养护管理等专业知识技能，保护与利用自然与人文风景景观资源；创造优美宜人的户外为主的人居环境；组织安排良好的游憩休闲活动。

景观设计的内容根据出发点的不同有很大不同，大面积的河域治理，城镇总体规划大多是从地理、生态角度出发；中等规模的主题公园设计、街道景观设计常常从规划和园林的角度出发；面积相对较小的城市广场，小区绿地，甚至住宅庭院等又是从详细规划与建筑角度出发。

一般来讲，景观设计在城市规划中体现在城市园林绿地系统规划方面；在园林专业中有景园规划设计等方面；在建筑学中体现在景观建筑学方面；在城市设计中如城市广场设计、城市滨水区设计、城市公园设计等都有许多的专业人士在从事着景观设计的工作。因此，在以上各学科中都不同程度地采用绿化、城市空间设计等手法，在庭院设计、城市开放空间等领域体现了这种思想。这也是景观设计为何在相关的专业领域都有其发展的原因。

因此，景观设计具有较广泛的领域，同济大学刘滨谊教授认为景观设计或景观工程实践的整体框架大致应该包括国土规划、场地规划、城市设计、场地设计、场地详细设计等几个层次。由此可见，大到国土与区域规划设计，小到庭院，甚至室内的绿色空间设计；从纯自然的生态保护和恢复，到城市中心地段的空间设计，都是景观设计大多涵盖的领域。以下为景观设计所涵盖的主要领域：

一、城镇规划

景观设计师很早就开始担当城市物质空间的规划角色，城镇规划是城市空间的中心规划。城镇规划是针对城市与乡镇的规划与设计。规划者运用区域规划、技术与法规、常规规划、概念规划、土地使用研究和其他方法来确定城市地域内的布局与组织。城镇规划也涉及“城市设计”内容，如广场、街道景观等开放空间与公共空间的发展。

二、场地和社区规划

环境设计是景观设计专业的核心问题。涉及居住区、商业、工业、各机构的室内空间以及公共空间等室外空间的细部设计。它把场地作为艺术研究的对象来看待，综合平衡室内与室外的软、硬表面，建筑物与植物的材料选择以及灌溉、栽培等基础设施建设和详细的构筑物的规划说明与准备等。

场地规划以某一地块内的建筑和自然元素的协调与安排为基础，场地规划项目涉及单幢建筑的土地设计、办公区公园设计、购物中心或整个居住社区的地块设计等。从更大的职业范围讲，基地设计还包括基地内自然元素与人工元素的秩序性、效率性、审美性以及生态等敏感性的组织与整合。其中，基地的自然环境包括地形、植物、水系、野生动物和气候。敏感性的设计有利于减少环境压力与消耗，从而提高基地的价值。

三、景观规划

区域景观规划对于很多景观设计师（Landscape Architect）来讲是个逐渐扩展的实践领域。它随着公众环境意识的觉醒而发展。它融合了环境规划与景观设计。在这个领域，景观设计师针对土地与流域的规划、管理等全部范围，包括自然资源调查、环境压力状况分析、视觉分析和岸线管理等。

四、公园与休闲区规划

公园与休闲区规划包括创造与改造城市、乡村、郊区的公园与休闲地带。同时发展成为更大范围的自然环境规划，如国家公园规划、郊野规划、野生动物保护地规划等。

五、土地发展规划

土地发展规划包括大范围与多区域的未发展土地的规划和小面积的城市、乡村和历史地段的基地设计。同时在政策规划与个体发展计划之间建立沟通的桥梁。在这一领域，景观设计师需要掌握房地产经济及其发展组织过程的知识，同时还应理解土地开发与发展的客观限制条件。由于具有多方面技能与广博的知识，景观设计师通常是这一学科领域的综合学科设计小组的带头人。

六、旅游和休闲地规划

旅游和休闲地规划的景观规划包含对基地的历史性保护与复兴，如公园、私家花园、场地、滨水区和湿地等的保护与复兴。它涉及基地相对稳定状态的维持与保护，作为历史重要地段的局部地块的保护，地段的历史记忆与质量的恢复以及在新的使用目的下地段的发展与更新。

目前，景观规划与设计不仅取得了很大的进步，在运用新技术方面也取得了一定的进展，包括场地设计、景观生态分析、风景区分析等方面都开始了对 RS、GIS 和 GPS 的运用和远近研究。

第五节　景观设计师

景观设计师的称谓由美国景观设计之父奥姆斯特德于1858年非正式使用，1863年被正式作为职业称号（Newton，1971）。奥姆斯特德坚持用景观设计师不用在当时盛行的风景花园师（或曰风景园林师）（Landscape gardener），不仅仅是职业称谓上的创新，而是对该职业内涵和外延的一次意义深远的扩充和革新。

景观设计师是运用专业知识及技能，从事景观规划设计、园林绿化规划建设和室外空间环境创造等方面工作的专业设计者，是具备美学、绘图、设计、勘测、文化、历史、心理学等各方面知识的复合型人。

景观设计师是以景观设计为职业的专业人员。

景观设计职业是大工业、城市化和社会化背景下的产物。

景观设计师工作的对象是土地综合体的复杂的综合问题，面临的问题是土地、人类、城市和土地上的一切生命的安全与健康以及可持续发展的问题。

景观设计师是以景观的规划设计为职业的专业人员，他的终身目标是将建筑、城市和人的一切活动与生命的地球和谐相处（西蒙兹，2000）。因此景观设计师有别于传统造园师和园丁（Gardener，对应于Gardening），风景花园师（或称风景园林师）（Landscape Gardener，对应于Landscape Gardening）的根本之处在于：景观设计职业是大工业、城市化和社会化背景下的产物，是在现代科学与技术（而不仅仅是经验）基础上发展出来的；景观设计师所要处理的对象是土地综合体的复杂的综合问题，绝不是某个层面（如视觉审美意义上的风景问题）；景观设计师所面临的问题是土地、人类、城市、及土地上的一切生命的安全与健康和可持续的问题。他是以土地的名义、以人类和其他生命的名义，以及以人类历史与文化遗产的名义来监护、合理地利用、设计脚下的土地及土地上的空间和物体。

一、景观设计师的主要职业范围：

（1）城市与区域景观规划；

（2）城市设计如城市公共空间、开放空间、绿地、滨水景观等；

（3）风景旅游地规划：包含风景旅游地景观规划设计、自然和文化历史遗产景观规划设计等；

（4）校园、科技园及办公园区等专项景观规划设计；

（5）城市绿地、公园等专项系统规划设计等。

二、景观设计师适应的就业领域宽广，能参与景观建设的全过程，具体岗位有：

（1）设计院、所的专业设计工作和技术管理工作者；

（2）专业学校和大专院校的专业教育工作者；

（3）景观设计员（师）国际职业培训和继续教育工作者；

（4）国家政府主管部门的公务人员；

（5）企事业单位的环境景观建设管理部门的工作者；

（6）城市投资和房地产开发公司的环境建设工作者；

（7）施工企业的景观建设施工和施工管理工作者。

在国外，景观建设已成为城市公共生活空间的重要组成部分，景观设计已成为人居环境科学的一部分；形成了教育注册培训执业和继续教育等一系列完整的职业制度，也聚合了广泛的社会基础和优秀的领军人才，建立了行业协会的社会管理体系，成为社会分工的有力支柱。

我国目前实行的是由国家劳动与社会保障部主管的注册景观设计师制度。经职业技能鉴定、认证考试合格者，颁发国家林业局职业技能鉴定指导中心中华人民共和国人力资源和社会保障部统一印制的《景观设计师职业资格证书》。证书全国范围统一编号，网上注册登记管理，国家承认，全国范围通用。

该制度下景观设计师职业共设四个等级，分别为景观设计员（国家职业资格四级）、助理景观设计师（三级）、景观设计师（二级）、高级景观规划设计师（一级）。

我国注册景观设计师的申报条件：

一、助理景观设计师：

（1）本科以上或同等学力学生；

（2）大专以上或同等学力应届毕业生并有相关实践经验者。

二、景观设计师：

（1）已通过助理景观设计师资格认证者；

（2）研究生以上或同等学力应届毕业生；

（3）本科以上或同等学力并从事相关工作一年以上者；

（4）大专以上或同等学力并从事相关工作两年以上者。

三、高级景观设计师：

（1）已通过景观设计师资格认证者；

（2）研究生以上或同等学力并从事相关工作一年以上者；

（3）本科以上或同等学力并从事相关工作两年以上者；

（4）大专以上或同等学力并从事相关工作三年以上者。

我国目前的景观设计人才总数量并不少。不过整体素质不高，多是刚毕业不久的大学生和从其他行业转行而来的从业者。这些人大多来自三类专业：建筑学院的景观规划设计类与相近专业、园林学院的园林专业和美术院校的环境艺术专业，分别侧重于与建筑城规衔接的规划设计、植物景观配置和环境艺术设计。从国外发达国家的经验看，景观设计的需求是不断扩大的，具有高度的生命力。需求旺盛加上专业本身的含金量，景观设计师将跻身高薪一族，且薪酬会随着年资的增长迅速升高。随着中国城市化进程的快速发展，景观设计师这个黄金职业将越发炙手可热，将成为大中专生择业、就业和今后职业规划的首选职业之一。

第二章　现代景观设计发展历程

第一节　现代景观设计发展起源

一、现代景观对古典园林的传承

1. 西方古典园林的源流

在西方，现代意义上的景观是自园林概念逐渐发展成为更广泛的景观（Landscape）的概念。19 世纪下半叶，Landscape Architecture 一词出现，现在成为世界普遍公认的这个行业的名称。

在英语中，古典园林被称为 Garden 或 Park。从 14、15 世纪到 19 世纪中叶，西方园林的内容和范围都大大拓展，园林设计从历史上主要的私家庭院的设计扩展到公园与私家花园并重。园林的功能不再仅仅是家庭生活的延伸，而是肩负着改善城市环境，为市民提供休憩、交往和游赏的场所。

欧洲的园林文化传统，可以追溯到古埃及，当时的园林就是模仿经过人类耕种、改造后的自然，是几何式的自然，因而西方园林就是沿着几何式的道路开始发展的。其中的代表作为古埃及园林、古希腊园林及古罗马园林，其中水、常绿植物和柱廊都是重要的造园要素，为 15、16 世纪意大利文艺复兴园林奠定了基础。

公元 8 世纪，阿拉伯人征服西班牙，带来了伊斯兰的园林文化，结合欧洲大陆的基督教文化，形成了西班牙特有的园林风格。水作为阿拉伯文化中生命的象征与冥想之源，在庭院中常以十字形水渠的形式出现，代表天堂中水、酒、乳、蜜四条河流。各种装饰变化细腻，喜用瓷砖与马赛克作为饰面。这种类型的园林极大影响到美洲的造园和现代景观设计。

中世纪古代文化光辉泯灭殆尽，社会动荡不安，人们纷纷到宗教中寻求慰藉，因此中世纪的文明基础主要是基督教文明。园林产生了宗教寺院庭院和城堡庭院两种不同的类型。两种庭园开始都是以实用性为主，随着时局趋于稳定和生产力不断发展，园中装饰性与娱乐性也日益增强。

15 世纪初叶，意大利文艺复兴运动兴起。文学和艺术飞跃进步，引起一批人爱好自然，追求田园趣味，文艺复兴园林盛行，并逐步从几何型向巴洛克艺术曲线型转变。文艺复兴后期，园林甚至追求主观、新奇、梦幻般的“手法主义”的表现方式。

17 世纪，园林史上出现了一位开创法国乃至欧洲造园新风的杰出人物——勒·诺特（Andre Le Notre 1613—1700 年），法国园林即由他所开创。中国称之为古典主义园林。勒·诺特的造园保留了意大利文艺复兴庄园的一些要素，又以一种更开朗、华丽、宏伟、对称的方式在法国重新组合，创造了一种更显高贵的园林，追求整个园林宁静开阔，统一中又富有变化，富丽堂皇、雄伟壮观的景观效果（图 2.1.1）。在中国的圆明园，由于乾隆皇帝的猎奇，也建造了模仿法国园林的西洋楼。

图 2.1.1 雄伟壮观的法国凡尔赛宫水景设计

17、18 世纪，绘画与文学两种艺术热衷于自然的倾向影响了英国造园，加之中国园林文化的影响，英国出现了自然风景园：以起伏开阔的草地、自然曲折的湖岸、成片成丛自然生长的树木为要素构成了一种新的园林（图 2.1.2）。18 世纪中叶，作为改进，园林中建造一些点缀景物，如中国的亭、塔、桥、假山以及其他异国情调的小建筑或模仿古罗马的废墟等，人们将这种园林称之为感伤主义园林或英中式园林。

图 2.1.2 英国海德公园

欧洲大陆风景园是从模仿英中式园林开始的，虽然最初常常是很盲目的模仿，但结果却带来了园林的根本变革。风景园在欧洲大陆的发展是一个净化的过程，自然风景式比重越来越大，点缀景物越来越少，到 1800 年后，纯净的自然风景园终于出现。

19 世纪上半叶的园林设计常常是几何式与规则式园林的综合。19 世纪末，更多的设计使用规则式园林来协调建筑与环境的关系。艺术和建筑业在向简洁的方向发展，园林受新思潮的影响，走向了净化的道路，逐步转向注重功能、以人为本的设计。

19 世纪，造园风格停滞在自然式与几何式两者互相交融的设计风格上，甚至逐步沦为对历史样式的模仿与拼凑，直至工艺美术运动和新艺术运动才导致新的园林风格的诞生。

受工艺美术运动影响，花园风格更加简洁、浪漫、高雅，用小尺度具有不同功能的空间构筑花园，并强调自然材料的运用。这种风格影响到后来欧洲大陆的花园设计，直到今天仍有一定的影响。

新艺术运动的目的是希望通过装饰的手段来创造出一种新的设计，主要表现在追求自然曲线形和追求直线几何形两种形式。新艺术运动中的另一个特点是强调园林与建筑之间以艺术的形式相联系，认为园林与建筑之间在概念上要统一，理想的园林应该是尽量再现建筑内部的“室外房间”。

新艺术运动虽然反叛了古典主义的传统，但其作品并不是严格意义上的“现代”，他是现代主义之前有益的探索和准备。可以说,这场世纪之交的艺术运动是一次承上启下的设计运动,它预示着旧时代的结束和新时代的到来。

2. 近代园林设计主要流派对现代景观的影响

追溯一个世纪以来园林设计领域的发展与变化,无论哪种风格都对现代园林产生了广泛的影响。在上个世纪园林景观发展的基础上,20 世纪各国出现了众多的设计风格,产生了一些非常有影响力的学派。这些学派直接影响了现代景观的产生与发展。

(1)法国现代园林风格

法国现代园林风格的最初体现是在 1925 年巴黎举办的“国际现代工艺美术展”。在展览会上,人们看到了一些具有现代特征的园林,代表作为建筑师斯蒂文斯(Stevenson)设计的用十字形截面的支柱和巨大抽象的混凝土块的组合铸就的四棵一模一样的红色的“树”,以及“光与水的花园”(Garden of Water and Light)。展览揭开了现代景观设计新的一幕。

法国现代景观设计打破了传统的规则式或自然式的束缚,采用了一种当时新的动态均衡构图,具有强烈的几何性,但又不是抽象统治下的静态平衡,是不规则的几何式的体现。

(2)现代巴洛克风格

现代巴洛克风格的特点是景观设计作品中运用大量的曲线。该风格的代表人物是巴西的景观设计师布雷·马克斯(Roberto Burle Marx)。他的作品扩展了古老的花坛的形式。他的曲线的花床,如同一支包含水分的画笔在大地上画出鲜艳的笔道。用花床限制了大片植物的生长范围,但是从不修剪植物,这与巴洛克园林的模纹花坛有着本质的区别。布雷·马克斯开发了热带植物的园林价值。由于他发现了巴西植物的价值,并将其运用于园林中,使那些被当地人看做是杂草的乡土植物在园林中大放异彩,创造了具有地方特色的植物景观。

布雷·马克斯将现代艺术在园林中的运用发挥得淋漓尽致。从他的设计平面图可以看出,他的形式语言大多来自于米罗和阿普的超现实主义,同时也受到立体主义的影响。他创造了适合巴西的气候特点和植物材料的风格,开辟了景观设计的新天地,与巴西的现代建筑运动相呼应。他用植物叶子的色彩和质地的对比来创造美丽的图案,而不是主要靠花卉;并将这种对比拓展到其他材料,如沙砾、卵石、水、铺装等。他的种种设计语言至今在全世界仍广为传播。

(3)巴拉甘风格

巴拉甘(Antonio Barragan)的景观设计将现代主义和墨西哥传统相结合,开拓了现代主义的新途径。作为地域文化与现代景观形式结合的典范设计师,巴拉甘常常是建筑、园林连同家具一起设计,形成具有鲜明个人风格的统一和谐的整体。在巴拉甘设计的一系列园林中,使用的要素非常简单,主要是墙和水,以及引入的阳光和空气,他的作品将那些遥远的、怀旧的东西移植到当代世界中。特别是对水的美好回忆一直跟随着他:排水口,种植园中的蓄水池,修道院中的水井,流水的水槽,破旧的水渠,反光的小水塘,这些都通过这位水利工程师之手体现在了设计中。巴拉甘设计的园林以明亮、彩色的墙体与水、植物和天空形成强烈反差,创造宁静而富有诗意的心灵的庇护所(图 2.1.3)。他作品中的一些要素,如彩色的墙,高架的水槽,和落水口的瀑布等已经成为了墨西哥风格的标志。

对于发展中的中国景观而言,巴拉甘风格的意义尤其重要,同为具有悠久历史的发展中国家,巴拉甘风格的景观设计通过现代景观的设计手法表达对地域景观元素的尊重与利用，从而创造有地域从属感的现代景观模式，其手法尤为值得我们借鉴。

（4）加利福尼亚学派

园林历史学家们普遍认为，加利福尼亚是二战后美国景观规划设计流派的一个中心。与美国东海岸移植欧洲的现代主义不同，西海岸的“加利福尼亚学派”是美国本土产生的一种现代景观设计风格。二战以后，轻松休闲的加利福尼亚生活方式充分地繁荣，室外进餐和招待会为人们所喜爱。

图 2.1.3 巴拉甘具有浓郁墨西哥风格的设计作品

加利福尼亚学派的典型特征为：简洁的形式、室内外直接的联系、可以布置花园家具的、紧邻住宅的硬质表面，小块不规则的草地、红木平台、木制的长凳、游泳池、烤肉架以及其他消遣设施。围篱、墙壁和屏障创造了私密性，现有的树木和新建的凉棚为室外空间提供了荫凉。有的还借鉴了日本园林的一些特点：如低矮的苔藓植物、蕨类植物、常绿树和自然点缀的石块。它是一个艺术的、功能的和社会的构图，每一部分都综合了气候、景观和生活方式等元素而仔细考虑过，是一个本土的、时代的和人性化的设计，即能满足舒适的户外生活的需要，同时维护也非常容易。加利福尼亚学派最为重要的现实意义是使美国花园的设计从对欧洲风格的复兴和抄袭转变为对美国社会、文化和地理的多样性的开拓。

（5）瑞典斯德哥尔摩学派

瑞典斯德哥尔摩学派是景观规划设计师、城市规划师、植物学家、文化地理学家和自然保护者的一个思想综合体。斯德哥尔摩学派的设计师们以加强的形式在城市的公园中再造了地区性景观的特点，如群岛的多岩石地貌、芳香的松林、开花的草地、落叶树的树林、森林中的池塘、山间的溪流等等。斯德哥尔摩学派在瑞典风景园林历史的黄金时期出现，它是风景园林师、城市规划师、植物学家、文化地理学家和自然保护者共有的基本信念。在这个意义上，它不仅仅代表着一种风格，更是代表着一个思想的综合体。

斯德哥尔摩学派的设计意义在于它的景观设计打破了大量冰冷的城市构筑物，形成一个城市结构中的网络系统，为市民提供必要的空气和阳光，为每一个社区提供独特的识别特征，为不同年龄的市民提供消遣空间。聚会场所、社会活动，是在现有的自然基础上重新创造的自然与文化的综合体。

斯德哥尔摩学派的影响是广泛而深远的。如在那个时代大批德国年轻的风景园林师到斯堪的那维亚半岛学习，带回了斯堪的那维亚国家公园设计的思想和手法，通过每两年举办一次“联邦园林展”的方式，到 1995 年在联邦德国的大城市建造了 20 余个城市公园。同为斯堪的那维亚国家的丹麦和芬兰，有着与瑞典相似的社会、经济、文化状况，由于二战中遭到了一定的破坏，发展落后于瑞典。战后，这些国家受斯德哥尔摩学派的影响，其设计理念也在北欧国家城市公园的发展中占据了主导地位。

3. 现代建筑运动与景观设计

第一次世界大战后，欧洲的经济、政治条件和思想状况为设计领域的变革提供了有利的土壤，社会意识形态中出现大量的新观点、新思潮，主张变革的人越来越多，各种各样的设想、观点、方案、试验如雨后春笋般涌现出来。20 世纪 20 年代，欧洲各国，特别是德国、法国、荷兰三国的建筑师呈现出空前活跃的状况，他们进行了多方位的探索，产生了不同的设计流派，涌现出一批重要的设计师。

或许因为社会的发展还未到一定的阶段，或许因为花园设计难以给当时的建筑师带来很高的声誉，景观设计并不是现代运动的主题。现代设计的先驱者们也很少关注景观设计，他们只将景观作为建筑设计时辅助的因素。然而他们在零星的景观设计中还是表现了一些重要的思想，并且留下了一些设计作品和设计图纸，这些对当时的景观设计师起到激励和借鉴的作用。今天，再寻找这些作品已经比较困难了，但是寻找蕴涵在其中的现代设计思想则有助于我们理解历史的发展，在现代建筑运动先行者中，有一些流派（如德国包豪斯与荷兰风格派）和一批著名的建筑师及规划师，如有过城市设计或景观设计创作的高迪、密斯、赖特及柯布西耶等对景观设计领域产生了较深远的影响。

总而言之，现代景观设计的前身是园林设计，其最基本、最实质的内容还是以园林为核心。追根溯源，园林在先，景观在后。园林经过圃—囿—园三个阶段的形态演变，到现代又有了新的发展，有了规模更大的环境，包括区域的、城市的、现代的，综上所述加在一起，就形成了我们今天所关注的景观。 现代风景园林在其产生与形成的过程中，与现代建筑的一个最大的不同之处就在于，现代园林在发生了革命性创新的同时，又保持了对古典园林明显的继承性。

4. 园林设计思想的传承与拓

古典园林无论中西，其设计思想无论是强调师法自然，还是高于自然，实质都是强调对“自然”的艺术处理。不同之处，仅在于艺术处理的内容、手法和侧重点。可以说，各时期园林在风格上的差异，首先源于不同的自然观，即园林美学中的自然观。现代景观在扬弃古典园林设计思想的同时，又有自己新的拓展。这种拓展主要表现在两个方面 ：第一是由“仿生”自然，向生态自然的拓展。早在 1969 年，美国宾州大学园林学教授麦克 · 哈格（Ian McHarg）在其经典名著《设计结合自然》（*Design With Nature*）中，就提出了综合性的生态规划思想。在现代景观设计中，诸如为保护表土层，不在容易造成土壤侵蚀的陡坡地段建设 ；保护有生态意义的低湿地与水系 ；按当地群落进行种植设计 ；多用乡土树种等基本生态的观点与知识，已被设计师理解、掌握和运用。在生态与环境思想的引导下，园林中的一些工程技术措施，例如，为减小径流峰值的场地雨水滞蓄手段 ；为两栖生物考虑的自然多样化驳岸工程措施 ；污水的自然或生物净化技术 ；为地下水回灌的“生态铺地”等，均带有明显的生态成分。

中国古典园林美学，来源于道家学说，强调“师法自然”，讲求“虽由人作，宛自天开”。其组景和造景的手法之高超，在世界古典园林中已达登峰造极的地步。但由于受空间所限，喜好欣赏小景，偏爱把玩细部，往往使得有些园林空间局促拥塞，变化繁冗琐碎。

而日本园林更加抽象和写意。尤其是枯山水，更专注于永恒。仅以石块象征山峦与岛屿，而避免使用随时间推移，产生枯荣与变化的植物和水体，以体现禅宗“向心而觉”、“梵我合一”的境界。其形态更为纯净，意境更加空灵，但往往居于一隅，空间局促，略显索漠冷落，寡无情趣（图 2.1.4）。

欧洲的法国园林，受以笛卡尔为代表的理性主义哲学的影响，推崇艺术高于自然，人工美高于自然美，讲究条理与比例、主从与秩序，更加注重整体，而不强调玩味细节。但因空间开阔，一览无余，使意境显得不够深远。同时，人工斧凿痕迹过重。同处欧洲，英国造园指导思想来源于以培根和洛克为代表的“经验论”，认为美是一种感性经验。总的来说，它更加排斥人为之物，强调保持自然的形态，肯特甚至认为“自然讨厌直线”。园林空间也更加整体与大气。但由于它过于追求“天然般景色”，往往源于自然却未必高于自然。又由于过于排斥人工痕迹，因之细部也较粗糙，园林空间略显空洞与单调。钱伯斯（W. chambers）就曾批评它“与普通的旷野几无区别，完全粗俗地抄袭自然”。

图 2.1.4 日本枯山水景观

自然观的另外一个重要拓展，是静态自然向动态自然的拓展，即现代景观设计，开始将景观作为一个动态变化的系统。设计的目的，在于建立一个自然的过程，而不是一成不变的如画景色。有意识地接纳相关自然因素的介入，力图将自然的演变和发展进程，纳入开放的景观体系之中。典型的例子如 20 世纪 90 年代，荷兰 WEST8 景观设计事务所设计的鹿特丹围堰旁的贝壳景观工程。基地原有的乱沙堆平整后，用黑白相间的贝壳铺成 3 厘米厚、色彩反差强烈的几何图案，吸引了成百上千的海鸟在此盘旋、栖息，沉寂的海滩逐渐变得生机勃勃起来。若干年后，自然力的侵蚀使薄薄的贝壳层渐渐消失，这片区域将成为沙丘地。

除此之外，无论东方古典园林还是西方古典园林，其基本的功能定位都属观赏型，服务对象都是以宫廷或贵族等为代表的极少数人。因此，园林的功能都围绕他们的日常活动与心理需求展开。这实际上是一种脱离大众的功能定位，同时也反映出等级社会中，园林功能性的局限与单一。随着现代生产力的飞速发展，更加开放的生活方式，引发了人们各种不同的生理及心理需求。现代园林设计顺应这一趋势，在保持园林设计观赏性的同时，从环境心理学、行为学理论等科学的角度，来分析大众的多元需求和开放式空间中的种种行为现象，为现代园林设计进行了重新定位。它通过定性研究人群的分布特性，来确定行为环境（behavior setting）不同的规模与尺度，并根据人的行为迹象（behavior traces）来得出合理顺畅的流线类型（如抄近路、左转弯、识途性等）；又通过定点研究人的各种不同的行为趋向（behavior trend）与状态模式，来确定不同的户外设施的选用设置及不同的局域空间知性特征。为了科学合理地安排这一切，环境心理学还提出了一系列指标化的模型体系，为园林设计中不同情况下的功能分析提供依据。如图形（Pattern）系数模型、潜势（Potential）模型、地域倾向面（Trend）模型等等。总之，现代景观在功能定位上，不再局限于古典园林的单一模式，而是向微观上深化细化，宏观上多元化的方向发展。

二、现代景观设计的产生

景观设计是适应现代社会发展需要而产生的一门工程应用性学科，其产生与发展有着深刻的社会背景。众所周知，欧洲工业革命带来了巨大的社会进步，但由于人们认识的局限，同时也将原有的自然景观分割的支离破碎，特别是在 19 世纪，尽管园林在内容上已经发生了翻天覆地的变化，但在形式上并没有创造出一种新的风格，也完全没有考虑生态环境的承受能力，亦没有可持续发展的指导思想。这直接导致了生态环境的破坏和人们生活质量的下降，以至于人们开始逃离城市，寻求更好的生活环境和生活空间。

只有景观的价值逐渐开始被人们认识和提出时。有意识的景观设计才开始酝酿。或者可否从另外的角度理解，景观设计的发展在不同的时期有一条主线：在工业化之前人们为了追求欣赏娱乐的景观造园活动，如国内外的各种“园、囿”，在这样的思路之下，产生了国内外的园林学、造园学等；工业化带来的环境问题强化了景观设计的活动，从一定程度上改变了景观设计的主题，由娱乐欣赏，转变为追求更好的生活环境；由此开始形成现代意义上的景观设计，即解决土地综合体的复杂的综合问题，解决土地、人类、城市和土地上的一切生命的安全与健康以及可持续发展的问题。

综上分析，现代景观设计的发展主要受以下动因作用的推动：

1. 时代精神的演变

19 世纪中叶以来，以奥姆斯特德为代表的美国“城市公园运动”，虽然没有开创新的造园风格，但它却给了现代园林设计一个明晰的定位（当然，技术进步也功不可没），使古典园林从贵族和宫廷的掌握中解放出来，从而获得了彻底的开放性，为其进一步的发展，铺平了道路。现代园林从古典园林演化至现代开放式空间、再到现代开放式景观、大地艺术，其内涵与外延都得到了极大的深化与扩展。大至城市设计（如山水园林城市），中至城市广场、大学校园、滨江滨河景观、建筑物前广场，小至中庭、道路绿化、挡土墙设计，无一不以此为起点。如今，开放、大众化、公共性，已成为现代景观设计的基本特征。站在时代的起点上，放眼回望，我们就不难发现中国古典园林的时代局限性，即中国古典园林在审美环境上，具有相当程度的排他性。为迎合当时士大夫阶层的审美心态，发展出一整套小景处理的高超技巧。由于过分着力于细微处，只适合极少数人细细品味、近观把玩。正是受这种极其细腻的审美心理的支配，在一些明清私园对公众开放时，游客拥塞、嘈杂混乱，古典园林本身的意境和情调，自然就大打折扣了。这说明士大夫阶层的幽情雅趣与现代景观设计中的开放性取向，是不相吻合的。相比之下，日本园林的现代化进程，却已取得了相当进展，一大批杰出的景观设计大师和为数众多的景观设计作品，在世界上已占有一席之地。

也有人把原因归咎于中西民族不同的文化性格，认为中国传统的文化性格是含蓄、内敛，外在表现多不显张扬、宁静淡泊；而欧洲人性格开朗、外向，外在表现则理性、率直而富于动感。就古典园林而言，西方古典园林的确有比中国园林更高的开放程度，如凡尔赛宫苑能同时容纳 7 000 人玩乐、宴饮、游赏。由于园林不但规模大，尺度也大，道路、台阶、花坛、绣花图案都大，所以雕像、喷泉等虽多，却并不密集。关键之处是，西方古典园林要突出表现的，是它的总体布局的和谐，而不是堆砌各种造园要素。同样是与中国古典园林一脉相承的日本枯山水，对自然造景元素的裁剪，就要抽象和写意得多，并力求避免堆砌和琐碎的变化。因此，在这一点上，更重要的是我们要有更加开放的胸襟。既然英国人在 200 多年前借用中国的造园经验，突破了他们的传统，并加以提炼升华。那么，我们为什么就不能具备更加宽广的全球视野呢？更何况时代精神的要求也不全在于此。

巴西造园大师罗伯特 · 布雷 · 马克斯，就敏锐地抓住了现代生活快节奏的特点，将现代艺术在园林中的运用发挥得淋漓尽致。从他的设计平面图可以看出，他的形式语言大多来自于米罗和阿普的超现实主义，同时也受到立体主义的影响。他创造了适合巴西气候特点和植物材料的风格，开辟了景观设计的新天地，与巴西的现代建筑运动相呼应。布雷 · 马克斯在造园中把时间因素考虑在内，比如从飞机上鸟瞰下面屋顶花园或从时速 70 千米的汽车上向路旁瞥睹绿地，观者自身在飞速中获取“动”的印象，自然与“闲庭信步”的人所得的场景截然不同。

随着工业化、标准化的进一步普及与推广，千篇一律的东西，开始随着全球化进程加速泛滥，“国际式”建筑的出现就是极好的例证。在这种情况下，现代人常常不知身处何处，归宿感的缺失，唤起了他们对“场所感”的强烈追求。现代景观设计大师们顺应人们的这种心理加以引申、阐发，尝试运用隐喻或象征的手法来完成对历史的追忆和集体无意识的深层挖掘，景观由此就具有了“叙事性”，成为“意义”的载体，而不仅仅是审美的对象。典型的例子如野口勇的“加州情景园”，SWA 集团的“威廉姆斯广场”等。叙事型园林的出现，说明即便是在现代，时代精神也在悄然不断地发生着变迁。此外，一些新型景观如商业空间景观、夜景观、滨江滨河景观等的出现，也说明现代景观设计，只有不断拓展延伸，才能适应不断发展的时代现实。

2. 现代技术的促进

新的技术，不仅能使我们更加自如地再现自然美景，而且能创造出超自然的人间奇景。它不仅极大地改善了我们用来造景的方法与素材，同时也带来了新的美学观念——景观技术美学。而古典园林由于受技术所限使它对景观的表现被限定在一定的高度上。典型的例子如凡尔赛的水景设计。虽然天文学家阿比 · 皮卡德（Abbe Picard）改进了传输装置，建造了一个储水系统，并用一个有 14 个轮子的巨型抽水机，把水抽到 162 米高的一个山丘上的水渠中，造就了凡尔赛 1 400 个喷泉的壮丽水景。但凡尔赛的供水问题始终没有解决，喷泉远远不能全部开放。路易十四游园的时候，小僮们跑在前面给喷泉放水，国王一过，就关上闸门，其水量之拮据，由此可见一斑。相比之下，现代喷泉水景，不仅有效地解决了供水问题，而且体现出极高的技术集成度。它由分布式多层计算机监控系统，进行远距离控制。具有通断、伺服、变频控制等功能，还可通过内嵌式微处理器或 DMX 控制器形成分层、扫描、旋转、渐变等数十种变化的基本造型，将水的动态美几乎发挥到极致，并由此引发出一大批“动态景观”的出现。当然，现代高新技术对景观设计的影响远远不止于此，它最为重要的贡献，是将一大批崭新的造园素材引入园林景观设计之中，从而使其面目焕然一新。例如在施瓦茨（Hermann Amandus Schwarz）设计的拼合园中，所有的植物都是假的，其中既可观赏、又可坐憩的“修剪绿篱”，是由覆上太空草皮的卷钢制成。又如日本的景观作品“风之吻”，采用 15 根四米高的碳纤维钢棒，以营造出一片在微风中波浪起伏的“草地”，或在风中摇曳沙沙作响的“树林”。顶端装有太阳能电池及发光二极管的碳纤棒，平时静止不动，风起则随风摇曳。到了夜里，发光二极管利用白天储存的太阳能，开始发光。兰光在黑暗中随风摇曳，仿佛萤火虫在夜色中轻舞。这里的技术已不再是用来模仿自然，而是用来突出一种非机械的随自然而生的动态奇景。

如果说“风之吻”的技术表现，尚属含蓄的话，那么巴尔斯顿（M. Balston）设计的“反光庭园”对技术的表现就近乎直白了。在该庭园的设计中，不锈钢管及高强度钢缆上，张拉着造型优雅的合成帆布，那些漏斗形的遮阳伞，像巨大的棕榈树那样给庭园带来了具有舞台效果般不断变换的阴影，周围植物繁茂蔓生的自然形态，与简洁的流线型不锈钢构件光滑锃亮的表面，形成了鲜明的对比，充分反映出现代高技术精美绝伦的装饰效果。此庭园荣获 1999 年伦敦切尔西花展（Chelsea Flower Show）“最佳庭园”奖，也说明大众对高技术景观的认同与鼓励。

我们都知道，无论是古典园林还是现代景观，其设计灵感的源泉大都来源于自然，而自然的景观，总是处在不断地变化之中。季节的变换、草木的荣枯、河流的盈涸等以前不可改变的自然规律往往使得自然景观最美的一刻稍纵即逝，古典园林对此基本上只能是“顺其自然”而已。现代景观设计则可利用众多的技术手段将之“定格”下来，以令“好景常在”。例如大量的塑料纤维，已被使用在现代景观设计中，作为低维护的“定型”植物，既无虫害之虞，亦无修葺之烦。在这方面，现代技术似乎还将走得更远。众所周知，滨水地区的天然软沙洲，是河水自然冲积的结果，捕捉到它最优美的自然形态，几乎是一件可望而不可即的事情。为了让这一刻的自然美景留驻下来，现代景观设计师们用树脂与石英黏合在一起，压制成几可乱真的造型软沙洲，从而将自然美景的“一瞬间”凝固下来。

从更广泛的意义上来说，我们一般将现代景观的造景素材，作为硬质景观与软质景观的基本区分之一。其实这两者都古已有之。在传统园林中，石景、柱廊即可算作硬质景观，而草坪及各类栽植，则可算作软质景观。只不过，在现代景观设计中，其内涵与外延都得到了极大的扩展与深化。硬质景观中相对突出的是混凝土、玻璃及不锈钢等造景元素的运用。混凝土不仅可以取代传统的硬质景观，还具有更高的可塑性；对玻璃反射、折射、透射等特性的创意性表现，让我们在真实与虚幻之间游移；不锈钢简洁、优雅的造型，则让我们体味到传统园林中不曾有过的精美。软质景观中，大量热塑塑料、合成纤维、橡胶、聚酯织物的引入，为庭园的外观增辉添彩，甚至从根本上改变传统景观的外貌。而现代无土栽培技术的出现，甚至促进了可移动式景观的产生，这就是说外延的扩展，导致内涵发生了根本的变化——景观并非一定就是固定不变的。现代照明技术的飞速发展，则催生了一种新型景观——夜景观的出现。色性不同的光源，效果各异的灯具，将我们的视觉与心理感受，带入一种如梦幻般的迷离境界。

生态技术应用于景观设计应该算作一个特殊的例子。因为其更加重要的意义，并不在其技术本身，而在于一系列生态观念：如“系统观”（生态系统）、“平衡观”（生态平衡）等的引入。这种引入，使现代景观设计师们不再把景观设计看成是一个孤立的造景过程，而是整体生态环境的一部分，其对周边生态影响的程度与范围，以及产生何种方式的影响，涉及动物、植物、昆虫、鸟类等在内的生态相关性的考虑，已日益为现代景观设计师们所注重。例如在上海浦东中央公园国际规划咨询中的英国方案（由 Land Use Consultants 公司提出）中，就考虑了生态效果。其地形设计结合风向、气候、植被，着意创造出冬暖夏凉的小气候，还专门开辟了游人不可入内的生态型小岛——鸟类保护区。由此可见，生态共生的观念，已将古典园林中的“狭义自然”，扩展为现代景观中的“广义自然”，即“生态自然”，自然的概念被大大深化了。

3. 现代艺术思潮的影响

传统留给我们大量宝贵的艺术遗产，现代技术也给我们提供了众多崭新的艺术素材。如何运用它们，使之既符合时代精神，又具有现实意义，是景观“艺术逻辑”必须解决的问题。古典逻辑造就了意大利台地园、法国广袤式园林、英国自然风景式园林的辉煌，现代逻辑如果没有根本性创新，就不可能产生园林设计的全新演绎。现代派绘画与雕塑是现代艺术的母体，景观艺术也从中获得了无尽的灵感与源泉。20 世纪初的现代艺术革命，从根本上突破了古典艺术的传统，从后印象派大师塞尚、凡·高、高更开始，诞生了一系列崭新的艺术形式（架上艺术），因此完成了从古典写实向现代抽象的内涵性转变。二战以后，现代艺术又从架上艺术方向铺展开来。时至今日，其外延性扩张，仍在不断地进行当中。

19 世纪末，高更的宽阔色面和凡·高的色彩解放，使绘画最终脱离了写实。进入 20 世纪以后，野兽派使色彩更加解放，而立体派则首次解放了形式。从塞尚到毕加索再到蒙德里安的冷抽象，从高更到马蒂斯再到康定斯基的热抽象，抽象从此成为现代艺术的一个基本特征。与此同时，从表现主义到达达派，再到超现实主义，20 世纪前半叶的艺术，基本上可归结为抽象艺术与超现实主义两大潮流。这些艺术思想和艺术财富无疑是推动现代景观发展的巨大动力。早期的一批现代园林设计大师，从 20 世纪 20 年代开始，将现代艺术引入景观设计之中，如前文提到的 1925 年巴黎举办了“国际现代工艺美术展”（Exposition des Arts Décoratifs et Industriels Modernes）中引起普遍反响的作品，由建筑师古埃瑞克安（G. Guevrekian）设计的“光与水的花园”（the Garden of Water and Light）。这个作品就打破了以往的规则式传统，以一种现代的几何构图手法完成，大量采用新物质、新技术，如混凝土、玻璃、光电技术等，显示了大胆的想象力。园林位于一块三角形基地上，由草地、花卉、水池、围篱组成，这些要素均按三角形母题划分为更小的形状，在水池的中央有一个多面体的玻璃球，随着时间的变化而旋转，吸收或反射照在它上面的光线。

在这次博览会中还展出了一个建于 20 世纪 20 年代初期的庭院平面和照片，它的设计者是当时著名的家具设计师和书籍封面设计师勒格兰（P. E. Legrain）。这个作品实际上是他为 Tachard 住宅做的室内设计的向外延伸。从平面上看，这个庭院与其设计的书籍封面有很多相似之处，他似乎把植物从传统的运用中解脱出来，而将它们作为构成放大的书籍封面的材料。当然庭院设计并非完全陷于图形的组合上，而是与功能、空间紧密结合的。

Tachard 花园的意义在于，它不受传统的规则式或自然式的束缚，采用了一种当时新的动态均衡构图：是几何的，但又是不规则的。它赢得了本次博览会园林展区的银奖。Tachard 花园的矩尺形边缘的草地成为它的象征，随着各种出版物的介绍而广为传播，成为一段时期园林设计中最常见的手法，如后来美国的风景园林师丘奇（Church，Tomas Dolliver）和艾克博（Garrett Eckbo）等人都在设计中运用过这一形式。

图 2.1.5　古埃瑞克安为 noailles 设计的法国南部 Hyeres 的别墅庭院

1925 年的展览揭开了法国现代园林设计新的一页。展览结束后，建筑师古埃瑞克安设计了位于法国南部 Hyeres 的一座别墅庭院。他的设计打破狭小基地的限制，以铺地砖和郁金香花坛的方块划分三角形的基地，沿浅浅的台阶逐渐上升，至三角形的顶点以一著名的立体派雕塑作为结束（图 2.1.5）。这个设计于 1927 年完成，它强调了对无生命的物质（墙、铺地等）的表达，与植物占主导的传统有很大不同。

1925 年巴黎“国际现代工艺美术展”是欧洲现代园林发展的里程碑。展览的作品被收录在《1925 年的园林》一书中。随后，一大批介绍这次展览前后的法国现代园林的出版物，对园林设计领域思想的转变和事业的发展，起了重要的推动作用。

之后如哈格里夫斯（G. Hargreaves）设计的丹佛市万圣节广场，律动不安的地面，大面积倾斜的反射镜面，随机而不规则的斜墙，尺度悬殊的空间对比，一切都似乎缺乏参照，颇具迷惘、恍惚的幻觉效果。其实这里面蕴含着解构主义的“陌生化”处理，即通过“分延”、“播撒”、“踪迹”、“潜补”等手法来获得高度的视觉刺激、怪诞的意象表征，超现实的意味也因此而凸显出来。类似的例子，还有施瓦茨的亚特兰大瑞欧购物中心庭园，屈米（B. Tschurmi）的拉维莱特公园等（图 2.1.6）。

罗伯特 · 布雷 · 马克斯设计的一批以巴西教育部大楼屋顶花园为代表的抽象园林景观，以浓淡不同的植物绿色，作为基本调子，色彩鲜亮的曲线花床在其间自由地伸展流动，马赛克铺地的小径，在其间蜿蜒穿行。通过对比、重复、疏密等手法来取得协调。整体的色彩效果本身就是一幅康定斯基的抽象画，而其流动、有机、自由的形式语言，则明显来自米罗和阿普的超现实

图 2.1.6 法国拉维莱特公园

图 2.1.7 美国新奥尔良意大利广场

主义。尽管 20 世纪下半叶，涌现出更多更新的艺术流派，但早期抽象艺术与超现实主义的影响，依然是深远的。直到 20 世纪下半叶，我们依旧能够看到这种影响。如罗代尔（H. Rodel）设计的苏黎世瑞士联合银行广场，其平面犹如用水面、铺地与台阶、草地、植坛组成的蒙德里安的抽象构图，结构清晰，形态简洁。虽然早期的实验性园林，多半仅仅是引用一些超现实主义的形式语言，如锯齿线、钢琴线、肾形、阿米巴曲线等来突破传统，著名的例子如丘奇 1948 年设计的唐纳花园（Donnel Garden）。

20 世纪下半叶以后，随着技术的不断发展和完善，以及新的艺术理论如后现代主义、解构主义等的出现，一批真正超现实的景观作品逐渐问世。如克里斯托（Christal）与珍妮 · 克劳德（Jeanne Claude）设计的瑞士比耶勒尔基地（Foundation Beyeler）的景观作品；1996 年法国沙托 · 肖蒙—苏—卢瓦尔国际庭园节上的"帐篷庭园"等。

20 世纪 60—70 年代以来的后现代主义，是一个包涵极广的艺术范畴，其中对景观设计较具影响的，有历史主义和文脉主义等叙事性艺术思潮（Narrative Art）。与 20 世纪前半叶现代主义时期，关心满足功能与形式语言相比，前者更加注重对意义的追问或场所精神的追寻。它们或通过直接引用符号化了的"只言片语"的传统语汇，或以隐喻与象征的手法，将意义隐含于

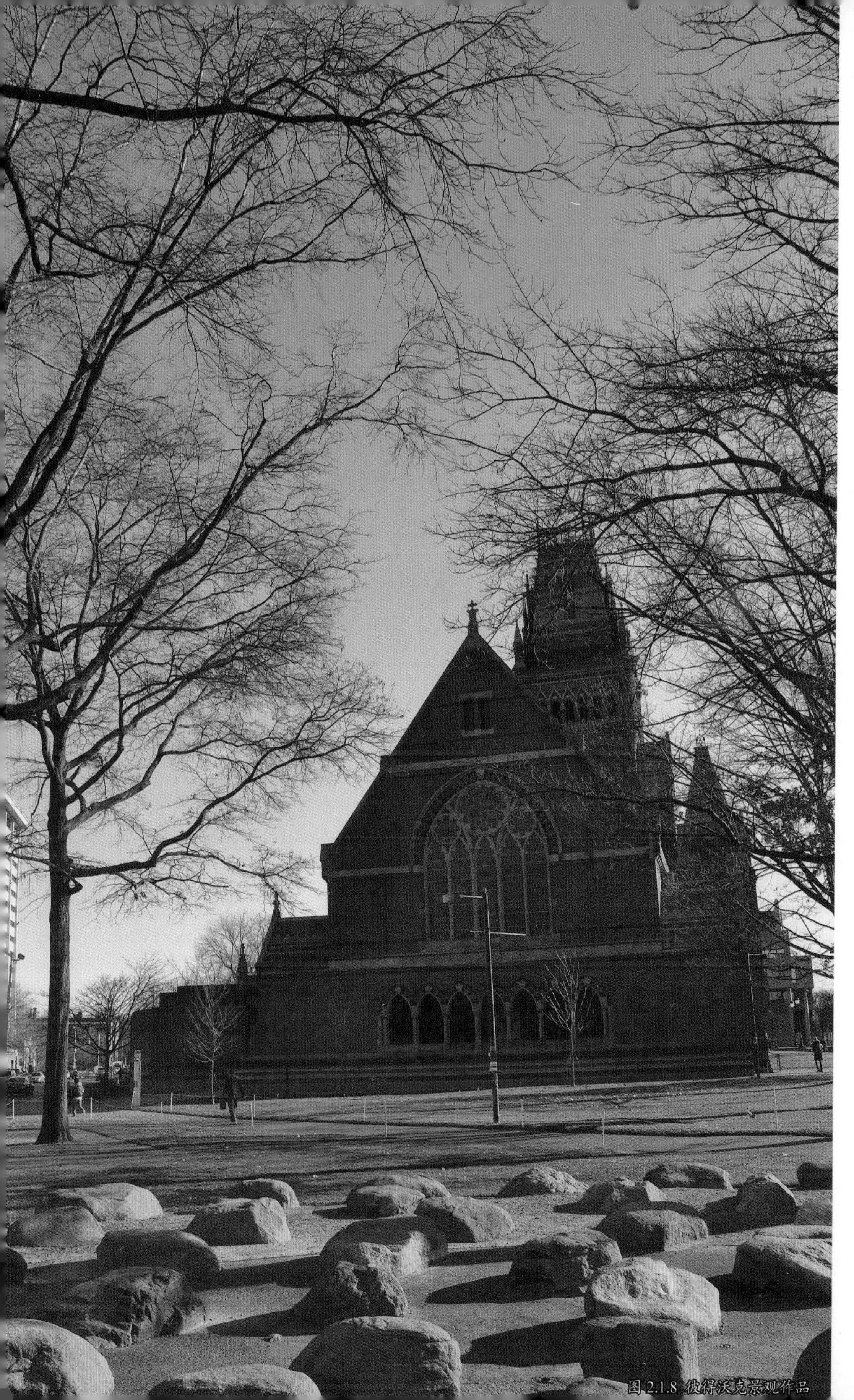

图 2.1.8 彼得沃克景观作品

设计文本之中，使景观作品带上文化或地方印迹，具有表述性而易于理解。如摩尔的新奥尔良市意大利广场（图 2.1.7），矶崎新的筑波科学城中心广场，斯卡帕（C. Searpa）的意大利威尼斯圣维托·达梯伏莱镇的布里昂墓园设计，野口勇的加州情景园等景观作品。其中哈格（R. Haag）设计的西雅图煤气厂公园充分反映出对场地现状与历史的深刻理解，以锈迹斑斑、杂乱无章的废旧机器设备，拼装出一派"反如画般景色"（anti-picturesque）。它除了受到文脉主义的影响之外，还可看到以装置艺术（Installation Art）为代表的集合艺术（Agssemblage）、废物雕塑（Junk Sculpture）、摭拾物艺术（Found Object）的显著影响。

这一时期景观设计，除了受后现代艺术思潮的影响，许多现代景观作品中也能看到极简主义（Minimalism）、波普艺术（POP）等 20 世纪 50—60 年代以来的各种现代艺术思潮的影响。极简主义的绘画，排除具象的图像与虚幻的画面空间，而偏向纯粹、单一的艺术要素。其宗旨在于简化绘画与雕塑抵达其本质层面，直至几何抽象的骨架般本质。20 世纪 70 年代以来，以彼得沃克、施瓦茨等为代表的许多景观设计师，都或多或少地受到极简主义艺术思潮的影响。如沃克 1979 年设计的哈佛大学唐纳喷泉（图 2.1.8），施瓦茨 1998 设计的明尼阿波利斯市联邦法院大楼前广场等，都是具有代表性的极简主义景观作品。从荣获 2000 年伦敦切尔西花展最佳庭园奖的"活雕塑"庭园，不难看出极简主义景观作品的一般特点：形式纯净、质感纯正，变化节制、对比强烈，序列清晰、整体感强。

值得我们注意的是，与其他艺术思潮不同的是，20 世纪 60 年代末以来的大地艺术（Land Art），是对景观设计领域一次真正的全新开拓。大地艺术带给景观许多传统中被长期忽视甚至缺失的新内涵：

（1）*地形设计的艺术化处理*。如哈格里夫斯设计的辛辛那提大学设计与艺术中心一系列仿佛蜿蜒流动着的草地土丘，野口勇的巴黎联合国教科文组织总部庭园的地形处理等等。

（2）*超大尺度的景观设计*。如史密逊（R. Smithson）的“螺旋形防波堤”，克里斯托的“流动的围篱”、“峡谷幕瀑”、“环绕群岛”等等。

（3）*雕塑的主题化*。如建筑师阿瑞欧拉（A. Arriola）、费欧尔（C. Fiol）与艺术家派帕（D. Pepper）设计的西班牙巴塞罗那北站公园中的大型雕塑“落下的天空”，艺术家克里斯 · 鲍斯的巨型雕塑“突岩的庆典”等。

（4）*引入了新的造景元素*。特别是自然或自然力元素如闪电、潮汐、风化、侵蚀等等，使景观表现出非持久和转瞬即逝的特点。

大地艺术之所以能取得如此之多的突破，关键在于它继承了极简艺术抽象简单的造型形式，又融合了观念艺术（Conceptual Art）、过程艺术（Process Art）等的思想。以艺术家德 · 玛利亚（Walter De Maria）的大地艺术作品“闪电的原野”为例，其全部设计，不过是在新墨西哥州一个荒无人烟而多雷电的山谷中，以边长 67 米的方格网，在地面上插了 400 根不锈钢针，这显然是极简派的手法。那些不锈钢针，晴天时，在太阳底下熠熠发光；暴风雨来临时，每根钢杆就是一根避雷针，形成奇异的光、声、电效果。随着时间和天气的变换，而呈现出不同的景观效果，这正是过程艺术的特征。观念艺术，强调艺术家的思想比他所运作的物质材料更重要，提倡艺术对象的非物质化。正如此理，“闪电的原野”所强调的，并非是构成景观的物质实体——不锈钢针，而是自然现象中令人敬畏和震撼的力量。

4. 现代生态环境思潮的影响

现代景观中的生态主义思潮则可以追溯到 18 世纪的英国风景园，其主要原则是：“自然是最好的园林设计师”。19 世纪奥姆斯特德的生态思想，使城市中心的大片绿地、林荫大道、充满人情味的大学校园和郊区以及国家公园体系应运而生。20 世纪 30—40 年代“斯德哥尔摩学派”的公园思想，也是美学原则、生态原则和社会理想的统一。不过，这些设计思想，多是基于一种经验主义的生态学观点之上。20 世纪 60 年代末至 70 年代美国“宾夕法尼亚学派”（Penn School）的兴起，为 20 世纪景观规划提供了科学的量化的生态学工作方法。

这种思想的发展壮大不是偶然的。20 世纪 60 年代，经济发展和城市繁荣带来了急剧增加的污染，严重的石油危机对于资本主义世界是一个沉重的打击，“人类的危机”、“增长的极限”敲响了人类未来的警钟。一系列保护环境的运动兴起，人们开始考虑将自己的生活建立在对环境的尊重之上。

1969 年，宾夕法尼亚大学风景园林和区域规划的教授麦克哈格（I. L. McHarg）出版了《设计结合自然》（*Design With Nature*）一书，在西方学术界引起很大轰动。这本书运用生态学原理，研究大自然的特征，提出创造人类生存环境的新的思想基础和工作方法，成为 20 世纪 70 年代以来西方推崇的风景园林学科的重要著作。麦克哈格的视线跨越整个原野，他的注意力集中在大尺度景观和环境规划上。他将整个景观作为一个生态系统，在这个系统中，地理学、地形学、地下水层、土地利用、植物、野生动物都是重要的要素；他发明了地图叠加的技术，把对各个要素的单独的分析综合成整个景观规划的依据。麦克哈格的理论是将风景园林提高到一个科学的高度，其客观分析和综合类化的方法代表着严格的学术原则的特点。

事实上，麦克哈格的理论和方法对于大尺度的景观规划和区域规划有重大的意义，而对于小尺度的园林设计并没有太多实际的指导作用，也没有一个按照这种方式设计的园林作品产生。但是，当环境仍处在一个极易受破坏的状态下，麦克哈格的广阔的信息，仍然在园林设计者的思想基础上烙上了一个生态主义的印记，它促使关注这样一种思想：园林相当重要的不仅仅是艺术性布置的植物和地形，园林设计者需要提醒，他们的所有技巧都是紧密联系于整个地球生态系统的。

受环境保护主义和生态主义思想的影响，20 世纪 70 年代以后，风景园林设计出现了新的倾向。如在一些人造的非常现代的环境中，种植一些美丽而未经驯化的野生植物，与人工构筑物形成对比。还有，在公园中设立了自然保护地，为当地的野生动植物提供一个自然的、不受人干扰的栖息地。如德国卡塞尔市的奥尔公园（Auepark），这个在 1981 年建造的 120 公顷的自然式休闲公园中，设置了六公顷的自然保护地，为伏尔达河畔的野生鸟类提供栖息场所。

正如大地艺术一样，现代景观设计，极少受到单一艺术思潮的影响。正是因为受到多种艺术的交叉影响，而使其呈现出日益复杂的多元风格。要想对它们进行明确的分类和归纳，几乎是一件不可能的事情。但景观艺术的表现，有一个基本的共同前提，那就是时代精神与人的不同需求。众多的艺术流派，为我们提供了丰富的艺术表现手段，但其本身也是时代文化发展的结果。在园林与景观设计领域，既没有产生如建筑等设计领域初期的狂热，也没有激情之后坚定的背弃，而始终是一种温和的参照。更高更新的技术，则让我们对景观艺术的表现深度，更加彻底和不受局限。

第二节　现代景观设计发展过程

一、西方现代景观发展历程

从 20 世纪开始，在欧洲、北美、日本一些国家的庭园和景观设计领域已开始了持续不断地相互交流和融会贯通。1925 年巴黎的现代工艺美术展览会（Exposition des Arts Decoratifs et Industriels Modernes）是现代景观设计发展史上的里程碑，虽然本次展览会中的庭园只占展出内容的一小部分，但其与建筑“新精神”一致的设计理念，不规则的几何式与动态均衡的平面构图以及多样化的材料使用展示了景观设计发展的新方向与新领域。随后，更多现代主义建筑师将新建筑设计的原则与环境的联系进一步加强，勒 · 柯布西耶（Le Corbusier）于 1929—1931 年设计的 Savoye 别墅以底层架空和屋顶花园将建筑嵌入自然（图 2.2.1）；芬兰建筑师阿尔瓦 · 阿尔托（A. Aalto）在 1929 年设计的玛丽亚别墅将建筑布置在森林围绕的山丘顶部，并通过 L 形平面将室内外融为一体；德国建筑师密斯 · 凡德罗（Mies Van der Rohe）于 1929 年设计的巴塞罗那世界博览会德国馆，通过二个以矩形水池为中心的庭院形成室内外空间的流动、穿插与融合（图 2.2.2）。英国现代景观设计奠基人唐纳德（C.Tunnard）则在理论上指出现代景观设计的三个方面：功能、移情、美学。

图 2.2.1 Savoye 别墅

图 2.2.2 巴塞罗那博览会德国馆

20 世纪 30 年代中期以后，二战爆发使欧洲许多有影响的艺术家、设计师前往美国，德国的格罗皮乌斯（W. Gropius）和英国的唐纳德等人将欧洲现代主义设计思想引入美国，在他们的鼓励、引导下，哈佛景观设计专业学生 J. Rose, D. Kiley, G. Eckbo 等人发起“哈佛革命”（Harvard Revolution），宣告了现代主义景观设计的诞生。

1. 欧洲现代景观发展历程

16—19 世纪，欧洲工业和资本主义经济发展迅速，资产阶级夺得统治政权后兴办各种公共事业，其中也包括公园的开辟。工业的发展使城市不断扩大，环境逐渐恶化，尤其是 18 世纪产业革命后，城市中大气和水体被污染、交通拥塞、噪声嘈杂、卫生条件和精神环境日趋恶劣。如何避免城市环境恶化乃成为城市规划建设的首要任务。在园林方面先后出现了公园系统和绿地系统的理论与实践。进入 20 世纪，城市规划建设进入园林化时代，城市绿化的实现使园林冲破了一个个单独的有限空间而分布到城市的各个角落，成为与整个城市融为一体的有机组成部分，从而不得不面对各种恶劣环境而担负起改善整个城市生活居住条件的任务。

欧洲工业革命后，随着其工业城市的出现和现代民主社会的形成，欧洲传统园林的使用对象和使用方式发生了根本的变化，它开始向现代景观空间转化。英国设计师莱普顿（H.Repton）被认为是欧洲传统园林设计与现代景观规划设计承上启下的人物，他最早从理论角度思考规划设计工作，将 18 世纪英国自然风景园林对自然与非对称趣味的追求和自由浪漫的精神纳入符合现代人使用的理性功能秩序，他的设计注重空间关系和外部联系，对后来欧洲城市公园的发展有深远影响。

英国从 18 世纪末开始的工业革命使许多城市环境恶化，为改善城市卫生状况和提高城市生活质量，政府划出大量土地用于建设公园和注重环境的新居住区。1811 年伦敦摄政公园（Regent' s Park）被重新规划设计，设计师纳什（J. Nash）在原来皇家狩猎园址上通过自然式布局表达在城市中再现乡村景色的追求。1847 年在利物浦市建造的面积达 50 公顷的 Birkenhead 公园是当时最有影响的项目，设计师帕克斯顿（J. Paxton）将住宅布置在公园周边，以环形车道紧凑布局，创造了城市中居住与自然结合的理想模式。此后，英国和欧洲其他各大城市也开始陆续建造为公众服务的公园。

19 世纪下半叶，英国的一些艺术家针对工业化带来的大量机械工业产品对传统手工艺造成的威胁，发起"工艺美术运动"（Arts and Crafts Movement），他们推崇自然主义，提倡简单朴实的艺术化手工产品，在他们的影响下，许多景观设计师抛弃华而不实的维多利亚风格转而追求更简洁、浪漫、高雅的自然风格。

19 世纪末—20 世纪初是西方艺术思潮的转折时期，发源于比利时、法国的"新艺术运动"（Art Nouveau）进一步脱离古典主义风格，为现代主义风格做准备，一些建筑师的景观设计作品从自然界的贝壳、水漩涡、花草枝叶获得灵感，采用几何图案和富有动感的曲线划分庭园空间，组合色彩，装饰细部。如西班牙设计师高迪（A. Gaudi）于 1900 年设计的巴塞罗那居尔公园（Parc Guell），以浓重的色彩、马赛克镶嵌的地面、墙面，将一切构筑物立体化，创造了一个光影波动的雕塑化景观世界（图 2.2.3）。

图 2.2.3 居尔公园中多彩的景观设计

1930—1940 年，在战争阴云笼罩下的欧洲，虽然有许多设计师离去，现代景观设计的发展仍在继续，尤其在一些没有受到战争破坏的斯堪的纳维亚半岛国家，设计师继续推广具有本土特色的现代主义，他们根据北欧地区特有的自然、地理环境特征，采取自然或有机形式，以简单、柔和的风格创造本土化的富有诗意的景观，其中最有影响的是瑞典和丹麦。瑞典从 20 世纪 30 年代起，在许多城市设立公园局，专门负责城市公园绿地的规划设计与建设，在推广新公园思想与实践中，促使"斯德哥尔摩学派"（Stockholm School）形成，它主张以强化的形式在城市公园中塑造地区性景观特征，既为城市提供了良好环境，为市民提供了休闲娱乐场所，也为地区保存了自然景观。丹麦有与瑞典相似的社会、经济、文化背景，设计师勃兰特（G. N. Brandt）和索伦森（C. T. Sorensen）等人提倡单纯的几何风格，并主张用生态原则进行设计，通过运用野生植物和花卉软化几何式的建筑和场地，获得柔和的景观形式。

二战结束后，欧洲在一片瓦砾堆中开始重建，许多城市的新规划将公园绿地作为重要内容。英国在 1944 年大伦敦规划中开始实施早在 1938 年议会通过的绿带法案（Green Belt Act），环绕伦敦设置 8 千米宽的绿带（图 2.2.4）。1946 年英国就通过新城方案（The New Town Act），开始建设新城以疏解大城市的膨胀。同年弗·吉伯特（F. Gibberd）规划了 Harlow 新城，他在规划中充分利用原有地形和植被条件以构筑城市景观骨架。还有许多大城市如华沙、莫斯科等的重建计划都把限制城市工业、扩大绿地面积作为城市发展的重要内容。联邦德国从 1951 年起通过举办两年一届的园林展，改善城市环境，调整城市结构布局，促进城市重建与更新。以瑞典为代表的"斯德哥尔摩学派"进一步影响斯堪的纳维亚半岛国家，许多城市将公园连成网络系统，为市民提供散步、运动、休息、游戏空间和聚会、游行、跳舞甚至宗教活动的场所。

这个时期的欧洲景观设计师虽然没有像美国那样自称为"景观建筑师"（Landscape Architect），但其队伍也更加壮大和成熟。除了勒·柯布西耶和阿尔托、门德尔松等现代主义建筑师在建筑设计过程中更多关注景观价值，结合自然环境进行创作之

图 2.2.4 伦敦绿带中的城市公共绿地

外，一些专职的景观设计师开始通过文章和作品推广现代主义设计理念。法国的吉 · 西蒙德（J. Simond）创新设计要素，构想用点状地形加强空间围合感，用线状地形创造连绵空间；瑞士设计师伊 · 克拉默（E. Cramer）在 1959 年庭园博览会设计的诗园（Poetic Garden）以三棱锥和圆锥台组合体将地形塑造得如同雕塑一般；丹麦的索伦森于 1959 年和 1963 年相继出版了《庭园艺术和历史》和《庭园艺术的起源》两本书认为园林艺术应是自由、不受限制的，景观设计应该振奋人心，创造一个能被深入体验的场所，使人们从机器般的住宅和办公室中解放出来。

从 20 世纪 20—50 年代，欧洲的现代主义景观虽然没有与现代主义建筑完全同步发展，但它接受现代主义建筑的影响，逐渐形成了一些基本特征。例如对空间的重视与追求，采用强烈、简洁的几何线条，形式与功能紧密结合，采用非传统材料和更新传统材料等等。

20 世纪 60 年代，欧洲社会进入全盛发展期，许多国家的福利制度日趋完善，但经济高速发展所带来的各种环境问题也日趋严重，人们对自身生存环境和文化价值危机感加重，经常举行各种游行、示威。社会、经济和文化的危机与动荡使景观设计进入反思期，一部分景观设计师开始反思以往沉迷于空间与平面形式的设计风格，主张把对社会发展的关注纳入到设计主题之中。他们在城市环境规划设计中强调对人的尊重，借助环境学、行为学的研究成果，创造真正符合人的多种需求的人性空间，在区域环境中提倡生态规划，通过对自然环境的生态分析，提出解决环境问题的方法。此外，艺术领域中各种流派如波普艺术、极简艺术、装置艺术、大地艺术等的兴起也为景观设计师提供更宽泛的设计语言素材，一些艺术家甚至直接参与环境创造和景观设计，将对自然的感觉、体验融入艺术作品中，表现自然力的伟大和自然本身的脆弱性，自然过程的复杂、丰富等。

20 世纪 70 年代以后，建筑界的后现代主义和解构主义思潮再次影响到景观设计，设计师重新探索形式的意义，他们开始有意摆脱现代主义的简洁、纯粹，或从传统园林中寻回设计语言，或采取多义、复杂、隐喻的方式来发掘景观更深邃的内涵。例如 1970 年 C.Scarpa 在意大利威尼斯的 Brion-Vega 公墓，环境设计中用一系列“事件”体现天主教信仰，以特定形态的水池、墙体、窗户、通道作为神性、生命、婚姻、死亡、超度等观念的象征。英国景观协会创始人 G. Jellicoe 于 1975 年完成《人类景观》（*The Landscape of Man*）一书，他在对世界园林历史和文化进行深刻思考之后，提出景观设计是对历史及文化的反映，必须充分运用历史上各种有益的园林思想与语言。他于 1982 年为 Sutton Place 改造的一座 16 世纪留下的庭园中，用一系列象征世界不同地域传统的苔园、秘园、伊甸园和溪流、瀑布、喷泉、洞穴、丛林、步道重写古典主义设计语言，表达景观作为历史、现在和将来的连续体的思想。1982 年屈米在巴黎拉维莱特公园竞赛中标方案中，直接把解构主义理论运用到具体的空间上，通过一系列由点、线、面叠加的构筑物、道路、场所创造了一个与传统公园截然不同的公共开放空间（图 2.2.5）。

图 2.2.5 拉维莱特公园

同样致力于形式语言探索的还有西班牙设计师。西班牙自 20 世纪 70 年代摆脱了弗朗哥独裁政权统治后，经济迅速发展，设计师爆发出了激情四溢的创造力。由于大部分景观设计项目由建筑师完成，他们强调将建筑与环境融为一体和景观作品的空间性和形式感，很少采用价格昂贵的材料，而追求在创意上一鸣惊人，如 A. Arrida 和 L. Fiol 设计的北站公园，让雕塑家 B. Pepper 用大地陶艺作品来解决地形的高差；J. A. Martini 等人设计的 Girona 市宪法广场用带棱角和切口的水泥墙体包围着一块三角形区域，表达被限制的自然空间与城市空间所产生的张力；R. Bofill 在 Valencia 设计的 Turia 庭园，把早已干涸了的 Turia 河床作为城市记忆的延伸，用绿色空间构筑起城市的统一体，其中贯穿主轴线上一座座飞越树冠的桥梁，富有超现实的意味。

20 世纪 70 年代末以来，由于欧洲许多城市和区域环境问题仍然严重，生态规划设计的思想与实践也在继续发展。德国设计师在联邦园林展和国际园林博览会中，除了关注公园本身的观赏环境，为游人创造舒适的休闲空间和活动场地外，进一步强调对自然环境的保护。例如 1977 年斯图加特园林展展园中保留了大片原始状态的野草滩灌木丛；1979 年波恩园林展中面积达 160 公顷的莱茵公园，利用缓坡地形、密林、大草坪、湖泊创造了一处生态河谷式的自然风景园；1981 年卡塞尔园林展中留有 6 公顷的自然保护地；1983 年慕尼黑国际园艺博览会中的西园，针对采石场荒地和交通要道，采用大土方开挖方式，创造了长 3.5 千米，高差达 25 米的谷地式风景园。

当全球化的快速进程使全世界走向共享经济技术进步的今天，欧洲当代景观设计在把传统作为本源的信念的支持下和求新求变的开拓精神的指引下，已逐渐确立了其在世界上独树一帜的地位。它实践的范围越来越宽泛，涉及的对象越来越复杂，参与者越来越多样，不仅追求形式与功能，而且体现叙事性与象征性；不仅关注空间、时间、材料，还把人的情感、文化联系纳入设计目标中；不仅重视自然资源、生物节律，还把当代艺术引入人类日常生活中。但是它在道路越走越宽之际，也面临着危机和困境，由于全球化急速推进和欧洲经济一体化加快带来商业运作模式的普及和市场供给的类同化，设计师不得不采用统一的技术和相似的材料，而且越来越受商业社会审美标准的制约，个人风格的表达也往往因为过多的公众参与而被削弱。此外，二战之后的欧洲社会历经了相当长的平静期，尤其是冷战结束后，欧洲社会越来越安定，人们生活富足，社会设施完备，环境优越，似乎已经实现了一个安居乐业的理想社会。但这种安定平稳状态对新一代设计师却意味着思想僵化、灵感滞塞，也意味着工作范围越来越狭小，虽然许多项目报酬优厚，投资充裕，设计时间充足，但他们越来越感到发挥空间有限，创新程度下降。

当代欧洲景观设计正处在一个蜕变与成熟的关键点上，面对困境与危机，欧洲文化的多样、善变和进取的精神正引领着当代设计师积极应对挑战，跨越障碍。他们没有采取闭关自守或追逐潮流的方式，而是在重新审视传统的同时积极汲取新技术的成就，在努力维护地方特征的同时彻底开放，促进交流，把全世界的景观文化传统和自然特征作为创造的源泉与动力。他们积极参与或举办世界性的设计竞赛和项目投标，以磨炼思想、刺激灵感和张扬个性，并以其对人与自然关系的独特见解，对人类历史与文化的深刻诠释，为地球环境增添亮丽的风景。

今天再也不会有一种设计风格横扫天下的情况，历史上各种传统园林体系、设计流派已成为今天人们汲取养分的资源。当代景观设计师应当可以从欧洲现代景观设计的发展历程中获得启示，以全新的姿态融入世界景观舞台，针对人居环境状况和人与时代的需求，介入现代生活，尊重传统而不受其束缚，应用新技术而不盲目依赖，学习经验而不机械模仿，创造出有当代特色的打动人心的景观作品。

2. 美国现代景观发展历程

美国是一个多民族的移民国家，各个民族的文化在那里融合。各国移民在带来多姿多彩文化的同时，也带来了各国的优秀园林文化。美国现代景观就是在这种背景下，继承了传统的景观设计和德国的园林植物配置设计的基础上产生的，并以其肇始之初就同城市建设紧密结合，逐渐发展成为包含风景设计、植物设计、环境艺术设计等多学科复合的设计体系。特别是第二次世界大战后，城市的大发展导致了自然的破坏、环境的污染等一系列社会问题，同时人文主义的复归以及公众环境意识的增强，促使景观设计更加深入到城市生活的各个方面。解读美国现代景观大师——劳伦斯·哈普林、丹·克雷、彼德·沃克以及玛莎·施瓦茨，并从中了解他们的设计思想和实践以及现代景观设计的演变和发展，进而把握景观艺术的未来，弘扬景园艺术，保持新世纪现代城市景园的可持续发展，无疑是有重大意义的。

美国现代景观大致可以分为以下几个发展阶段：

（1）城市公园时代

作为二战的最大受益者，美国由于经济的飞速发展，大量移民涌入城市中，城市人口以惊人的速度在增加，使美国政府不得不整顿纽约市，制定了在市中心建造约 850 英亩的大公园的条例。出生于美国的奥姆斯特德，于 1854 年建造了普及型的、绘画式的公园，即有围墙的、异常优美的"中央公园（Central Park）"，实现了他希望用公园来改变大城市恶劣环境的愿望。奥姆斯特德以其长达 30 多年的景观规划设计实践而被誉为"美国园林之父"。他的创作过程通常分为五个阶段，即：纽约的中央公园（Central Park，1857 年）（图 2.2.6）；布鲁克林的希望公园（Prospect Park，1866 年）；芝加哥的滨河绿地（Riverside Estate，1869 年）；波士顿的城市绿道（图 2.2.7）（Parkway，1880 年）；芝加哥的哥伦比亚世界博览会（1893 年）。此外他还促成国家公园运动，是美国景观规划设计师协会的创始人和美国景观设计专业的创始人。奥姆斯特德极少著书立说，但是他的经验生态思想、景观美学和关心社会的思想，却通过他的学生和作品对后来的景观规划设计产生巨大的影响。奥姆斯特德三父子加起来超过 100 年的景观规划设计实践，塑造了美国的景观规划设计专业。

美国的公园能为紧张地生活在大城市中的市民们提供消除疲劳、寻求安慰和欢乐的场所。公园能在大都市中日趋紧张的土地上引进大自然，是有着极其重大的意义的。纽约"中央公园"的建成，使公园建设受到重视，同时也造就了一些造园家。在大量移民的刺激和近世产业兴起的推动下，美国的许多城市都在扩展，建设公园的思想，是顺应时代潮流的。奥姆斯特德及其合作者，还设计了其他的许多公园。其中优秀的，有蒙特利尔（Montreal）的罗雅尔山公园（Mount Royal Park）和波士顿的富兰克林公园（Franklin Park，1886 年）。其代表作品，还有布尔克林的风景公园（Prospect Park，1876 年），芝加哥的哥伦比亚博览会（Columbian Exposition，1893 年）和新泽西州公园系统（1895 年）等。

美国城市人口的增长，对人们是一种威胁。为了解除这种困境，有必要进一步建造开放性的公园。首先在近代化的商业城市芝加哥市，花费了 4 200 万美元，在较短时间内，建造了约 24 所"运动公园"。居民只要花几分钟，就能自市内的任何一座建筑物到达其中的一个公园。这种公园的特点是：在小的公园里，有四周被园路围起来的足球比赛场和体育馆，中央有带浅池的儿童乐园，有带浴场的游泳池；在大一点的公园里，有划船设施，有带中央大厅和个人会议室的俱乐部。其他许多城市也想方设法建造了像芝加哥市那样的公园。波士顿建造了由外侧带状式公园和向市内伸展的具有公园风格的道路。华盛顿、圣路易斯和费城等城市，则都在城镇的内侧建造华丽的街道。美国大城市的行政机构，都把为市民提供公园和庭园地区作为主要的义务。在他们的工作部门中，有一个以培养城市权威者为目的的公园协会。

在公园中，游乐用空地逐渐成为必需的部分。美国主要从英国学习了野外体育和游乐的兴趣，再以发动群众的办法协助完成。为满足人们因祭祀和集会以及得到一切文体活动和游乐用地的需要，必须保留广阔平坦的土地。正如迈耶（Gustav

图 2.2.6 纽约中央公园

图 2.2.7 美国波士顿城市绿道

Meyer）所说的那样，过去的公园是“理想的散步地”。人们喜欢欣赏画一般的风景，其中只有一部分是喜欢安静的散步者，而大部分人是希望能在一起聚会和游乐的。游乐场最好是规则形的，这样无论对游戏（体育比赛）者或游览者都合适。为祭祀和招待而设计的场所，不应被树林掩蔽，也不应迂回曲折得使人难于估计距离。群众希望观赏，同时也希望被观赏。因此水面不能像过去那样设计成弯曲的路线，专为划船的人们服务，而应该像游泳池或溜冰场那样的新设计。这些要求，都使公园逐渐趋向于规则式的构思。然而公园的设计，还受着强有力的旧传统的束缚，只有借助于来自其他方面的动力，才能找到通向新形式的道路。

另外，随着“运动公园”的兴起，不可缺少的“墓地公园”也兴建了起来。较为闻名的墓地公园是 1831 年建在邻近波士顿的金棕山（Mount Auburn）。约 20 年后，在辛辛那提又造了春园墓地（Spring Grove Cemetery）（图 2.2.8），及后来由西蒙斯（O. C. Simonds 1855—1931）设计建造的芝加哥的佳境墓地（Graceland Cemetery）。

美国墓地公园的流行，有多种原因，如土地比较低廉；一般人对自然主义的庭园设计感兴趣；以及公园运动的兴起等等。此外，因为墓地公园的建造，本来就是正当的，是纪念性的。现在的墓地公园，无一例外都是规则式的，分别由股份有限公司、宗教团体、市议会及联邦政府建造。

奥姆斯特德为了完成美国的公园设计论，在其后的作品中，附加了一些视察报告。奥姆斯特德去世后不久，两个新的条件使公园问题开始变化：其一，是美国的城市膨胀和新型的产业制度要求有邻近市区的运动场；其二，是出现了新的运送旅客的手段，即最初是电车，以后是比电车更快的汽车。市内运动场毕竟是比较小的，又必须具备多种功能，这种要求与广阔的以风景好为主的公园思想是格格不入的。因此，运动场的建造便成为美国造园的新发展，建造和修改了许多的运动场，其中评价最高的，则是奥姆斯特德的后继者所设计的作品。

针对城市住宅区内密布的小运动场和随着交通工具的改善，也建造了一些大规模的公园。其中最早的是艾略特所指导、建于波士顿的大城市（Metropolitan）公园系统。其他许多城市也采用与纽约相同的方针，如在维尔特（Theo Wirth）的努力下建成的出色的明尼阿波利斯的外部公园地带。又如在芝加哥的库克州立保护林是在詹逊（Jens Jensen）指导下建立的。公园运动的发展趋势是要求建立州立和国立的公园、森林及其他农村运动场。

图 2.2.8 美国辛辛那提春园墓地景观

20 世纪以后，随着人们的需求和价值观的改变，公园的作用和形式也不断变化。早在 1938 年现代景观规划设计的理论家艾克博即发表了《*Small Gardens in the City*》一文，探索了各种条件下的城市花园设计。1939—1941 年，艾克博、罗斯、凯利合作发表《*Landscape Design in the Urban Enviroment*，*Landscape Design in the Rural Enviroment*》和《*Landscape Design in the Primeval Enviroment*》等一系列文章，1950 年他又发表《*Landscapes for Living*》一书，对景观规划设计的老传统进行了强烈的抨击，奠定了现代景观规划设计的理论基础。他的主要观点是："人"作为景观中最活跃的因素，一切景观的规划设计都应该为之服务；景观的形式取决于由场地、气候、植物等条件："空间"是设计的最终目标。基于这一思想，19 世纪末建造的大型公园增加了运动场、溜冰场和游泳池等设施以加强休闲空间活动。由奥姆斯特德设计的波士顿查尔斯河岸（Char1esbank，1892 年）便是最早出现的城市康体休闲场地之一。"袖珍"型的公园是 50 年代以后的产物，如纽约市的 Paley 公园（1965—1968 年）的面积只有一栋建筑物那么大，被认为是 20 世纪最有人情味的空间之一；也有整个区域被指定为公园的实例，如费城的 Independence National Historical 公园（1956 年），该公园包含有历史建筑物、广场、景观区和花园等；此外，还有计划经济复苏的区域整个被指定为公园的例子，如马萨诸塞州洛威（Lowell）的 Lowell National Historical 公园等。

（2）国家公园时代

美国国家公园的发展与美国现代景观规划设计的发展是分不开的。早在 1864 年林肯总统签署立法将优胜美地山谷（Yosemite Valley）和美利坡撒大树林划归加利福尼亚州治理，以供大众使用，任何时候都可以在此度假和休闲的时候，奥姆斯特德就主张制定设立国家公园以保护这些壮丽景观的政策，这为后来的国家公园系统奠定了理论基础。当 1916 年国家公园

图 2.2.9 美国红杉树国家公园

图 2.2.10 美国雷尼尔山国家公园

署正式成立时，美国景观设计师协会年会也通过决议案支持国家公园署法案，并讨论了根据地形和景观单位来设定边界、拟定综合计划等治理国家公园的问题。

美国政府极为重视美国景观设计师协会的建议，并倚重景观设计师来指导国家公园系统的发展。景观设计师在自然、历史、文化和风景资源的保护过程中发挥了巨大的作用。

景观规划能使我们比以往更明智地使用我们的资源，自然景观重建——将有种群关系的乡土物种重新生长在可以繁衍的场地上以恢复一个地方原有自然风貌的过程，则是整修景观的积极方法之一，其目标是重新建立人类移居前的原生植被，模拟当时物种的组成、多样性和分布模式。在美国，对自然式造园的兴趣，是向两个方面发展的。一方面是将个人宅地及都市公园建成自然的、不规则的倾向；另一方面则是从教育、保健和休养的目的出发，保留了相当广阔的乡土风景地，这在美国造园的发展中是主要的。保留乡土风景地多半由私人买下，是拥有打猎和捕鱼场地的私人的俱乐部，或是作为一般休养地的地方性俱乐部，但规模最大的、最主要的则是公有的保留乡土风景地，主要有国立公园、国有林、国家纪念物、州立公园、私有林和名胜古迹。

美国的国立公园，是在一些偶然的机会中开始建造的。如在1832年，阿肯色州的神灵泉保留在温泉城，以后就由国家辟为公园。1872年，在怀俄明州西北保留着惊奇的间歇泉，在陆军部的监督下辟为国立公园。1890年，国会接收了加利福尼亚州的管辖地，创建了约瑟米提国立公园（Yosemite N. P.）。同年，为了保护加利福尼亚的红杉（Sequoia）巨树，建立了红杉树国立公园和保护区（图2.2.9）。与此同时，华盛顿州的雷尼尔火山也被列为国家公园（图2.2.10）。

与国立公园相关联的，是作为公共事业的美国国家纪念物。这些纪念物占地都较小，除阿拉斯加的两处有上千平方英里外，一般都不过数英亩。这些都是根据总统的命令而设置的，与根据国会的法令所建立的国家公园有区别，并由各州的官吏管理。一般是有历史价值的纪念物，如史前遗迹或有科学趣味的文物等。

（3）景观生态规划时代

战后美国的工业化和城市化经过一段时间的发展达到高峰，郊区化导致城市蔓延，环境与生态系统遭到破坏，人类的生存和延续受到威胁。在这样一种情况下，麦克哈格成为景观规划最重要的代言人。他于 1969 年首先扛起了生态规划的大旗，他的《设计结合自然》（*Design with Nature*，1969）建立了当时景观规划的准则，标志着景观规划设计专业勇敢地承担起后工业时代重大的人类整体生态环境规划设计的重任，使景观规划设计专业在奥姆斯特德奠定的基础上又大大扩展了活动空间。麦克哈格一反以往土地和城市规划中功能分区的做法，强调土地利用规划应遵从自然固有的价值和自然过程，即土地的适宜性，并因此完善了以因子分层分析和地图叠加技术为核心的规划方法论，被称之“千层饼模式”，从而将景观规划设计提高到一个科学的高度，成为景观设计史上一次最重要的革命。

20 世纪 80 年代以后，景观规划设计的服务对象不再局限于一群人的身心健康和再生，而是人类作为一个物种的生存和延续，而这又依赖于其他物种的生存与延续以及对多种文化的保护。景观规划设计的研究对象扩展到大地综合体，即由人类文化圈和自然生物圈交互作用而形成的多个生态系统的镶嵌体。随着景观生态学的发展，人们逐渐发现麦克哈格的“千层饼模式”只强调垂直自然过程，即发生在某一景观单元内的生态关系，而忽视了水平生态过程，即发生在景观单元之间的生态流；其次，“千层饼模式”强调人类活动和土地利用规划的自然决定论，规划除了认识自然过程就是适应自然过程。

哈佛大学的理查德·福尔曼（Richard Forman）教授主要的学术研究是将空间格局和科学联系起来，以使自然和土地上的人和谐相处。他常常被称为景观生态学和道路生态学之父，帮助促进了城市区域生态和规划学的出现。其他研究领域包括变化的土地镶嵌类型、土地保护和利用规划、城市建成空间和绿地类型以及斑块—廊道—基质模型。1986 年他和 M. Godron 合著了《景观生态学》一书，该著作第一次综合、详细描述了有助于理解和改善土地利用类型的斑块—廊道—基质模型。1995 年他出版了更详细地研究景观生态学书籍，并将研究对象扩展到区域的尺度《土地镶嵌：景观和区域生态学》。

从这一时期开始，景观生态规划理论强调水平生态过程与景观格局之间的相互关系，研究多个生态系统之间的空间格局及相互之间的生态系统，包括物质流动、物种流、干扰的扩散等，并用一个基本的模式“斑块—廊道—基质”来分析和改变景观，以此为基础，发展了景观生态规划模式。以决策为中心的规划模式和规划的可辩护性思想则在另一层次上发展了现代景观规划理论，使自然决定的规划重心回到以人为中心的规划基点，但在更高层次上能动地协调人与环境的关系和不同土地利用之间的关系，以维护人与其他生命的健康与持续。

（4）迈向新世纪的景观都市主义时代

在上世纪城市化发展过程中我们看到的一个普遍现象就是基础设施在追求高标准的技术要求的同时，正变得越来越标准化，人们仅仅考虑它们技术方面的要求，大部分道路都是单一功能导向的为机器——汽车在设计、河道则以防洪为单一目的，被裁弯取直和硬化等，与此同时却忽略了城市基础设施还应具有的社会、审美及生态方面的功能。

近些年来，欧美的许多城市通过对基础设施的重新思考，人们得出城市中的任何空间都应该具有社会价值，不仅仅传统的公园和广场要有，所有城市空间都应该有人文气息。这就需要我们重新审视以专项工程、单一功能为目的的城市基础设施建设，将其从拥堵、污染、噪音等对城市的负面影响中解放出来，使之成为城市生活居住的一部分，并以此提升生活品质，满足公众生活需求，改善区域生态环境，提升土地经济价值。设计者需要参与的景观基础设施包括有：雨洪调蓄、污染治理、生物栖息地、生态走廊网络建设；然后在这一景观生态基础上，提供丰富多样的休闲游憩场所，创造多种体验空间，这包括将停车设施、高架桥下的空间、道路交叉口等组成的城市肌理的各个层面加入景观基础设施之中。景观都市主义认为要做好上述这些工作，

图 2.2.11 画家陈均德画作中的上海复兴公园

需要各相关学科的设计者共同合作，全方位地参与到城市生态的全过程，将基础设施的功能与城市的社会文化需要结合起来

景观都市主义描述了当今（城市建设）所涉及的相关学科先后次序的重新排列，即景观取代建筑成为当今城市的基本组成部分。对许多不同专业的人士来说，景观已成为一种透视镜，通过它，当今城市得以展示；同时景观又是一种载体，通过它，当今城市得以建造和延展。景观已从过去以审美为目的的表现技法、再现手法发展成为当今城市建设以及处理所有人地关系的世界观和方法论。

景观都市主义把建筑和基础设施看成是景观的延续或是地表的隆起。景观不仅仅是绿色的景物或自然空间，更是连续的地表结构，一种加厚的地面，它作为一种城市支撑结构能够容纳以各种自然过程为主导的生态基础设施和以多种功能为主导的公共基础设施，并为它们提供支持和服务，这种开放的、能预判和参与未来需要并能够行使功能的载体，就是景观基础设施。

景观都市主义给了建筑学、景观设计学一次大融合的机会。它敲打去长期以来学科之间的藩篱，给城市设计的理论和实践带来了反思；更重要的是，给景观设计学的发展带来了机会。当然，作为新兴的景观规划理论，它还远远没有成熟，其论点需要更多的实践来验证和说明。

二、我国现代景观发展概述

在以农业与手工业生产为主的封建社会时期，西方的传统园林服务对象同中国一样，都服务于少数人。工业革命的到来使西方社会产生了深刻的变化，为城市自身以及城市居民服务的开放型园林也随之形成。1857 年奥姆斯特德主持设计的纽约中央公园掀开了西方城市公园运动的序幕，城市公园运动也开辟了西方现代园林发展的新纪元。现代园林是真正意义上的大众园林，这就要求设计师探索适合大众园林的景观设计理论与方法。我们可以很清楚地看到，不管是中国传统的北方皇家园林还是江南的私家园林，都是时代的产物，其所用的材料，所表达的内容都是与其时代相关的。

西方的生态理念和手法传入中国，给中国带来了一定的影响，中国的设计师近年来也在探索生态设计的新路。自然观促进了现代园林理念的发展。然而中国的近代园林的发展，却是在西方打开国门之后，在其思想、理论的指导下进行的殖民形式园林的创作。1908 年“法国公园”即复兴公园建立（图 2.2.11）。1919 年“极斯尔公园”即中山公园建立。这一时期公园多采取法国规则式和英国风景式两种。它们都只不过是为殖民者开放的公园。1906 年在无锡、金匮两县乡绅俞仲等筹建的“锡金公花园”算我国自己建造的最早的公园，该园特点是采用多建筑、无草地、有假山、自然式水池等中国古典园林的手法。自此，中国人开始有了对国人开放的近代公共园林。1979 年改革开放后，随着经济的发展，造园运动再度兴起。

20 世纪 50 年代以前，功能主义这种以功能为本的规划理念使得城市的发展呈现匀质性，不能提供其原本天生的多样性和可选择性；后工业时代相对于工业化时代社会生产力获得了巨大发展，社会的状态由生产型转变为消费型，社会发展的动力由生产转为消费；20 世纪 50 年代人文主义应运而生替代功能主义成为城市设计学科的发展主流；世界园林的发展又出现了新的趋势，出现了推崇和体现人文主义的思潮。受格罗皮乌斯、布劳耶和唐纳德等人的现代设计思想的影响，现代园林设计也经历了现代主义的变革。

20 世纪 60 年代以来，随着人口增长、工业化、城市化和环境污染的日益严重，生态问题成为全球各界共同关注的焦点。到 20 世纪 70 年代初一些学者从环境保护出发，开始提出了在城市建立林带网的布局模式，在城市郊区营造森林公园、环境保护林、风景林，建立自然保护区、休养疗养城等，构建了一个完善的森林生态系，将森林引入城市，形成环状放射的林带网。生态学与社会科学的结合开创了生态规划与设计的时代。近 30 年来以来，遵从自然的设计模式在生态学和人类活动之间架起了一道桥梁，园林规划设计广泛利用生态学、环境学以及各种先进的技术如 GIS 遥感技术等，而成为环境主义运动中的中坚。20 世纪 90 年代，可持续发展观得到广泛认同，可持续发展观成为我国现代园林规划设计的重要指导思想。

近几年，景观设计从理论到实践在我国都有了一定的发展，学科教育也处在起步阶段。但是，与已有近百年设计发展历史的西方发达国家相比，我国还远没有形成具有自身特色的景观设计理论，景观设计实践还处在无序、不规范、低水平的状态，与我国社会经济发展的客观实际相比，景观设计专业教育还跟不上时代发展的步伐。

中国现代景观设计的健康发展既不能完全照搬西方现代景观设计模式，也不能一味拘泥于古典模式，在古典园林的樊篱中打转。只有重新认识园林的母体——自然，在新的自然观下来看待祖国广袤丰富的自然形态，研究基址上已有的自然进程和土地肌理，才能冲破古典范式和永恒美丽的束缚，挣脱虚假继承和创造力枯竭的恶名，传承和发展中国古典园林中的优秀思想和技巧，营造出既符合人类发展趋势，又具有本土特色和地域特征的优秀景观设计作品。

“外师造化，中得心源”是中国造园的基本要义，在今天的中国，随着城市的急剧扩张和产业更新，大量的城市新区在农田上拔地而起，受污染、被损害的工业废弃地亟待修复和改造，许多重要的景观设计项目都位于荒地、农田甚至是废弃地上，这些基址以及它们所处的环境才是真实的自然、身边的自然、普遍的自然，是城市之外人类最频繁、最深入接触的土地。新自然观下的自然是一个外延广阔的自然，天然的山水风景、劳动的田园风光、绵延的国土景观和受伤害被污染的废弃地都是景观设计师应该研究和考察的对象（可以简要概括为原初的自然、乡村的自然和废弃的自然）。

中国现代景观设计既要继承古训，又要发展古训，我们有必要重新对“师法自然”进行更好的理解，所谓“自然”，不仅仅是名山大川的美好景色，更应该是设计之前场地原有的状况；所谓“师法”，不仅仅是师法自然的形态和外貌，更应该师法自然的演替规律和生态进程。在新的自然观下去保护自然、管理自然、恢复自然、改造自然和再现自然，在本土的实践中真正做到与自然相协调。

文化在中国园林的发展过程中一直扮演着重要的角色，中国的古典园林中充满了君子比德、托物言志、花木寓意等象征含义。但在今天让一个设计作品无中生有地附会一些古老的历史文化其实是非常苍白的，极易陷入伪文化、伪继承的泥淖。真正的文脉是积淀的历史和时代的文化。延续文脉是延续现场已有的历史信息，尽管它的历史可能并不长，但却传达着一种真实的信息，是一种鲜活的文化，最能引起人们的情感共鸣。另外，当今时代的文化中很重要的一点是环保和可持续性。尊重基址已有的历史遗存并进行改造、利用和延续本身就是一种可持续的设计。所以，文脉延续与可持续设计从某种意义而言是并行不悖的。

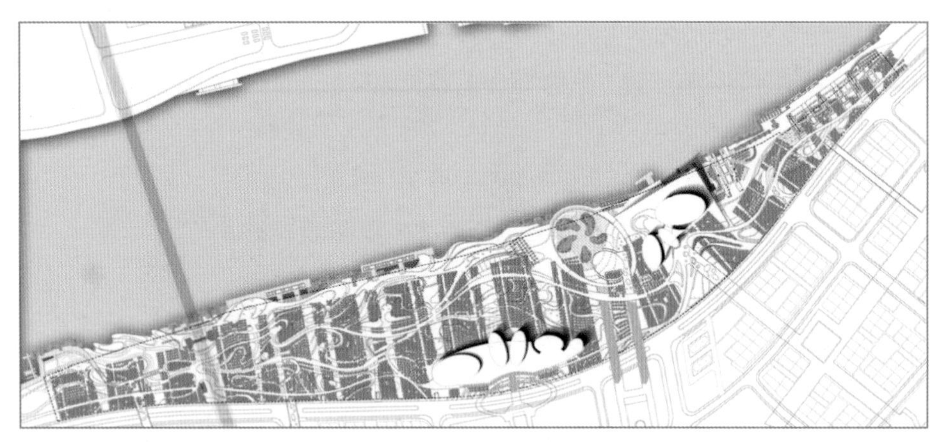

图 2.2.12 世博会绿地规划

在上海世博会中心绿地的设计中(图 2.2.12),基址区域内的现有工业建筑在一定程度上反映着上海近代的工业史,是城市记忆的载体。我们经过一系列的改造设计,抽离工业遗址的脏乱与简陋,而将其怀旧、浪漫与时尚的一面融入新的景观环境。原来的码头和船坞改造为亲水平台,旧建筑和水泥储存罐改造为服务设施和工业博物馆,工厂传送带成为空中观景廊道,原来的导轨成为铺装的一部分,鲜红的塔吊成为江边独有的地标。特别是新设计了展示花园区,将现状建造质量较差的建筑的地上部分拆除,保留地基,改造和利用部分墙体,于旧系统上叠加新的系统,形成立体的植物群落和花园体系。通过这一系列动作,最终的设计以相对经济的方式延续了场地的历史文脉,既凸显了原址时间向度上的历史沧桑感,又体现了设计面向未来可持续发展的环保理念。

中国过去十年的当代景观设计探索在空间上具有极大宽度,而在时间上又是被压缩了的实践,并且整个社会的变革所蕴含的矛盾和营养以及机遇都反映到设计中来。当代实践的复杂性、矛盾性和多元化并存,生态性和人性化的缺失、设计形式和语言的崛起,是过去近十年中,中国当代景观设计的普遍特征,中国速度导致中国景观设计表象的变化,却没有促成真正能够解决中国快速城市化矛盾的方法和实践的形成,中国当代景观设计普遍还是成为一种助推中国城市面貌改变的工具,而没有成为真正科学的介入到城市基础设施建设中的实践。我国的城市建设正在经历一个前所未有的飞速发展时期,中国景观学科应当怎样发展,成为摆在我们面前必须深刻思考和解决的问题。我们在东西方文化的交汇点上,站在新世纪的远方,对当代城市景观设计做更深的遥望:一座城市的设计必将是体现着设计者融入人类文明、科技文明之后确立可持续发展的规划体系深思熟虑的智慧结晶。预测未来城市的需要,使城市在可持续发展中推动人类的进步与文明,这就是现代景观规划设计的实质所在。

基于对上述问题的思考,近年来国内出现了运用当代的设计语言,应对景观触及的当代社会、环境及文化问题的景观理论与设计实践,如以下较有代表性的设计实践:

1. 北京大学俞孔坚教授的美国景观设计师协会奖(ASLA)获奖作品中山岐江公园(图 2.2.13),在中国开创性地将现代工业遗存定位为遗产,并使之以新的形象走入大众的日常生活,岐江公园将生态性、当代艺术和平民化的空间结合在一起,并建立起新的设计语言,纯粹的直线、斜线式的大构图打破了传统园林曲径通幽的意向,将空间的潜能向平民释放出来,系列盒子的运用表达了穿越与围合的场所魅力,设计语言和元素的重复运用强调了韵律之美,中山岐江公园是一个综合性的作品,是中国景观设计对当代性探索的完整体现。

2. 北京林业大学王向荣教授在厦门园博园竹园的设计中将带有中国性特征的元素与其一向简约的设计手法相结合,以白墙、白沙地、钢格栅路径、黑色石条和被认为是中国精神的代表元素之一的竹子等元素,围合了一个具有强烈中国意味和现代化的开放性园林景观。

3. 2012 年普利兹克建筑奖(Pritzker Architecture Prize)得主王澍设计的中国美术学院象山校园(图 2.2.14)其核心理念为回归乡土,并让自然做工,王澍将之诗意地描述为"返乡之路",场地原有的农地、溪流和鱼塘被小心保留。同时项目有着对资源与能源的思考和可持续方面的关照,王澍利用的江南旧瓦片就是一个典型的符号,在这个项目中,超过 700 万片不同年代的旧砖瓦被从浙江全省的拆房现场回收到象山新校园,重新演绎了中国本土可持续的建造传统。

图 2.2.13 中山岐江公园

4. 著名设计师马清运设计的曲水园边园(图 2.2.15)是一个向公众开放的传统园林的改造项目,曲水园是上海五大著名园林之一,在园边园的设计中,马清运将带有解构色彩的现代空间构筑介入到中国古典建筑元素构成的传统的长廊空间中,这种设计元素上的错位和混搭带来了趣味性,吸引人们参与其中,设计师的诉求是将城市公共空间体系及其携带的公共活动引入传统的园林空间,试图解决公园的"园"同园林的"园"之间的辩证关系。

图 2.2.14 中国美术学院象山校区

5. URBANUS 都市实践的"城市填空"展。URBANUS 都市实践团队在过去十年中的景观设计努力,将城市设计、建筑设计和景观设计三种实践结合在同一个语境当中,并模糊了相互的界限。阅读 URBANUS 都市实践的作品,对中国当代景观设计的解读有着重要意义。对景观设计, URBANUS 都市实践有着其完整的叙事体系,认为景观设计是意识形态的表达,城市开放空间是其主要探索的领域。以搭建都市舞台解决城市乏味、以景观设计手段将城市政治空间平民化、以景观设计的手段在守旧的城市中置入新文化、针对城市所面临的未来,用景观设计的手段来采取新的城市策略。

中国的古典园林设计在很久以前就达到了巅峰,而现代景观规划设计在过去的 10 年内才刚刚兴起,尚没有成熟的框架体系,但繁华背后的诸多困境却已逼迫而来,要摆脱这些困境必须要直面真实的设计对象和设计问题。中国疆域广阔,自然景观类型丰富,不同环境的建设和发展应当走不同的道路。新的景观的建立不应该以抹杀原有景观的所有痕迹、阻碍自然本身的演替进程为前提,而是"在自然上创造自然",把大地肌理的保留、景观的积累、自然的演替作为一种历史的延续和新景观产生的基础,从而创造出人工与自然协调的环境,创造出属于地区的、属于民族的,也是属于中国的园林景观。

图 2.2.15 曲水园边园

第三节　传统园林与现代景观设计

二战以后，一批现代景观设计大师大量的理论探索与实践活动，使园林景观的内涵与外延都得到了极大的深化与扩展，并日趋多元化。现代风景园林在其产生与形成的过程中，与现代建筑的一个最大的不同之处就在于，现代园林在发生了革命性创新的同时，又保持了对古典园林明显的继承性。

一、现代景观对传统园林的继承与拓展

1. 设计理念的继承与拓展

古典园林无论中西，无论是强调师法自然，还是高于自然，其实质都是强调对“自然”的艺术处理。不同之处，仅在于艺术处理的内容、手法和侧重点。可以说，各时期园林在风格上的差异，首先源于不同的自然观，即园林美学中的自然观。现代景观在扬弃古典园林自然观的同时，又有自己新的拓展。这种拓展主要表现在两个方面：第一是由“仿生”自然，向生态自然的拓展。早在1969年，美国宾州大学园林学教授麦克哈格在其经典名著《设计结合自然》（*Design With Nature*）中，就提出了综合性的生态规划思想。在现代景观设计中，诸如为保护表土层，不在容易造成土壤侵蚀的陡坡地段建设；保护有生态意义的低湿地与水系；按当地群落进行种植设计；多用乡土树种等基本生态观点与知识，已被设计师理解、掌握和运用。在生态与环境思想的引导下，园林中的一些工程技术措施，例如，为减小径流峰值的场地雨水滞蓄手段；为两栖生物考虑的自然多样化驳岸工程措施；污水的自然或生物净化技术；为地下水回灌的“生态铺地”等，均带有明显的生态成分。

自然观的另外一个重要拓展，是静态自然向动态自然的拓展，即现代景观设计，开始将景观作为一个动态变化的系统。设计的目的，在于建立一个自然的过程，而不是一成不变的如画景色。有意识地接纳相关自然因素的介入，力图将自然的演变和发展进程，纳入到开放的景观体系之中。

2. 功能定位的继承与拓展

无论东方古典园林还是西方古典园林，其基本的功能定位都属观赏型，服务对象都是以宫廷或贵族等为代表的极少数人。因此，园林的功能都围绕他们的日常活动与心理需求展开。这实际上是一种脱离大众的功能定位，同时也反映出等级社会中，园林功能性的局限与单一。随着现代生产力的飞速发展，更加开放的生活方式，引发了人们各种不同的生理及心理需求。

现代景观设计顺应这一趋势，在保持园林设计观赏性的同时，从环境心理学、行为学理论等科学的角度，来分析大众的多元需求和开放式空间中的种种行为现象，为现代景观设计进行了重新定位。如现代景观通过定性研究人群的分布特性，来确定行为环境（behavior setting）不同的规模与尺度，并根据人的行为迹象（behavior traces）来得出合理顺畅的流线类型；又通过定点研究人的各种不同的行为趋向（behavior trend）与状态模式，来确定不同的户外设施的选用设置（图2.3.1）。为了科学合理地安排这一切，环境心理学还提出了一系列指标化的模型体系，为景观设计中不同情况下的功能分析提供依据。如图形（Pattern）系数模型、潜势（Pottential）模型，地域倾向面（Trend）模型等等。总之，现代景观在功能定位上，不再局限于古典园

林的单一模式，而是向微观上深化细化，宏观上多元化的方向发展。

3. 造景元素的继承与拓展

中西各古典园林在景观的塑造上，表现出明显的地域模仿性，如中国的千山万水，英国的平冈浅阜等等，现代景观一方面在很大程度上打破了地域的限制；另一方面又充分运用现代高新技术手段和全新的艺术处理手法，对传统要素的造景潜力，进行了更深层次的开发与挖掘。

（1）水景元素的继承与拓展

水景是中国古典园林的主景之一，中国古典园林水景在高度提炼和概括自然水体的基础之上，表现出极高的艺术技巧。水体的聚散、开合、收放、曲直极有章法，正所谓“收之成溪涧，放之为湖海”。这方面的经典实例也比比皆是。此外，它还极其注重水体的配合组景，宋·郭熙在《林泉高致》中就写道“山得水而活，水得山而媚”。总的来说，受道家“虚静为本”思想的影响，中国园林的理水，重在表现其静态美，动也是静中之动势。日本园林的理水，则又向抽象化推进一步，仅以砂面耙成平行的水纹曲线象征波浪万重，又沿石根把砂面耙成环状的水形，象征水流湍急的态势，甚至利用不同石组的配列而构成“枯泷”，以象征无水之瀑布，是真正写意的无水之水。

法国古典园林理水的主要表现为以跌瀑、喷泉为主的动态美。法国古典园林中的水剧场、水风琴、水晶栅栏、水惊喜、链式瀑布等，各式喷泉构思巧妙，充分展示出水所特有的灵性，而静水则正是少了这些许灵气。但静态水体，经过高超的艺术处理后，所呈现出来的深远意境，也是动态水体所难以企及的。

现代景观中的水景处理，更多地继承了古典园林中对水景动态美的表现手法，充分利用现代科技手段，将动态水景的潜力发挥得淋漓尽致。在这方面，现代景观设计大师们，已给我们做出了诸多精彩的示范。如凯利设计的德州达拉斯市喷泉水景园，水面约占 70 %，树坛位于水池之中，跌瀑之中又点缀着向上喷涌的泡泡泉，展现在人们面前的是这样一幅“城市山林”美景：林木葱郁、水声欢腾、跌泉倾泻。

又如哈普林（L. Halprin）事务所设计的俄勒冈州波特兰大市的伊拉·凯勒水景广场，跌水为折线型错落排列，水瀑层层跌落，最终汇成十分壮观的大瀑布倾泻而下，水声轰鸣，艺术地再现了大自然中的壮丽水景，不失为现代景观设计中的经典之作（图 2.3.2）。至于尺度巨大的水墙、水台阶，造型各异的音乐喷泉等，在我们的视野中更是随处可见。

（2）种植设计的传承与拓展

中国古典园林中的栽植以观形为主，取色、赏花、闻香、听音为辅，同时也注重季相与花期的变化，花木的选择与使用有明显的拟人化倾向。孤植以观形、观叶、赏花为主；群植讲究搭配造景。此外，在组景上注意通过疏密、高低的变化形成帷幕、屏风式的空间界面，使景观有似连又断的流动感，似遮又露的景深层次。总的来说，各类花木的运用，已形成了基本的定式。

日本园林，尤其是枯山水，植物配置则少而精，尤其讲究控制体量和姿态，虽然经过修剪、扎结，仍力求保持它的自然，极少花卉而种青苔或蕨类，枯山水不植高大树木。日本园林

图 2.3.1 西班牙迦泰罗尼亚广场景观

图 2.3.2 凯勒水景广场

更加注重对林木尺度的抽象与造型的抽象。

法国古典园林的栽植从类型上，主要有丛林、树篱、花坛、草坪等。丛林是相对集中的整形树木种植区，树篱一般作边界，花坛以色彩与图案取胜，草坪仅作铺地。丛林与花坛各自都有若干种固定的造型，尤其是花坛图案，犹如锦绣般美丽。总的来说，法国古典园林的栽植分门别类，相对集中，主次分明，形态规整。

英国自然风景式园林的种植，则以表现树丛与大面积的草地为主，其缓坡大草坪即便是现在也经常被引用。相比其他园林，它更加注重树丛的疏密、林相、林冠线（起伏感）、林缘线（自然伸展感）结合地形的处理，整体效果既舒展开朗，又富自然情趣。

现代景观设计中的种植设计，不仅植物的种类大大突破地域的限制，而且源于传统、又高于传统。此外，植坛的图案不拘一格，全然没有古典园林中的程式化倾向。典型的例子如 SWA 集团设计的美国凤凰城亚利桑那中心庭园，其中弯曲的小径，"飘动"的草坪与花卉组织而成的平面图案，就像孔雀开屏的羽毛，极具律动感与装饰性。还有更加令人吃惊的表演，如施瓦茨设计的麻省剑桥拼合园，塑料黄杨从墙上水平悬出。如此奇构，充分展示出设计者极具大胆的想象力。

整体而言，现代景观中的种植设计，比古典园林更趋精致，仅就树种而言，其冠幅、干高、裸干高、枝下高、干径、形态、花期、质感（叶面粗细）都有严格的要求，因为这直接影响景观效果。例如裸干高的控制，就能使视觉更具流通性，确保视平线不为蔓生的枝叶过多地遮挡。此外，栽植总体上趋向疏朗、节制，全然没有某些古典园林中那种枝叶蔓生、遮天蔽日的沉闷感。

（3）景观建筑的传承与拓展

在中国古典园林中，建筑是不可分割的组成部分。园林中的建筑多轻巧淡雅、朴素简约、随形就势、体量分散、通透开敞。尤其讲究框景、漏景等园景入室。其次，建筑本身也成为点景之一（图 2.3.3）。譬如山顶的一座小亭，本是一处赏景、稍歇的绝佳位置，但在低处仰视时，又可欣赏其凌空欲飞之势。总的来说，在中国古典园林中，建筑已经高度园林化，它其实已和其他景物水体交融，融为一体了。

法国古典园林则与此正好相反，它迫使园林服从建筑的构图原则，并将建筑的几何格律带入园林中，使高度"建筑化"。建筑多位于主轴尽端的高地上，相对集中，尺度体量巨大。不仅统率着整个园林构图，同时也作为园景的幕布和背景。

英国自然风景式园林的建筑为追求园景本身的自然纯净，往往将附属建筑搬到看不见的地方，或用树丛遮挡起来，甚至做成地下室。主体建筑周围的草坪与主体建筑之间，往往也没有过渡环节，具体来说就是"去园林化"（图 2.3.4）。

日本园林中的建筑不但数量少，体量、尺度也都较小。布局疏朗，往往偏于一隅。建筑物本身也多为简朴的草庵式，并不讲求对称；门阙也是极普通的柴扉形式，真可谓洗尽铅华、恬淡自然，深得禅宗精髓。

在现代景观设计中，我们一般看不到正常意义上的建筑物，但却能明显地感受到一种类似的建筑空间感的存在，这说明建

图 2.3.3 苏州博物馆中的建筑

图 2.3.4 英国伦敦的现代城市景观设计

筑空间的构成技巧，已被大量引入景观设计之中（与法国古典园林中的“建筑化”似有相通之处），典型的例子如唐纳德设计的“本特利森林”的住宅花园。住宅的餐室，透过玻璃拉门向外延伸，直到矩形的铺装露台，露台尽端被一个木框架所限定，框住了远方的风景，旁边侧卧着亨利 · 摩尔（H. Moore）的抽象雕塑，面向无限的远方。

总的来说，现代景观设计中的建筑，已逐渐趋向抽象化、隐喻化。如矶崎新在筑波科学城中心广场的设计中，下沉式露天剧场水墙旁的入口凉亭，只用几根柱子和片墙来限定空间，柱顶则为完全镂空的金属框架，言未尽而意已至。此外，建筑的片断如墙、柱、廊等还与石景、雕塑、地面铺装等一起构成现代景观设计中的硬质景观。

二、现代景观设计中的创新

1. 时代精神的演变

现代景观从古典园林演化至现代开放式空间、再到现代开放式景观、大地艺术，其内涵与外延都得到了极大的深化与扩展。大至城市设计（如山水园林城市），中到城市广场、大学校园、滨江滨河景观、建筑物前广场，小至中庭、道路绿化、挡土墙设计，无一不以此为起点。如今，开放、大众化、公共性，已成为现代景观设计的基本特征。

现代景观设计大师们顺应时代的发展将传统设计理念加以引申、阐发，尝试运用隐喻或象征的手法来完成对传统园林的尊重与传承，景观由此就具有了“叙事性”，成为“意义”的载体，而不仅仅是审美的对象。典型的例子如前文提到的野口勇的“加州情景园”，SWA 集团的“威廉姆斯广场”等。叙事型园林的出现，说明即便是在现代，时代精神也在不断地发生着悄然的变迁。此外，一些新型景观如商业空间景观、夜景观、滨江滨河景观等的出现，也说明现代景观设计，只有不断拓展延伸，才能适应不断发展的时代现实。

2. 现代技术的促进

图 2.3.5 高度艺术化的芝加哥千年公园景观设计

随着时代的进步,尤其是工业革命与信息革命使得自然科学与物质基础得到了前所未有的发展。在景观领域,新的技术,不仅能使我们更加自如地再现自然美景,甚至能创造出超自然的人造景观。这一基础性的条件不仅极大地改善了我们用来造景的方法与素材,同时也带来了新的美学观念——景观技术美学。而古典园林由于受技术所限,就使它对景观的表现被限定在一定的技术条件下。

无论古典园林还是现代景观,其设计灵感的源泉大都来源于自然,而自然的景观,总是处在不断地变化之中。季节的变换、草木的荣枯、河流的盈涸等自然因素的限制往往使得自然景观最美的一刻稍纵即逝。古典园林对此只能是"顺其自然"。现代景观设计则可利用众多的技术手段将改造自然以满足人们的景观心理需求。

3. 现代艺术文化的影响

现代派绘画与雕塑是现代艺术文化的母体,景观艺术也从中获得了无尽的灵感与源泉。20 世纪初的现代艺术革命,从根本上突破了古典艺术的传统,从后印象派大师塞尚、凡·高、高更开始,诞生了一系列崭新的艺术形式(架上艺术),因此完成了从古典写实向现代抽象的内涵性转变。二战以后,现代艺术又从架外艺术方向铺展开来。时至今日,其外延性扩张,仍在不断地进行当中。 从表现主义到达达派,再到超现实主义,20 世纪前半叶的艺术,基本上可归结为抽象艺术与超现实主义两大潮流。早期的一批现代园林设计大师,从 20 世纪 20 年代开始,将现代艺术引入景观设计之中。

现代景观设计,极少受到单一艺术思潮的影响。正是因为受到多种艺术的交叉影响,而使其呈现出日益复杂的多元风格(图 2.3.5)。但景观艺术的表现,有一个基本的共同前提,那就是时代精神与人的不同需求。众多的艺术流派,为我们提供了丰富的艺术表现手段,但其本身也是时代文化发展的结果。在园林与景观设计领域,既没有产生如建筑等设计领域初期的狂热,也没有激情之后坚定的背弃,而始终是一种温和的参照。更高更新的技术,则让我们对景观艺术的表现深度,更加彻底和不受局限。

第四节　景观设计发展趋势

一、多学科交叉的发展趋势

随着景观设计专业在人居环境发展中逐渐受到重视,其重要性及分量均大幅提高,有必要重新检讨其与其他专业之关系和专业领域的再整合。在不同的专业趋向下,景观与相关配合的科系间的关系越来越密切,与艺术美学、自然生态、地理、地质、森林、园艺、建筑、都市计划设计、建筑、土木、游憩与资源管理等科学皆有密切的关系,是一门高度科技整合之科学。

景观专业兼具美学、生态（自然）、社会（人文）及工程（技术）等四大专业导向。景观设计涉及科学、艺术、社会及经济等诸多方面的问题，它们密不可分，相辅相成。只有联合多学科共同研究、分工协作，才能保证一个景观整体生态系统的和谐与稳定，创造出具有合理的使用功能、良好的生态效益和经济效益的高质量的景观。

作为对人类生存环境进行规划设计的专业，景观领域除了须与其他专业领域组成运作团队外，领域本身事实上也包括许多不同的专业观念与技术，加上太容易分割的专业特征，不同领域或领域内不同专长的工作团队之运作练习势必是景观专业教育必备的训练之一，尤其与都市、建筑与土木等环境规划设计实际操作者间的跨领域操作训练更为重要。在面临专业分工越来越细的今日，景观专业尤其缺乏跨领域的专业整合者，如高层领导者在面临同时两个以上专业的整合与决策时，经常以其原有领域的角度去主导各领域，缺乏环境伦理观与各领域间之整合界面处理能力。

因此从景观行业未来发展来看，我们需要吸纳景观设计专业之外的人才，景观设计是需要多学科来共同合作的项目，这代表着未来景观行业的一个发展方向，即多学科交叉，这样才能够让景观行业得到更多的话语权，以此来扩大景观专业的影响力。

二、多元化的景观发展格局

作为以景观规划设计为核心的学科专业概念，首次于 2005 年首届国际景观教育大会提出（Binyi Liu 2005），它是研究景观的形成、演变和特性，并以此为依据，保护、创造、管理生存环境的科学，其研究与实践有三大领域：第一，景观资源与保护；第二，景观规划与设计；第三，景观建设与管理。围绕有关地球表层的自然与文化资源保护及其一切人类户外环境空间的建设，进行科学理性与艺术感性的分析综合，寻求规划设计建设所面临问题的解决方案和途径，监理规划设计的实施，并对大地景观进行维护和管理。景观学总目标是通过景观策划、规划、设计、养护、管理手段，保护利用自然与人文景观资源、创造优美宜人的人类聚居环境。景观学的提出是时代发展对于景观规划设计（Landscape Architecture）学科专业扩展的需要，从前的 LA，其核心是景观的规划设计；如今，传统意义上的 LA 从理论研究到社会实践已不再限于景观规划与景观设计，而是正在向着景观的资源与保护和建设与管理这两大领域以及多学科交叉领域扩展。

随着城市化进程和时代进步的趋势，社会意识的多元促进了生活多元化，多重文化的融合催生了景观作为生活载体的呈现。也因此，景观设计师应成为推动生活多元化的先行者，景观设计师必须对社会生活的发展具有敏锐的洞察能力和广阔的视野，他们需要对高尚生活方式有着更多的体验和感知，而设计师另一个重要的任务就是将先行者的追求与高尚生活方式的体验进行分享和传播，定义多元化景观，推崇多元化高尚生活。

当今，景观学学科专业作为面向人居环境建设的应用性行业，其社会需求与工程实践发展迅猛，势不可挡。以欧、美诸发达国家的实践研究为领先，至 20 世纪 60、70 年代已形成学科体系定位与专业实践扩展，至 20 世纪末，以“可持续发展”为引领，其实践体系业已形成。基于作者总结，总体上可划分为六层次十二方面的实践（刘滨谊 1999 年，2005 年）。

当前和未来景观学面临的三大社会发展的需求是：1. 环保与生态化；2. 城市化；3. 游憩与旅游化。与之相应，景观学实践可概括划分为三大基本领域：1. 景观资源与保护，2. 景观规划与设计，3. 景观建设与管理，以景观的形态美学、环境生态、心理文化为学科发展的三大核心，以景观的资源保护、规划设计、建设管理为专业建设的三大领域，将是 21 世纪景观专业的发展方向。

三、系统化的科学发展方向

景观设计是一门建立在广泛的自然学科和人文艺术学科基础之上的环境应用学科，其核心任务是协调人与自然的关系。如果将景观学这一复合系统加以归纳，那就是自然生态环境系统、城市建筑环境系统、人文社会环境系统所构成的并且跨越了三个环境系统的空间层次关系体的学科。景观设计从不同角度研究人类聚居环境空间艺术，从改善人居环境质量起步，以环境的和谐发展为核心。景观设计强调环境空间的综合体系规划，具体表现在多元系统设计下的互融与综合。

景观设计在景观学的引导下，构成了一个交叉融合的设计系统，它是运用艺术融于景观科学的手段来协调景观形象在环境空间的发展关系问题，并使之达到最佳状态。它融合了园林学、生态学、城市规划学、建筑学、心理学、艺术学等学科的成熟经验，以其艺术的视野，从系统、和谐、优美的角度，解决城乡发展过程中的景观形象的创新问题。

1. 综合性系统

宏观层面上的景观实践是建立在经济、旅游、生态等专业的基础上，包括进行大规模的景观生态保护、治理改造、景观资源开发、旅游策划规划等。这类景观实践主要侧重于景观前期的策划。核心是协调土地的利用与管理，是在大规模、大尺度上进行景观体系的把握，具体项目有：区域控制性规划、城市规划和环境规划等。策划是这一层面的实践主体。景观艺术设计涉及园林设计、建筑设计、城市设计、环境艺术设计、工业造型设计、平面设计以及生态学、材料学、心理学、民俗学等学科，并将这些知识纳入到景观艺术生成的总体设计系统之中。

2. 复合性系统

景观是具有一定的规模的环境规划设计，涉及某一地域历史、文化、生态及地方特色整体风貌内容的较大型景观规划，包括与人类社会、文化相关内容，以及生态、历史等多学科的应用。规划是这一层面的实践主体。

景观设计是在景观学的引导下所构成的复合设计系统，由于景观艺术设计的综合性特点，因此常常表现出设计内容界定的模糊性、不确定性。其中包括基于景观空间形态的视觉系统设计，融于区域景观精神的形象系统设计，反映区域文化特征的风格样式系统设计，以及关注人的行为、心理的人文关怀系统设计等等。各系统之间相互融合与交叉，共同构建起景观艺术设计的复合设计系统。

3. 多层性系统

景观设计的设计空间呈现为多层性的表述特点，表现在从微观意义层面上的景观设计为主体到中观意义上的景观规划、宏观意义上的景观策划的多层与协调。微观层面上的景观实践主要指规模尺度较小，与人们日常生活相关联的景观环境设计，包括城市地形、水体、植被、建筑、构筑物以及公众艺术品等等。设计对象是城市开放空间，包括广场、公园、商业街区、居住区环境、城市街头绿地以及城市滨水地带等，其目的在满足景观环境功能的基础上，不断改善提高景观的艺术品质，以此丰富人的心理体验和精神要求。设计是这一层面的实践主体。

4. 广泛性系统

景观设计的设计观念呈现出广泛性，《亚太景观》一书在导言中谈到现代景观设计带来的变化："首先是观念上的，宏观的观念、生态的观念、构成的观念、文脉的观念、民众参与的观念等等。其次是创作方法上所有这些凝结成现代的、后现代的、结构的、解构的、极简的、高技的设计方法论，为景观设计师提供了广泛的创造可能性"。广泛的设计观念构成了景观艺术设计多元系统设计的哲学基础。

四、走向未来的新景观设计

景观，犹如散落在茫茫大千世界的璀璨星辰，装点着人类的环境。它们有的是鬼斧神工的天然生成，有的是精雕细琢的人为创造，焕发出不同的奇光异彩，成为人类共享的艺术珍品。世界园林景观的发展经历了农业时代、工业时代和后工业时代三个阶段。每阶段都与特定的社会发展需要相适应，都在不断地迎接社会挑战中开拓专业领地。不同的社会发展阶段，有着不同的园林景观和相关专业，体现不同的服务对象、不同的改造对象、不同的指导思想和理念，当然还有不同的园林景观建筑师。

农业时代（小农经济时代）的社会特点是小农经济下养活一个贵族阶层，园林景观的创造者最终是主人而不是专业园林景观师，因而有"七分主人，三分匠"之说。园林景观师仅仅是艺匠而已，并无独立的人格，即使是勒·诺特或计成，也只是听唤于皇帝贵族的高级匠人而已。由于地球上园林景观的空间差异和农业活动对自然的适应结果，出现了以再现园林景观美为宗旨的空间差异和不同的审美标准，包括西方园林景观的形式美和中国园林景观的诗情画意。但不论差异如何，都是以唯美为特征的，几乎在同一时代出现的圆明园和凡尔赛宫便是这一典型。

大工业时代（社会化大生产时代）园林景观的作用是为人类创造一个身心再生的环境，园林景观专业的创作对象是公园和休闲绿地，为美而创造，更重要的是为城市居民的身心再生而创造。工业时代在景园专业发展史上的一个重要突破是园林景观职业设计师的出现，其代表人物是美国景园之父奥姆斯特德。从此，真正出现了为社会服务的具有独立人格、为生活同时是为事业而创作的职业设计师队伍，并成为美国城市规划设计之母体和摇篮。自从 1900 年在哈佛开创园林景观规划设计课程之后，到 1909 年才出现城市规划课程，并于 1923 年城市规划才正式从园林景观规划设计中分离而独立成一个新的专业。

后工业时代（信息与生物、生物技术革命、国际化时代）园林景观的任务则是维系整体人类生态系统的持续。园林景观专业的服务对象不再限于某一群人的身心健康和再生，而是人类作为一个物种的生存和延续，而这又依赖于其他物种的生存和延续以及多种文化基因的保存。维护自然过程和其他生命最终是为了维护人类自身的生存。这一时代，园林景观规划的作用是协调者和指挥家，他所服务的对象是人类和其他物种，他所研究和创作的对象是景观综合体，其指导理论是人类发展与环境的可持续论和整体人类生态系统科学，包括人类生态学和景观生态学。

近几十年来，人口爆炸，生产力飞速发展，人类整体生活水平和物质能量消耗水平成倍增长，环境问题越来越明显。这些症候已使人类认识到其活动对自然环境的破坏已经到了威胁自身发展和后代生存的地步。今天，随着新世纪和新时代的来临，人类一方面在深刻的反省中重新审视自身与自然的关系，重新谋求建立人文生态与自然生态的平衡关系，以图重建已遭破坏的家园；另一方面，新时代的来临使人们更加需要建立一个融当下社会形态、文化内涵、生活方式、面向未来的更具人性的、多元综合的理想生存环境空间，这是新时代赋予景观设计师责无旁贷的责任和义务。

城镇化的深入和蔓延，信息与网络技术带来的生活方式的改变，全球化趋势，都将提出新的问题和挑战，都将要求重新定义景观设计学科的内涵和外延。可持续理论、生态科学、信息技术、现代艺术理论和思潮又都将为新的问题和挑战提供新的解决途径和对策。

无论学科如何发展，景观设计学科的一些根本的东西是不变的，那就是热爱土地与自然的伦理、人文的关怀和对待地方文化与历史的尊重，对待脚下土地的敬畏、归属与认同。

第三章　景观设计发展思潮

第一节　现代主义景观设计

现代主义景观的概念是一种分割的特指术语，主要是指 20 世纪现代主义思潮对景观产生的影响，而形成的一种有别于传统，具有现代主义诸多特征的景观形式。20 世纪初期，西方呈现了一系列的艺术改革运动，运动的结果是从思想方法、表现形式、创作手法、表达媒介等方面对激进艺术进行了全面的革命性的改革，这场艺术运动不只改变了艺术的目的价值观、服务对象、创作理论和艺术的思想内容，还彻底改变了艺术的表现形式。

二次大战前后，在现代艺术和现代建筑理论和作品的影响下，美国的现代主义景观设计在所谓的“哈佛革命”之后逐渐形成。现代主义对景观设计最积极的贡献并不在于新材料的运用，而是认为功能应当是设计的起点这一理念，现代景观设计从而摆脱了某种美丽的图案或风景画式的先验主义，得以与场地和时代的现实状况相适应，赋予了景观适用的理性和更大的创作自由。

正如我们所知道的，现代主义建筑兴起的主要因素之一是新材料的运用和大工业生产的出现，而羡慕现代建筑变革的景观设计师们却遇到了一个尴尬，因为景观设计中的主要“材料”——土地、水和植物是无法变换的。但是，在席卷一切的批判传统、力求变革的历史大潮中，景观设计师在认同现代主义者对传统中的对称、轴线和附加装饰的攻击中找到了变革的方向。同现代主义建筑师一样，他们宣扬功能作为设计起点的理念。埃克博（Garrett Eckbol 1910—2000）曾经说过：“现在的景观设计如果仍然只考虑美观的话，那么，其就是缺乏内在社会合理性的奢侈品。”从这一起点出发，在现代主义建筑和立体主义艺术对自由空间的探索的激励下，现代主义景观设计运动也追求不同于传统的景观空间。同现代主义建筑革命一样，空间感觉与品质的转变也成为现代主义景观设计变革的重要方向。

现代主义景观在抛弃了先验的古典主义和如画的自然风景园之后，需要找到新的设计出发点。现代主义先驱们找到的是功能主义。詹姆斯·C·罗斯（James. C. Rose）推崇美国建筑师路易斯·沙利文（Louis Sullivan）的名言：“形式追随功能”，认为景观的形式是在对功能的思考中产生和发展出来的。他常常提倡将人的体验和在景观中的活动流线看作为设计结构的组成部分，反对一个使人在一种强加的图案之内活动的设计，从而使人的活动和体验成为反映当代社会与生活的景观设计的第一指南。

在现代主义者看来，强调景观设计在社会生活中的功能和作用的功能主义避免了在感伤主义的自然式庭园和理想主义的规则式庭园之间的无端摇摆。它包含了合理的精神，创造出了以人的游憩和体验为目的的景观。他们坚信景观设计必须是与人的现实需求相一致的，景观必须是为人的。虽然可能指向各种各样的目的，但是景观设计的终极关怀是创造为人使用的外部场所。

现代主义者相信景观设计的职责在于解决现代生活中的种种问题，相信景观设计来自于对和场地、朝向、功能安排、流线、空间序列、结构和技术等相关联的特有问题的调查、分析与处理。更为巧妙地创造更为实用的景观成为他们所努力追求的目标。从古典园林对美的纯粹追求转向"问题陈述"（功能）的景观设计，那些曾经有着无上地位的美学原则的价值降低了，而注重社会的需求和人的体验则成为现代景观价值体系的基石。

图 3.1.1 罗伯特·泽恩作品

罗伯特·泽恩（Robert L. Zion）规划设计的纽约佩里公园（Paley Park）就是从这种功能主义的追求出发的。泽恩认为现代都市中，仅仅是林荫大道和中心公园已经难以满足人们身心健康的要求，巨大的都市社会压力下的人们需要随处可及的，网络化遍布的休憩空间来充当精神的庇护所。佩里公园就是这种理念的产物，是原本一百多个"佩里公园"所组成的城市开放空间网络的一个。这样的功能陈述决定了创造的景观空间必然是实用的。佩里公园没有努力突出自身的纪念要求，没有用雕塑或者其他历史纪念物来装饰空间，而强调容易建造和维持，通过坚固、易维护的景观设施将自然注入现代城市剩余的空隙之中，为疲惫的都市人群的身心提供救援。这样的景观空间不是礼仪，而是城市生活的必需；这样的景观空间在功能陈述中没有多余的美，而是体现了优雅成熟的功能满足中孕育的美（图 3.1.1）。

正如引导"哈佛革命"之罗斯所说的："我们不能生活在画中，而作为一组画来设计的景观掠夺了我们活生生的生活区域的使用机会。"他最为关心的是空间的利用而不是规划中的图案或所谓的风景秩序。而加利福尼亚学派的领导人物丘奇的作品中真正鼓舞人心的也不是构成的秩序，而是自由的设计语言以及有设计本身、场地和雇主要求之间的精妙平衡（图 3.1.2）。另一位现代景观设计大师埃克博则更为强调景观设计中的社会尺度，强调景观建筑在公共生活中的作用。在他看来"如果设计只考虑美观，就是缺乏内在的社会合理性的奢侈品"（图 3.1.3）。而作品最具几何秩序感的丹·凯利（Dan Kiley）同样认为设计是生活本身的映射，对功能的追求才会产生真正的艺术。

最能象征这一时期现代主义景观设计理念和环境关怀的景观建筑师是劳伦斯·哈普林（Lewrance Halprin），他的作品体现了现代主义景观建筑学进展的各个方面，包括设计的社会作用、对适应自然系统的强调，以及功能和过程对形式产生的重要性等等。他的一系列以自然作为戏剧化景观场所规划灵感来源的城市公共景观设计，不仅是优美的城市风景而且更是人们游憩的场所，从而成为城市中人性化的开放空间（图

图 3.1.2 丘奇作品

图 3.1.3 盖瑞特·埃克博作品

图 3.1.4 劳伦斯·哈尔普林作品

3.1.4）。20 世纪 60 年代起，社会民主所带来的公众参与决策制度促进了美国社会方方面面的变革，景观设计也同样如此，而哈普林正是这一变革的直接拥护者和倡导者，正是哈普林使他的公司的设计程序适应了新的社会现实，通过讨论会和信息反馈等方式实现的公众参与设计使社会意愿得以在景观设计中体现出来。现代主义景观设计通过对社会因素和功能的进一步强调，走上了与社会现实相同步的道路。

第二节　后现代主义景观设计

20 世纪 60 年代起，资本主义世界的经济进入全盛时期，而在文化领域出现了动荡和转机。一方面，20 世纪 50 年代出现的代表着流行文化和通俗文化的波普艺术到 20 世纪 60 年代漫延到设计领域。另一方面，进入 20 世纪 60—70 年代以来，人们对于现代化的景仰也逐渐被严峻的现实所打破，环境污染、人口爆炸、高犯罪率，人们对现代文明感到失望、失去信心。现代主义的建筑形象在流行了三四十年后，已渐渐失去对公众的吸引力。人们对现代主义感到厌倦，希望有新的变化出现，同时，对过去美好时光的怀念成为普遍的社会心理，历史的价值，基本伦理的价值，传统文化的价值重新得到强调。后现代主义在这一背景下应运而生，对当代人的精神冲击是全方位的. 在思维理论层面上可以肯定后现代主义的批判否定精神和异质多样的文化意向。

1966 年，芝加哥建筑师罗伯特·文丘里（Robert Venturi）首先在他的《建筑的复杂性和矛盾性》中发出了呼唤后现代主义建筑的先声，掀起了建筑界后现代建筑设计的历史序幕。1977 年英国著名的建筑评论人查尔斯·詹克斯（Charles Jeucks）在他极具影响力的著作《现代建筑语言》中，倡导一种与现代建筑风格断裂、基于折中主义风格和通俗价值取向的、新的、后现代建筑风格，并且给后现代建筑归纳了六点特征 ;1. 历史主义 ;2. 直接的复古主义 ;3. 新地方风格 ;4. 文脉主义 ;5. 隐喻和玄想 ;6. 后现代式空间（或被称为超级手法主义）。

先锋派的建筑师不仅从理论上为后现代主义设计寻找合理的解释，而且还身体力行地投入到设计创作中。他们不仅在自己的专业领域建筑设计中挥洒创作热情，还将后现代主义语汇扩展到景观设计中。1972 年文丘里设计的富兰克林庭院，不是在遗址上对原有建筑物的重建，而是以其“幽灵式”的想象，采用一个模拟原有建筑的不锈钢骨架，创造出一种特殊的效果历史。1977 年他在华盛顿宾夕法尼亚大街设计的自由广场，则以一种平面的设计语汇结合历史片断，形象而简约的展示出场所所包含的历史信息和情感，从而消解了传统纪念性广场高耸的中心式构图。1980 年查尔斯 · 摩尔为新奥尔良的一个商业和工业综合区设计的意大利广场，以历史片断的拼贴、舞台剧似的场景，戏谑式的细部处理，赋予场所“杂乱疯狂的景观”体验，几乎成了后现代主义公共空间设计的代名词。

后现代主义在景观设计领域主要表现为对传统的理解、对场所的重视，以及对历史文脉的继承。当然，它对文脉的继承并不是对传统景观元素的简单复现，而是利用现代造景手法，采用象征和隐喻的手法对传统进行阐述后现代主义将现代主义的观念重新予以选择与评估，使其部分在新的历史条件下可以重新发展。它在景观设计中主要表现有 4 个方面 ：

1. 强调历史文化

后现代主义风格景观设计强调设计的历史文化性。在景观设计的细部元素中，运用众多的隐喻性的视觉符号，强调历史文化。用装饰性或是简约的手法突出视觉的象征作用。同时，景观设计手法有了新的拓展，运用具有中国传统的光、影与建筑构建起构成空间，赋予了空间历史文化传承的新概念。

2. 强调新旧融合、兼收并蓄

后现代主义风格景观设计并不是简单的恢复历史痕迹历史风貌，而是把眼光投向被现代主义风格摈弃的历史建筑中。承认历史的延续性，有意识有目的地吸收传统建筑中具有代表性及意义的元素，对历史风格采取混合、拼接、分离、变形、简化、重组、解构等方式方法，重组历史，并运用新的材料、新的施工方式和新的构造组成方法来整合历史与现代，达到一种折中的后现代，形成一种新的形式语言与设计理念。

3. 强调人文艺术

后现代主义风格景观设计强调具有传统元素存在的人文艺术风格。它完全抛弃了现代主义风格的严肃与几何，往往运用艺术的隐喻性，充满了大量的艺术装饰细节，可以制造出一种含糊不清、令人迷惑的情绪，强调人文、艺术与空间的联系，使用诙谐的色彩续演艺术与景观。

4. 强化设计手法的不明确性

后现代主义风格景观设计运用分裂、解析、重组的手法，打破和分解了既存的传统形式、空间分隔的意向格局和模式，传承并保留了传统元素解构后的形式，同时导致设计手法在一定程度上的模糊性与多义性，将现代主义设计中理性、冷漠的形式反叛为一种在设计细节上采用调侃手段，以强调非理性因素，从而达到景观设计中的轻松、舒适与宽容的氛围。

当大尺度的景观规划转向理性的生态方法的同时，小尺度的景观设计受到 20 世纪 60 年代以来的环境艺术的影响以及后现代主义的激励，对艺术与景观的联系问题做了大量新的探索。景观设计领域对后现代主义的探索首先是从小尺度场所开始的。1980 年美国著名景观建筑师施瓦茨在《景观建筑》杂志第一期上发表的面包圈花园（Bagel Garden），在美国景观设计领域引起了对后现代主义的广泛讨论，它被认为是美国景观建筑师在现代景观设计中进行后现代主义尝试的第一例（图 3.2.1）。面包圈花园坐落在波士顿一个叫 Back Bay 的地区，在那里每条狭长街道两边排列的都是可爱的低层砖房，它们集中了过去各个历史时期的建筑风格，而且每栋建筑前都带有一个临街的、开敞式的庭院。面包圈花园是个小尺度的宅前庭院，用地范围 22 英尺 ×22 英尺，面朝北方。花园空间被高度为 16 英寸的绿篱分割成意大利式的同心矩形构图，两个矩形之间铺着宽度为 30 英尺宽的紫色沙砾，上面排列着 96 个不受气候影响的面包圈。在设计中，施瓦茨想创造的是一种“既幽默又有艺术严肃性的”场所感。这个设计的最大特点就是把象征傲慢和高贵的几何形式和象征家庭式温馨和民主的面包圈并置在一个空间里所产生的矛盾；以及黄色的面包圈和紫色的沙砾所产生的强烈视觉对比。这个迷你型的庭院以具有历史风格的花篱、紫色的沙砾以及隐喻 Back Bay 地区像兵营式排列的邻里文脉的面包圈，构成了后现代主义思想缩影。这个花园为人们开启了一扇小尺度景观设计的新视野——就是把传统的、有限的景观想象和新概念结合起来，创造出新景观，从而使这个迷你型的花园在学术性及艺术文脉两方面成为新设计的导向。设计者以艺术的构思与形式表达了对景观新的理解：景观是一个人造或人工修饰的空间的集合，它是公共生活的基础和背景，是与生活相关的艺术品（图 3.2.2）。

图 3.2.1 面包圈花园

图 3.2.2 高度艺术化的日本岐阜 kitagata 公寓景观设计

后现代主义者以近乎怪诞的新颖材料和交错混杂的构成体系反映了后现代美国社会复杂和矛盾的社会现实，以多样的形象体现了社会价值的多源，表达了在这个复杂的社会中给予弱势群体言说权力的后现代主义的社会理想。在表现风格上，这些活跃的实验与 19 世纪的新古典主义景观建筑有着相似之处，同样为视觉艺术所启发，同样强调几何圆形的运用而不是所谓的自然主义风格。但在这里，个人的想象力综合了现代主义完善的功能关怀，艺术的思索将现代景观中的社会要素视为创作的机会而不是制约，艺术在创造独特的景观环境上的作用重新确立和深化了，但此时的艺术是设计的激励，而不是先验的形式主宰。

第三节　解构主义景观设计

解构主义（或称后结构主义）是 20 世纪 60 年代后期起源于法国的一种哲学思潮，是法国哲学家雅克·德里达（Jacques Derrida，1930.7.15—2004.10.8）最早提出来的。它的形式实质是对结构主义的破坏和分解，是从结构主义的批判中建立。结构主义哲学认为世界是由结构中的各种关系构成的，人的理性有一种先验的结构能力。而结构是事物系统诸要素所固有的相对稳定的组织方式或连接方式，即结构主义强调结构具有相对稳定性、有序性和确定性，而解构主义反对结构主义的整体统一性、中心性和系统的封闭性、确定性、突出差异性和不确定性。

20 世纪 70 年代以后解构主义哲学渗透到建筑界，极大地影响了建筑思想活动的具体内容和理论评论，并逐渐演变成为一种新的建筑思潮。解构主义哲学在建筑领域的移植进一步也对景观设计产生影响，成为景观设计创新的生长点。解构主义哲学基于对传统的一元专制的反抗，反对个性的压制，反对对科学与技术的极端迷信，进而对其进行颠覆、解体，探索建立新的城市景观形式。解构主义基于对传统的批判，反对既定的价值观念，将意义与精神重新注入到场所空间中，使城市景观富于情感。景观重新成为精神情感的表现媒介，在景观形式上体现为对纯洁机械几何体与既存僵硬秩序的否定，于是冲突、断裂、碎片、复杂、不稳定的动态空间便成为他们共同的特征。从这层意义上说，解构主义景观并不是在创造一种新思想或新风格，而是反对传统文化中的一切形而上学的东西。先锋派建筑师彼得 · 艾森曼（Peter Eisenman，1932.8.11—），屈米（Bernard Tschumi）等人将解构主义理论用于建筑及景观的设计实践并从中探索设计的解构理论。

在传统的景观设计中，无论是住宅区还是公共绿地甚至城市规划，景观设计师都会在设计中安排一个中心，一个聚焦空间，解构主义认为这种空间等级的划分是不合理的，它毫无理由地将空间一锤定音而不顾及日后的可变因素，因此他们要打破这种固定空间思维惯性，代之以更具有前瞻性和更富有弹性的空间组织形式。

解构主义认为传统哲学的二元对立命题中森严的等级秩序是不合理的，它强调瓦解二元对立的统治和被统治关系，采用分解、消减和移置的方法使二者势均力敌，达到一种新的平衡。解构主义反对形式、功能、结构、经济彼此之间的有机联系，提倡分解、片段、不完整、无中心、持续地变化等等，因而解构主义者们所表现出来的外在特征便是对传统的审视与背叛、对社会的关注与批判。解构主义是对传统园林布局、构图形式的解构。解构主义打破传统布局和构图形式意义上的中心、秩序、逻辑、完整、和谐等西方传统形式美原则，通过随意拼接、打散后冲突性的布置叠加，对空间进行变形、扭曲、解体、错位和颠倒，产生一种散乱、残缺、突变、无秩序、不和谐、不稳定的形象。在具体布局上，通过“点”、“线”、“面”三个不同系统的叠合，有效地处理整个错综复杂的地段，使设计方案具有很强的伸缩性和可塑性。

解构主义在设计构图上善于运用不规则的图形和大量的波状曲线、斜线为基本原形，采用丰富变化的手法组合成较古典主义和现代主义更为复杂的结构，让观赏者在心理视觉上进一步把这种复杂的结构进行简化，在这样的过程中形成了许多动感的元素，从而形成有动态力的空间。对中心论解构。

屈米设计的巴黎拉维莱特公园（图 3.3.1）便是解构主义的代表作之一。屈米突破传统城市园林和城市绿地观念的局限，把拉维莱特公园当做一个综合体来考虑，强调文化的多元性、功能的复合性以及大众的行为方式。屈米认为公园应该是多种文化的汇合点，在设计上要实现三种统一的观念，即都市化、快乐（身心愉悦）、实验（知识和行动）。他提出了一个空间上以建筑物为骨架、以人工化的自然要素为辅助、自然景观与建筑相互穿插的建筑式的景观设计方法，采用了一种独立性很强的、非常结构化的布局方式，抛弃传统的构图形式中诸于中心等级、和谐秩序和其他的一些形式美规则，公园被屈米用点、线、

图 3.3.1 拉维莱特公园中解构主义的设计表达

面三种要素叠加，相互之间毫无联系，各自可以单独成一系统。三个体系中的线性体系构成了全园的交通骨架，使设计方案具有很强的伸缩性和可塑性。屈米消解了景观中建筑的具体功能，使其在功能意义上具有不确定性和交换性，消解了传统构筑物的结构形式以及功能的互换性和因果关系。"建筑不再被认为是一种构图或功能的表现"，空间成为了一种"诱发事件"。

解构哲学和解构设计企图突破一切传统的、固有的观念和理性的思维模式，反对思想观念里的一切形而上学的东西，反对权威和一切先验的形式。在设计中排除理性思维主导模式，设计思路从个人出发，强调个性，随机偶然因素，"形式追随幻想"。

解构主义这种对传统单一思维模式突破的思维，给景观设计师提供了一种新的思维方式和设计方法，并在此基础上产生新的审美形式和法则。这在"千城一面"盲目抄袭和滥用传统符号的城市景观设计现状面前无疑具有重大的现实意义，它给现代城市景观设计注入了一种新的血液，提供了一种新的设计观念。

第四节　极简主义景观设计

极简主义景观是 20 个世纪 60 年代以来西方（尤其是美国）现代主义园林中的一个典型代表。在 20 世纪艺术发展最迅猛，各个艺术门类相互影响、汇合的时期，园林深受绘画和雕塑的影响，正如美国园林设计师汤姆林（Tomlin）所说：20 世纪的园林始于艺术。极简主义园林确切地说是始于极简主义艺术（Minimalist Art）。

极简主义艺术，英语原文 Minimal 是"极简"之意，它发端于 20 世纪 60 年代前后的美国纽约，是一种极为简单的、直截了当的、客观的表现方式。"极简主义"是把视觉经验的对象减少到最低程度，力求以简化的、符号的形式表现深刻而丰富的内容，通过精炼集中的形式和易于理解的秩序传达预想的意义。极简主义在空间造型中注重光线的处理、空间的渗透，讲求概括的线条、单纯的色块和简洁的形式，强调各相关元素间的相互关系和合理布局。艺术评论家约翰·贝罗（John Perault）比较精确地概括了极简主义艺术，他说："极少一词好像暗示极少主义中缺乏艺术，其实不然，与抽象表现主义和波普艺术相比，极少主义艺术中最少或似乎最少的是手段，而不是作品中的艺术"。

极简主义最早出现在 20 世纪 60 年代的雕塑作品中，这些艺术家所主张的这一运动，曾用过多个名称：初级结构（primary structure）、最低限雕塑（minimal sculpture）。经过了一段时间之后（大约是 1963—1968 年），就用"minimalism"一词来特指一种艺术流派了。我国学者的译名也不统一，有人称为"最简单派艺术"，有人称为"极少主义艺术"。不论最后的定论到底是什么，这一流派最突出的特征是——大刀阔斧的缩简、单纯性，以纪念性的尺度来进行工作，以及对工厂产品等新材料的运用。

极简主义景观最重要的特征是，它与极少主义艺术一样具有客观性。它把精力集中于事物本身，不是有所指的或有代表性的，尽管一些观赏者会不可避免地按他们自己历史或传统的观念来进行观赏。而且尺度，不论是在背景和内在的体验中，都是极其重要的。

在景观中，规则而有秩序的系统往往与它们周围的环境形成强烈的对照，这个环境不仅包括场地和周围物的细节，而且更为重要的是，它包括每天日月的运行、季节的光线和气候的变化以及出生、成长、衰亡等生命特征。甚至是最简单的物体与外部世界的相互作用都是极其之复杂，增加了人们预测的难度和必要性。因此，与艺术不同的是，在景观设计中，一开始就必须引入变化的因素。即，对景观设计来说，时间与场所同样重要。极简主义设计师们甚至认为，在任何情况下，未经专业训练而仅凭直觉的艺术方法及最广义的设计方案，都可以体现出人类的客观活动和不断变化的外部世界之间的相互作用。同时我们注意到，极简主义暗示给我们一种谦逊的方法，它不用技术的或工业化的手段来征服大自然，而是用其设计思想来安排和反映自然系统的变化，可以运用参照的、几何的、叙事的、韵律的等手段来使空间有其自己的地位，让人铭记。

一些极简主义景观作品的风格特征可以追溯到一些根本不同，然而有逻辑关联的东西——在陆地上的原型或原始的遗迹，例如英国的“巨石阵”(图 3.4.1)，这些都演示出一种公共的动力在陆地上留下的痕迹。人类的一个基本需求就是要同更大的外界环境进行交流与对话，显示其意识到的东西，探求世俗的和天国的神秘物之间的连接点，暗示出更大的威力。有许多极简主义景观的例子是表现大自然的神秘：水声、石头的静态平衡、风的沙沙声、薄雾闪烁微光以及扑朔迷离的太阳光线。甚至一些作品也揉进了日本的禅宗思想。一个较为典型的作品是位于美国哈佛大学校园内的“唐纳喷泉”(图 3.4.2)。也许是受“巨石阵”的启发，极简主义景观设计师非常偏爱石头，常常用石头来做文章。在这里，设计师把几十块石头以不规则的同心圆来排列，并在其中布置了 32 个喷嘴。在春季、夏季和秋季，这个喷泉喷射出一层云一般的迷雾，折射着阳光，有如人间幻境；夜幕降临之时，地上的灯光打在雾气上，色彩鲜艳而神秘；到了冬季，雾气凝结，石头上覆盖了一层白雪，又是另一番神奇的景色。

图 3.4.1 英国巨石阵景观

图 3.4.2 哈佛大学唐纳喷泉

其次，极简主义设计师对古典园林的研究有着很深的造诣，其作品在不同程度上吸取了传统的、古典的园林精华，但他们并不是简单地去进行重复和模仿，而是加以抽象、提炼、升华，在艺术上表达强烈的时代特征。极简主义设计师称自己的艺术思想是现代古典主义的。古典主义在现代园林设计中也许不太容易说清楚，这与现代主义本身在园林设计中没有像在建筑设计中那样被认识有关。极简主义者认为，园林成为现代的东西要比建筑早得多，19 世纪末和 20 世纪初的日本园林以及 17 世纪勒·诺特的规则式园林，不仅具有真正的古典主义精神，很显然也是现代主义的开端。那么，极简主义景观则是对规则式园林的重新确立，寻求原有的纯净，并表明一种精神力量，是对古典思想的一种回归。例如，美国德克萨斯州的伯内特公园和法国巴黎的“航天巨斧”设计，一个运用了交叉放射状的构图，既简洁又豪放；一个运用了大尺度的轴线和圆弧来限定空间，都会让人联想起法国凡尔赛宫的园林。

再次，作为形式主义典范的极简主义景观，常常表现出几何形充满神秘的特性以及几何体之间的相互关系。为了在户外实现这些想法，景观必须被描绘成“建筑的空间”，以使得它变得易于识别与描述。这是因为在建筑里，人们可以获得一种空间方位的感觉，从而产生一种舒适与安全的潜意识。简单的几何形（如圆形、方形等）都是人们熟悉而又易于记忆的形象。要掌握一个空间与另一个空间的关系，人们必须首先建立起方位感，以认识新的位置及变化。这样，简单的几何体在园林中可以作为一种心理地图。假定在给定的现存环境中运用几何体要比程式化的自然主义的方位性更具人情味。几何体作为理性的结构，非常适合处理我们人造的环境，而避免了用自然主义的饰面去掩盖我们人造的环境。

另外，极简主义设计师们在设法处理我们这一时代出现的一些最重要的艺术上的问题——包括工业化、技术、信息媒介的更深层的变化的同时，也提供了一种令人满意的方法处理我们这一时代最重大的环境问题：日渐减少的资源和日益增加的浪费。廉价而又无所不在的材料（如沥青和混凝土）常被一些追求所谓“高质量”的发展商认为是粗陋的，常遭这些人的拒绝。在经济不允许的条件下，这些人往往把其表面做成看似“昂贵的”东西，如把混凝土镶饰、压制成石头式样的做法。极简主义者认为，这种做法不能愚弄任何人，只能让人感到它的贬值而产生不舒服的感觉。所以，极少主义者们认为，应让沥青混凝土展示它们本来的面目——简单、廉价和可塑性，若使用和维护适当的话，都是优秀的材料。

极简主义景观在形式上追求极度简化、客观、抽象，以很少的设计元素控制大尺度的空间，以抽象还原的符号直接构成作品，在构图上强调几何和秩序，多用简单的几何母题如圆、椭圆方、三角或者这些母题的重复以及不同几何系统之间的交叉和重叠，简约、客观、无主题，把抽象的手法发挥到了极致。

极简主义景观设计追求的不仅是抽象而且是绝对作品，摆脱与外界的联系，不表现或反映除本身以外的任何东西，不参照也不意指任何属于自然和历史的内容或形象，以独特新颖的形式建立属于自己的欣赏环境，强调观者所见即为作品的真实存在，此外无他物。构成主义艺术家费拉基米尔·塔特林（Vladimin Tatlin，1885—1953）的名言“真实空间中的真实材料”，极简主义景观大师推崇的真实就是客观存在。譬如景观设计师施瓦茨的作品大胆前卫，形式独特。1998 年建成的明尼阿波利斯市联邦法院大楼前广场，将建筑立面上有代表性的竖向线条延伸至广场的平面中来，在入口通道的两侧，一批与线条成夹角的、有不同高度和大小的水滴形绿色草丘从广场中隆起。平行于草丘的一批粗壮原木，被分成几段，作为座凳。该广场具有明显的极简主义和大地艺术的特征，在明尼阿波利斯市以直线、方格为特征的城市环境中，它的景观极具个性。

规则形式的简洁在景观设计中与自然植物的形态形成对比，产生纯净的美感和张力，并与建筑的体量、形式呼应协调，从而进一步强化了自然要素的重要性。这是现代艺术与极简主义的精华所在。如沃克在北京的工商银行花园设计中利用规则形花圃和红色罂粟的对比产生层次感和理性；美国休斯敦的 IBM 公司净湖中，规则形水池和睡莲的对比产生韵律感和秩序。

极简主义景观设计通过在建筑、机器、城市设施中司空见惯的物质表达对现实生活的呼应和对现代感的认同，金属、反光玻璃、混凝土、钢架、油漆甚至橡胶轮胎，当然还有传统材质的新魅力，通常所用的自然材料都要纳入严谨的几何秩序之中，岩石、卵石、沙砾、木板等都以一种人工的形式表达出来，边缘整齐，体现工业时代的特征。

一些极简主义的景观作品共同展示了关于“复杂”的现代想象力和意图，有的则表达了最本质的原动力相关的问题，以此探索自然的神秘和不可言传的暗示。这些作品的风格可追溯到看似异质却具有内在逻辑关联的源泉，如秘鲁的纳斯卡线条、英格兰的石圈，它们都证明了人类基本而共同的标记大地的冲动。有许多极简主义景观作品是显示出人类与更大环境交流的本能渴望，发出对天地神秘关联的意识和探寻的信号，暗示着超自然的力量。如沃克运用岩礁和石块的手法与公元前 2000 年艾沃伯瑞的立石群以及英格兰的巨石阵几乎一脉相承。还有如加利福尼亚的赫曼·米勒公司陨石雨般的草地景观和日本香川县丸龟市火车站广场夜间闪烁荧光的石头。

与自然的贴近应该说是极简主义景观设计与其他设计相比的独到之处，利用四季和时间产生的变化可以极大程度地丰富景观，使景观充满时间参数的变量，使简单的设计充满趣味和魅力。如前文所提到的哈佛大学唐纳喷泉(图 3.4.2)。该喷泉由约 18.3 米直径的圆构成，159 块石头布置成同心不规则圆圈，形成开放式几何形状。它由 32 个位于石圈圆心的喷头喷出水雾，朦胧缥缈，经日光照射，形成彩虹。夜间，灯光从下方穿射水雾，形成神秘色调。喷泉春夏如雾，秋日如云，在干燥的冬天，雾则凝成汽，飘散于寒冷的大气中。春夏天气晴朗，绿草如茵；秋天时地上落满彩色枯叶，风吹起雾，无比温馨；冬天大雪覆盖了石块，显示出一片寂静废墟的神圣。每个季节的唐纳喷泉都拥有不同的景观，它成为人们观察自然、感受大地轮回的载体。

从极简主义的景观设计师那里我们可以解析极简主义景观设计的特征。当代景观设计师中受极简主义影响的最具代表性的人物是前文提到的沃克。他是美国一位具有 40 年实践经验的优秀景观设计师。20 世纪 60 年代末，沃克开始了极简主义景观设计的探索，随后风格日趋成熟。他的景观作品在构图上强调几何和秩序，多用简单的几何母题如圆、椭圆、正方、三角或者这类母题的重复，以及不同几何系统之间的交叉和重叠。一些极简主义的园林作品往往与极简主义的雕塑作品有着极为相似的外表。例如，雕塑家唐纳德 · 贾德把客观的态度贯彻到数学的精确性中去，他重复相同的单元，通常还用相同的间隙摆放，如他于 1965 年和 1968 年分别设计的同样命名为《无题》的两幅作品，给人以深刻的印象，形成非常庄严的总体形象。沃克为纪念美国 911 事件而设计的景观广场(图 3.4.3)，其设计中贯穿了具有雕塑纪念性的本质含义。他为日本“高科技支持中心”设计的一座园林，其成功之处就在于它的外观：园林中的每一个元素都是用绿草覆盖的、形状规则的土丘。这些土丘有着纪念性的尺度，上植树木，整齐地排列成一列方队，如同森严的兵营，让人肃然起敬，不乏超然的幽默。这座园林也体现出一种同样元素的有序摆放场面壮观。正是这些景观设计师们对极简主义艺术的积极探索，汲取营养，以一种特有的方法营造环境，才促成了极简主义景观设计的发展，使其具有不同于绘画和雕塑的特征。

极简主义的景观设计在园林发展史上具有不可磨灭的贡献。极简主义景观设计通过对形式的追求，材料的处理以获得景观的本体，使设计回到光线、空间、场所和植物这些造园要素中。极简主义景观设计中的严肃面貌、工整的形式、与公共环境容易吻合的特征都使它越来越受到公众的欢迎，极简主义的景观设计必然有着持续的生命力。但不可否认，极简主义的景观设计作品有其自身的弱点和局限性。这些景观设计师喜欢采用大量无生命的材料来刻画几何体，形式减少到极致，完全取消人性化的创作，结果往往是沉闷不堪和毫无意义的。因此我们必须以独特的风格来追求纯粹形式背后所传达的丰富内涵，在创作中付出加倍努力，激发更多的再创想象和联想，同时注重设计中的人性化，去创造我们这个时代极富特色的景观空间。

图 3.4.3 美国 911 事件纪念景观

第四章　景观设计理论基础

第一节　生态景观设计理论

一、景观与生态

席卷全球的生态主义浪潮促使人们站在科学的视角上重新审视景观行业，景观设计师们也开始将自己的使命与整个地球生态系统联系起来。现在，在景观行业发达的一些国家，生态主义的设计早已不是停留在论文和图纸上的空谈，也不再是少数设计师的实验，生态主义已经成为景观设计师内在的和本质的考虑。尊重自然发展过程，倡导能源与物质的循环利用和场地的自我维持，发展可持续的处理技术等思想贯穿于景观设计、建造和管理的始终。在设计中对生态的追求已经与对功能和形式的追求同等重要，有时甚至超越了后两者，占据了首要位置。

生态学思想的引入，使景观设计的思想和方法发生了重大转变，也大大影响甚至改变了景观的形象。景观设计不再停留在花园设计的狭小天地，它开始介入更为广泛的环境设计领域。对场地生态发展过程的尊重、对物质能源的循环利用、对场地自我维持和可持续处理技术的倡导，体现了浓厚的生态理念。

景观的生态性并不是新鲜的概念。无论在怎样的环境中建造，景观都与自然发生密切的联系，这就必然涉及景观与人类与自然的关系问题，只是因为今天的环境问题更为突出，更受到关注，所以生态似乎成为最时髦的话题之一。如果我们把景观设计理解为是一个对任何有关于人类使用户外空间及土地问题的分析、提出解决问题的方法以及监理这一解决方法的实施过程，而景观设计师的职责就是帮助人类使人、建筑物、社区、城市以及人类的生活同地球和谐相处。那么，景观设计从本质上说就应该是对土地和户外空间的生态设计，生态原理是景观设计学的核心。从更深层的意义上说，景观设计是人类生态系统的设计，是一种最大限度的借助于自然力的最少设计，一种基于自然系统自我有机更新能力的再生设计，即改变现有的线性物流和能流的输入和排放模式，而在源、消费中心和汇之间建立一个循环流程。其所创造的景观是一种可持续的景观。

景观设计既是科学也是艺术，而艺术又属于价值情感领域，而人类的审美又是带有很强的功利性的。从艺术审美的角度来看生态景观的美学属性，我们发现生态的设计是符合人们审美的正价值的，人类对美的认识是深刻的；那些先进的对人类发展有推动作用的事物，那些能够给人类发展带来益处的事物，那些能让人类生活得更加健康的事物，那些能让人类可持续发展的事物，它们体现出来的是一种正价值，能体现出正价值的事物是被人类认为是美的；那些科学的生态的设计，是可持续发展的设计，是能让人类生活得更加健康的设计，是适合人类向前不断发展的设计，因此它体现出来的就是一种正价值，因此生态的设计是美的。

生态设计反映了人类的一个新梦想，它伴随着工业化的进程和后工业时代的到来而日益清晰，从社会主义运动先驱欧文的新和谐工业村，到霍华德的田园城市和 20 世纪 70—80 年代兴起的生态城市以及可持续城市。这个梦想就是自然与文化、设计的环境与生命的环境、美的形式与生态功能的真正全面地融合，它要让公园不再是孤立的城市中的特定用地，而是让其消融，进入千家万户；它要让自然参与设计，让自然过程伴依每一个人的日常生活；让人们重新感知、体验和关怀自然过程和自然的设计。参照西蒙 · 范 · 迪 · 瑞恩和斯图亚特 · 考恩的定义：任何与生态过程相协调，尽量使其对环境的破坏影响达到最小的设计形式都称为生态设计，这种协调意味着设计尊重物种多样性，减少对资源的剥夺，保持营养和水循环，维持植物生境和动物栖息地的质量，以有助于改善人居环境及生态系统的健康。

总体来讲，生态设计也称为绿色设计或生命周期设计或环境设计，是指将环境因素纳入设计之中，从而帮助确定设计的决策方向。生态设计要求在产品开发的所有阶段均考虑环境因素，从产品的整个生命周期减少对环境的影响，最终引导产生一个更具有可持续性的生产和消费系统。但不同的学者对此有不同的认识，有的学者认为任何与生态过程相协调，尽量使其对环境的破坏影响达到最小的设计形式都称为生态设计；景观设计从本质上说就应该对土地和户外空间的生态设计，生态原理是景观设计学的核心。而有的学者认为，生态设计这一概念，无论从生态学角度，还是从人类生态学、环境生态学的角度，或者从常规设计原则讲，都是不科学，也就是不正确的。正确的称谓应该是生态补偿设计。因为减少负干扰的设计就是具有生态学意义的设计，而减少负干扰的过程，就是人类对自然环境的补偿过程，比之常规设计，能减少负干扰的设计我们称之为“生态补偿设计”。

1. 景观中的生态价值观

18 世纪末期兴起的自然生态学，为景观设计提供了正确认知自然环境的科学视野，在自然生态学基础上派生的森林生态学、湿地生态学、城市生态学、建筑生态学、景观生态学等分支学科或交叉学科以丰富的研究成果，从不同的角度继续充实、扩展着景观设计学的理论内涵，帮助景观设计学构筑了自然生态、人文生态、人工生态三位一体的复合生态系统的基础概念，完善了景观设计学的对象范畴，为景观设计学提供了严谨的科学原理、多方位的研究视角。强调景观设计的生态价值取向、重视景观设计的生态意义，使该学科挣脱了纯艺术性单一价值观的束缚，使科学与艺术的追求在景观设计学的基础理论中获得了平衡。

（1）作为方法论的生态价值取向

产生于 20 世纪初的城市生态学，为景观设计学提供了平衡自然、经济、社会三个生态子系统之间关系的调控法；诞生于 20 世纪 30 年代的景观生态学，为景观资源的分析和系统设计提供了独特的生态方法。此外，环境生态学、环境工程学、植物学、森林生态学、湿地生态学、海洋生态学、城市生态学等环境生态方法的学科理论也为现代景观设计带来了不同专业特点的方法论和生态技术手段。特别是麦克哈格"设计结合自然"的生态分析方法、西蒙兹大地景观的生态设计方法,为景观设计突破筑山、理水、花木种植及小品建筑设计的传统技艺范畴,超越感性、经验化的设计经验总结提供了技术支持。

通过借鉴、汲取相关学科协调人与自然关系的技术方法,景观设计学的方法策略也在逐步完善、趋向系统,甚至形成以生态价值为取向的方法体系。确立生态价值的目标导向将为景观设计学扩大研究领域,走向土地和景观的完整设计提供更大的自由度,为协调人与自然关系的大地景观设计提供科学的、量化的、系统的方法策略。

(2)作为审美观的生态价值取向

自景观设计活动的兴起之日起,审美创造的意义就伴随始终。在传统的景观设计中,符合古典美学标准的审美创造是景观设计的中心内容,形态之美是景观设计的主要目标,艺术之美是传统景观设计的主要表现手法,意境之美是传统景观设计的最终表现理想。

生态学及其相关学科在帮助景观设计学拓宽研究范畴的同时,也使景观之美的内涵得到扩展和丰富。在生态文明价值观的指导下,人们开始重新确立健康的生存观,逐渐认识到生命与美相互依存,健康的生命是美的形式,理解良好的生态环境是景观之美的必要支持的关系,逐步确立了以合规律性与合目的性的完美统一为目标的生态之美,为现代景观设计带来了除了景观形态、色彩方面的形式之美以外崭新的美学标准。

生态之美包括了生态体系结构的合理性、生态系统功能的稳定性、生态物种的多样性等,这是一种健康、质朴、理性的生命之美。景观要素的健全之美、生态系统的秩序之美、生态要素的多元丰富、生态结构的有序运行,成为现代景观设计表现与再现的对象,成为超越外表层次、纯艺术美感的新审美要求。

(3)作为评价标准的生态价值取向

传统的景观设计评价,以美学为衡量标准。在当今生态主义浪潮的影响下,在当前丰富多样的景观设计内容的要求下,景观设计学极大地扩展了目标范畴、也丰富了评价标准。对景观设计成果的考察不仅仅是外在的形式,更多的是对景观系统内在品质的评价,开始关注功能、人文、效率、生态等多种价值的平衡。除了景观设计成果的艺术性之外,景观的可识别性、舒适性、心理满意程度、对活动行为的支持程度等都成为新的景观设计评价指标,特别是景观生态体系的构成形式、生态系统的功能效率、生态环境的健康程度、生态系统的安全性等评价标准的引入,更加丰富了景观设计的评价标准。此外,景观生态学等科学还为景观设计带来了科学的评价手段,如细化的评价指标、量化的评价方法、系统的评价体系等内容。生态价值的目标使景观设计学的评价内容日渐丰富、评价方法趋向量化和体系化,为科学严谨的景观设计学评价体系的建立提供了支持。

生态价值的取向是现代景观设计学的发展,也是今后景观设计的主要目标。但是在理论研究和设计实践中仍有许多问题难点需要继续探讨:

首先,对于以生态价值为取向的景观设计学的研究应加强方法策略的研究,避免理想多于行动,理论多于方法;

其次,需要全面客观地理解景观设计学的生态价值,改变对于生态的理解局限于自然生态范畴,忽略人文生态、人工生态的景观元素及其相互关系的误解,走出将生态化的景观设计简单地理解为种植设计、植物配置,将自然生态环境作为人工景观的布景进行美化设计的误区;

第三,环境生态领域的原理与方法并不能直接用于景观设计实践,景观生态的研究成果与景观设计的具体操作方法之间也存在着差异，对于景观设计中的生态问题，过分依赖生态环境工程范畴的措施，会使景观设计的发展偏离正常的轨迹。因此，需要加强生态化的景观设计手法的探索研究，使科学与艺术的追求在以生态价值为取向的景观设计学中趋于平衡；

第四，在现代景观设计中，地域特性往往被忽略，最多体现为对特定地区、特殊气候特点和地理环境的关注。忽视本土特性的景观设计，最易形成抹杀地域特征、甚至全球趋同的景观形象。因此，以生态价值为取向的景观设计学特别需要加强对本土性的研究，在注重自然生态的同时，关注人文生态环境，淡化单纯的技术决定论点，代之以适应本土环境特点的景观设计理念与方法，并在本土性的景观环境中获得内在的生命力；

第五，改变片面追求绿地率等表层生态指标，过分关注城市重点地段的景观设计，忽视城市整体生态系统健康，假生态之名，损害大环境的生态平衡的状况；

第六，景观设计的评价体系应更加完善和综合，评价方法需要进一步量化和细化，使之作为设计辅助方法，能够有效地沟通不同的专业领域和设计范畴。

2. 景观中的生态系统

景观设计学中的景观作为一个有机的系统，是一个自然生态系统、人类生态系统与人类文化系统相叠加的复合生态系统。任何一种景观：一片森林，一片沼泽地，一个城市里面都是有物质、能量及物种在流动的，是“活”的，是有功能和结构的。在一个景观系统中，至少存在着五个层次上的生态关系。

第一是景观与外部系统的关系，如哈尼族村寨的核心生态流是水。哀劳山中，山有多高，水有多长，高海拔将南太平洋的暖湿气流截而为雨，在被灌溉、饮用和洗涤利用之后，流到干热的红河谷地，而后蒸腾、蒸发回到大气，经降雨又回到本景观之中，从而有了经久不衰的元阳梯田和山上茂密的丛林，这是全球及区域生态系统生态科学研究的对象。根据 Lovelock 的盖娅（Gaia）理论（2000 年），大地本身是一个生命体：地表、空气、海洋和地下水系等通过各种生物的、物理的和化学的过程，维持着一个生命的地球。

第二是景观内部各元素之间的生态关系，即水平生态过程。来自大气的雨、雾，经村寨上丛林的截流、涵养，成为终年不断的涓涓细流，最先被引入寨中，人畜共饮的蓄水池；再流经家家户户门前的洗涤池，汇入寨中和寨边的池塘，那里是耕牛沐浴和养鱼的场所；最后富含着养分的水流，被引入寨子下方的层层梯田，灌溉着他们的主要作物——水稻。这种水平生态过程，包括水流、物种流、营养流与景观空间格局的关系，正是景观生态学的主要研究对象。

第三种生态关系，是景观元素内部的结构与功能的关系，如丛林作为一个森林生态系统，水塘作为一个水域生态系统，梯田本身作为一个农田系统，其内部结构与物质和能量流的关系，这是一种在系统边界明确情况下的垂直生态关系，其结构是食物链和营养阶，其功能是物质循环和能量流动，这是生态系统生态学的研究对象。

第四种生态关系则存在于生命与环境之间，包括植物与植物个体之间或群体之间的竞争与共生关系；是生物对环境的适应及个体与群体的进化和演替过程，这便是植物生态、动物生态、个体生态、种群生态所研究的对象。

第五种生态关系则存在于人类与其环境之间的物质、营养及能量的关系，这是人类生态学所要讨论的。当然，人类本身的复杂性，包括其社会、文化、政治性以及心理因素都使人与人、人与自然的关系变得十分复杂，已远非人类生态本身所能解决，因而又必须借助于社会学、文化生态、心理学、行为学等学科对景观进行研究。

图 4.1.1 美国生态雨水收集景观

3. 景观中的生态设计

与传统设计相比，生态设计重视对自然环境的保护，运用景观生态学原理建立生态功能良好的景观格局，促进资源的高效利用与循环再生，减少废物排放，增强景观的生态服务功能，是使人居环境走向生态化和可持续发展的必由之路。生态设计在对待许多设计问题上有其特点，但是生态设计应该作为传统设计途径的进化和延续，而非突变和割裂。缺乏文化含义和美感的伪生态设计是不能被社会所接受的，因而最终会被遗忘和淹没，设计的价值也就无从体现。生态的设计应该也必须是美的。

所谓生态景观设计，是以现代景观生态学为理论基础和依据，通过一系列景观生态设计手法营建生态功能、美学功能和游憩功能的良好景观格局，满足人们休闲游憩活动的同时，实现人与自然的和谐相处以及人类社会发展的可持续，从而提高人居环境质量的景观设计。景观生态设计强调人与整个自然界的相互依存和相互作用，维护人类与地球生态系统的和谐关系，其最直接的目的是资源的永续利用和环境的可持续发展，最根本目的是人类社会的可持续发展。

当目前众多的设计师在高呼“人性化设计”的时候，我们可能照顾到了诸如人与景观的尺度比例、人在游憩中的舒适性等等人性化原则，但在设计这个景观之前是用推土机推为平地，然后设计一个耗费了大量人力物力才建起来的景观，维持景观的运行又需要大量的能源，这叫人性化设计吗？生态的景观设计以人类的长远利益为着眼点，通过景观设计师对生态理念的理解和生态原则的遵循不断使人类社会朝着可持续发展的目标迈进。因此，生态的景观设计才是真正的人性化设计。

生态设计不仅仅是保护场地、利用可再生资源、种植绿色植物等手法的简单叠加，而是通过这些手法为日益枯竭的资源和衰败的环境寻找新的发展平台，如对区域的生态因素和物种生态关系进行科学的研究分析，通过合理的景观设计，最大限度地减少对原有自然环境的破坏，以保护良好的生态系统。设计师利用生态的设计方法，减少人为干扰因素，保护着基地内的自然生态环境，协调基地生态系统，使其更加健康的发展（图 4.1.1）。

景观设计师从生态设计中将自己的作品放在整个地球生态系统中来考虑，以能促进地球生态系统的进一步完善为使命，即使是很微小的促进，也同样是生态的，都可以叫做生态设计。

4. 景观中的生态恢复与促进

人生活在一定的生态环境之中，生态环境是人类社会经济可持续发展的基础，良好的生态是人类生存和生活的必要条件之一。工业革命以来，随着人口的增加和工业化的发展，资源环境的开发利用达到空前的强度，在推动全球社会经济进步的同时，也导致生态系统遭受不同程度的破坏，带来了诸如森林减少、湿地萎缩、生物多样性丧失等一系列严重的生态系统退化问题，对生物圈的演化产生了重大影响，严重制约了人类社会经济的可持续发展，甚至危及人类自身的安全，生态问题从未像现在这样突出地呈现在人们面前，考验着人类的智慧。生态环境退化问题已经成为维持人类生存和社会经济可持续发展的严重威胁，如何整治日趋恶化的生态环境，防止自然生态环境的退化，有效处理和解决全球生态系统退化问题，恢复和重建已经受损的生态系统原有结构和功能，是改善生态环境、提高区域生产力、实现可持续发展的关键，已经成为全球全人类面临的共同课题。加强生态恢复理论研究，在适当的地区进行生态恢复的实践实验，对探索适合区域生态恢复的途径，走区域生态可持续发展道路具有重大意义。在此背景下，生态恢复研究得到关注，成为当前生态学研究的热点和前沿问题之一。

生态恢复是指对生态系统停止人为干扰，以减轻负荷压力，依靠生态系统的自我调节能力与自组织能力使其向有序的方向进行演化，或者利用生态系统的这种自我恢复能力，辅以人工措施，使遭到破坏的生态系统逐步恢复或使生态系统向良性循环方向发展；主要指致力于那些在自然突变和人类活动影响下受到破坏的自然生态系统的恢复与重建工作。

美国自然资源委员会（The US Natural Resource Council，1995 年）把生态恢复定义为：使一个生态系统回复到较接近于受干扰前状态的过程。国际恢复生态学（Society for Ecological Restoration，1995 年）先后提出三个定义：生态恢复是修复被人类损害的原生生态系统的多样性及动态的过程（1994 年）；生态恢复是维持生态系统健康及更新的过程（1995 年）；生态恢复是帮助研究生态整合性的恢复和管理过程的科学，生态系统整合性包括生物多样性、生态过程和结构、区域及历史情况、可持续的社会时间等广泛的范围（1995 年）。

一般来说，生态系统具有很强的自我恢复能力和逆向演替机制，但是，今天的环境除了受到自然因素的干扰之外，还受到剧烈的人为因素的干扰。并且，今天的设计师面对的越来越多的是那些看来毫无价值的废弃地、垃圾场或其他被人类生产破坏了的区域。用景观的方式修复场地肌肤，促进场地各个系统的良性发展成了当代景观设计师尤其是具有很强社会责任感的设计师的一大责任。他们面对那些满目疮痍的场地时，首先考虑的问题是如何进行生态的恢复。面对未破坏的场地，设计师也开始思考如何通过景观设计的方法促进场地生态系统的完善（图 4.1.2）。

图 4.1.2 美国最小干预的生态景观

5. 景观中的生态补偿与适应

生态补偿（Eco-compensation）是以保护和可持续利用生态系统服务为目的，以经济手段为主调节相关者利益关系的制度安排。更详细地说，生态补偿机制是以保护生态环境，促进人与自然和谐发展为目的，根据生态系统服务价值、生态保护成本、发展机会成本，运用政府和市场手段，调节生态保护利益相关者之间利益关系的公共制度。

生态补偿应包括以下几方面主要内容：一是对生态系统本身保护（恢复）或破坏的成本进行补偿；二是通过经济手段将经济效益的外部性内部化；三是对个人或区域保护生态系统和环境的投入或放弃发展机会的损失的经济补偿；四是对具有重大生态价值的区域或对象进行保护性投入。生态补偿机制的建立是以内化外部成本为原则，对保护行为的外部经济性的补偿依据是保护者为改善生态服务功能所付出的额外的保护与相关建设成本和为此而牺牲的发展机会成本；对破坏行为的外部不经济性的补偿依据是恢复生态服务功能的成本和因破坏行为造成的被补偿者发展机会成本的损失。

工业时代的景观消耗了大量的非可再生资源，面对日益减少的资源和伤痕累累的环境，景观设计师们开始将自己的使命与整个地球生态系统联系起来，探索更适宜在景观中应用又可减少环境影响的设计手法和景观元素，以此来补偿人类对自然所犯的“罪恶”。科学技术的发展满足了这些设计师的愿望，现在，他们已经通过各种手段减少对非可再生资源的消耗，并开始利用太阳能，风能等自然力量来维持环境对能量的需求，从而适应现代生态环境的需要。

二、现代景观的生态设计理论

景观设计学要解决的问题是“一切关于人类使用土地及户外空间的问题”（西蒙兹）。在有关环境规划设计的领域内，景观与生态的关联最为密切，景观设计对生态环境的影响也是最直接有效的。

迅猛发展的城市化进程一定程度上加剧了人与自然关系的对立，致使城市环境问题突出、生态环境日趋恶化。然而传统的景观设计以追求审美情趣、表达艺术性为价值取向，局限在唯美、唯艺术的范畴内，局限在种花种草、装点环境的美化设计中，忽视了景观设计的生态价值，忽略了对自然生态系统、人文生态系统与人工物质环境的整合。因此，把生态价值取向作为一种崭新的景观设计目标，是景观设计发展到今天的必然趋势，它不是单纯的学术思潮的流变，而是源于对人类生存状况的担忧，是工业革命以来，全球性的资源短缺、人口膨胀、环境污染等矛盾所激发的景观设计的演变结果。

1. 景观生态学基础理论

生态学与景观设计有许多共同关心的问题，如对自然资源的保护和可持续利用，但生态学更关心分析问题，而景观规划则更关心解决问题。两者的结合是景观规划走向可持续的必由之路。但关于景观规划与生态学之间的这样的一个认识经历了一个相当长的时间，同时，随着生态科学的发展，景观规划的生态学途径也不断发展。许多学者对景观生态学基础理论的探索已经作出了重要贡献，相关学科为景观生态学提供的基础理论，概括起来主要有以下几项。

（1）生态进化与生态演替理论

达尔文提出了生物进化论，主要强调生物进化；海克尔提出生态学概念，强调生物与环境的相互关系，开始有了生物与环境协调进化的思想萌芽。应该说，真正的生物与环境共同进化思想属于克里门茨。他的五段演替理论是大时空尺度的生物群落与生态环境共同进化的生态演替进化论，突出了整体、综合、协调、稳定、保护的大生态学观点。坦斯里提出生态系统学说以后，生态学研究重点转向对现实系统形态、结构、功能和系统的分析，对于系统的起源和未来研究则重视不够。但就在此时，特罗尔却接受和发展了克里门茨的顶级学说而明确提出景观演替概念。他认为植被的演替，同时也是土壤、土壤水、土壤气候和小气候的演替，这就意味着各种地理因素之间相互作用的连续顺序，换句话说，也就是景观演替。毫无疑问，特罗尔的景观演替思想和克里门茨演替理论不但一致，而且综合单顶极和多顶极理论成果发展了生态演替进化理论。

生态演替进化是景观生态学的一个主导性基础理论，现代景观生态学的许多理论原则如景观可变性、景观稳定性与动态平衡性等，其基础思想都起源于生态演替进化理论，如何深化发展这个理论，是景观生态学基础理论研究中的一个重要课题。

（2）空间分异性与生物多样性理论

空间分异性是一个经典地理学理论，有人称之为地理学第一定律，而生态学也把区域分异作为其三个基本原则之一。生物多样性理论不但是生物进化论概念，而且也是一个生物分布多样化的生物地理学概念。二者不但是相关的，而且有综合发展为一条景观生态学理论原则的趋势。

地理空间分异实质是一个表述分异运动的概念。首先是圈层分异；其次是海陆分异；再次是大陆与大洋的地域分异等。地理学通常把地理分异分为地带性、地区性、区域性、地方性、局部性、微域性等若干级别。生物多样性是适应环境分异性的结果，因此，空间分异性生物多样化是同一运动的不同理论表述。

景观具有空间分异性和生物多样性效应，由此派生出具体的景观生态系统原理，如景观结构功能的相关性，能流、物流和物种流的多样性等。

（3）景观异质性与异质共生理论

景观异质性的理论内涵是：景观组成和要素，如基质、镶块体、廊道、动物、植物、生物量、热能、水分、空气、矿质养分等等，在景观中总是不均匀分布的。由于生物不断进化，物质和能量不断流动，干扰不断，因此景观永远也达不到同质性的要求。日本学者丸山孙郎从生物共生控制论角度提出了异质共生理论。这个理论认为增加异质性、负熵和信息的正反馈可以解释生物发展过程中的自组织原理。在自然界生存最久的并不是最强壮的生物，而是最能与其他生物共生并能与环境协同进化的生物。因此，异质性和共生性是生态学和社会学整体论的基本原则。

（4）岛屿生物地理与空间镶嵌理论

岛屿生物地理理论是研究岛屿物种组成、数量及其他变化过程中形成的。达尔文考察海岛生物时，就指出海岛物种稀少，成分特殊，变异很大，特化和进化突出。以后的研究进一步注意岛屿面积与物种组成和种群数量的关系，提出了岛屿面积是决定物种数量的最主要因子的论点。1962年，Preston最早提出岛屿理论的数学模型。后来又有不少学者修改和完善了这个模型，并和最小面积概念（空间最小面积、抗性最小面积、繁殖最小面积）结合起来，形成了一个更有方法论意义的理论方法。

所谓景观空间结构，实质上就是镶嵌结构。生态系统学也承认系统结构的镶嵌性，但因强调系统统一性而忽视了镶嵌结构的异质性。景观生态学是在强调异质性的基础上表述、解释和应用镶嵌性的。事实上，景观镶嵌结构概念主要来自孤立岛农业区位论和岛屿生物地理研究。但对景观镶嵌结构表述更实在、更直观、更有启发意义的还是岛屿生物地理学研究。

（5）尺度效应与自然等级组织理论

尺度效应是一种客观存在而用尺度表示的限度效应，只讲逻辑而不管尺度无条件推理和无限度外延，甚至用微观实验结果推论宏观运动和代替宏观规律，这是许多理论悖谬产生的重要哲学根源。有些学者和文献将景观、系统和生态系统等概念简单混同起来，并且泛化到无穷大或无穷小而完全丧失尺度性，往往造成理论的混乱。现代科学研究的一个关键环节就是尺度选择。在科学大综合时代，由于多元多层多次的交叉综合，许多传统学科的边界模糊了；因此，尺度选择对许多学科的再界定具有重要意义。等级组织是一个尺度科学概念，因此，自然等级组织理论有助于研究自然界的数量思维，对于景观生态学研究的尺度选择和景观生态分类具有重要的意义。

（6）生态建设与生态区位理论

景观生态建设具有更明确的含义，它是指通过对原有景观要素的优化组合或引入新的成分，调整或构造新的景观格局，以增加景观的异质性和稳定性，从而创造出优于原有景观生态系统的经济和生态效益，形成新的高效、和谐的人工—自然景观。

生态区位论和区位生态学是生态规划的重要理论基础。区位本来是一个竞争优势空间或最佳位置的概念，因此区位论乃是一种富有方法论意义的空间竞争选择理论，半个世纪以来一直是占统治地位的经济地理学主流理论。现代区位论还在向宏观和微观两个方向发展，生态区位论和区位生态学就是特殊区位论发展的两个重要微观方向。生态区位论是一种以生态学原理为指导而更好地将生态学、地理学、经济学、系统学方法统一起来重点研究生态规划问题的新型区位论，而区位生态学则是具体研究最佳生态区位、最佳生态方法、最佳生态行为、最佳生态效益的经济地理生态学和生态经济规划学。

从生态规划角度看，所谓生态区位，就是景观组分、生态单元、经济要素和生活要求的最佳生态利用配置；生态规划就是要按生态规律和人类利益统一的要求，贯彻因地制宜、适地适用、适地适产、适地适生、合理布局的原则，通过对环境、资源、交通、产业、技术、人口、管理、资金、市场、效益等生态经济要素的严格生态经济区位分析与综合，来合理进行自然资源的开发利用、生产力配置、环境整治和生活安排。因此，生态规划无疑应该遵守区域原则、生态原则、发展原则、建设原则、优化原则、持续原则、经济原则等七项基本原则。现在景观生态学的一个重要任务，就是如何深化景观生态系统空间结构分析与设计而发展生态区位论和区位生态学的理论和方法，进而有效地规划、组织和管理区域生态建设。

2. 景观生态规划理论

景观生态规划是通过分析景观特性以及对其判释、综合和评价，提出景观最优利用方案。其目的是使景观内部社会活动以及景观生态特征在时间和空间上协调化，达到对景观优化利用，既保护环境，又发展生产，合理处理生产与生态、资源开发与保护、经济发展与环境质量，开发速度、规模、容量、承载力等的辩证关系。根据区域生态良性循环和环境质量要求设计出与区域协调和相容的生产和生态结构，提出生态系统管理途径与措施。主要包括：景观生态分类、景观生态评价、景观生态设计、景观生态规划和实施。

从 19 世纪末开始，景观规划的生态途径源于对景观作为自然系统的认识，这种认识出于两个方面的需要，其一是因为建立大都市开放空间和对自然系统保护的需要，其二是出于对景观本身的研究和认识的需要。在此基础上，景观生态规划的发展则有赖于对景观作为生态系统的更加深入的科学研究，并使之建立在更科学的数据库和分析方法基础上。沿着这条途径，在理论与方法上，从朴素的和自觉的自然系统与人类活动关系的认识，并基于此而发展的区域和城市绿地系统和自然资源保护规划，到以时间为纽带的垂直生态过程的叠加分析，和基于生物生态学原理的生态规划，强调人类活动对自然系统的适应性原理，进一步发展到基于现代景观生态学的景观生态规划，从而强调水平过程与格局的关系和景观的可持续规划。同时，在规划的技术方面，随着各门具体自然地理科学及环境科学的不断发展，逐渐发展和完善了从手工的地图分层叠加技术到 GIS 和空间分析技术的应用。在近一个世纪的发展历程中，在社会需求、科学探索和技术发展三种力量的推动下，景观生态规划逐渐走向成熟，并在未来可持续人地关系的建立方面，发挥独特而关键性的作用。

景观生态规划可以从广义和狭义两个方面理解。广义的理解是以生态学原理为基础的景观规划，可以追溯到 19 世纪下半叶，苏格兰植物学家和规划师 Patrick Geddes 的“先调查后规划”和美国景观设计之父奥姆斯特德及 Eliot 等在城市与区域绿地系统和自然保护系统方面的规划。1969 年麦克哈格出版《设计遵从自然》一书，提出基于适宜性分析的“千层饼”模式，是真正意义上以生态学原理为基础的景观规划出现的标志。狭义的理解是基于景观生态学的景观规划，不仅综合考虑景观的生态过程、社会过程和它们之间的时空关系，而且利用景观生态学理论来经营和管理景观，以达到既要维持景观的结构、功能和生态过程，又要满足土地持续利用的目的。

20 世纪 80 年代以来，在景观生态学全面发展的推动下，景观生态规划得到了迅速推广并逐渐成熟，目前已形成多种规划思想与方法体系，其中三种比较成熟和具有代表性的体系是捷克景观生态学家 Ruzicka 和 Miklos 提出的 LANDEP 方法体系、德国景观生态学家 Haber 等人提出的土地利用分异战略（DLU）以及美国景观生态学家 Forman 等人提出的景观格局优化方法。LANDEP 方法体系在景观生态数据分析和综合的基础上依据适宜度评价对景观利用进行优化；土地利用分异战略主要利用环境诊断指标和格局分析对景观整体进行研究和规划；景观格局优化方法基于景观过程与格局分析，通过格局优化来维护生态功能的健康与安全。规划师可以根据规划区域的具体情况和工作条件选用最合适的景观生态规划思想与方法。

20 世纪 80 年代后，生态规划无论在方法论和技术上都有了突飞猛进的发展，使生态规划进入成熟期，在思维方式和方法论上的发展、景观生态学与规划的结合和地理信息技术支持三方面表现尤为突出。

（1）景观生态的“斑块—廊道—基质”模式

斑块（patch）、廊道（corridor）和基质（matrix）是景观生态学用来解释景观结构的基本模式，普遍适用于各类景观，包括荒漠、森林、农业、草原、郊区和建成区景观（Forman and Godron，1986 年），景观中任意一点或是落在某一斑块内，或是落在廊道内，或是在作为背景的基质内。这一模式为比较和判别景观结构，分析结构与功能的关系和改变景观提供了一种通俗、简明和可操作的语言。这种语言和景观与城乡规划师及决策者所运用的语言尤其有共通之处，因而景观生态学的理论与观察结果很快可以在规划中被应用，这也是为什么景观生态规划能迅速在规划设计领域内获得共鸣，特别在一直领导世界景观与城乡规划设计新潮流的哈佛大学异军突起的原因之一。美国景观生态学奠基人 Richard F T.Forman 与国际权威景观规划师 Carl Steinitz 紧密配合，并得到地理信息系统教授 Stephen Ervin 的强有力技术支持，从而在哈佛开创了又一代规划新学派（Wenche et al，1996 年）。目前，哈佛大学设计研究生院的高级研究中心（包括设计学博士计划）中已专门设有景观规划与生态这一方向，使景观生态学真正与规划设计融为一体。

运用这一基本语言，景观生态学探讨地球表面的景观是怎样由斑块、廊道和基质所构成的，如何来定量、定性地描述这些基本景观元素的形状、大小、数目和空间关系，以及这些空间属性对景观中的运动和生态流有什么影响（图 4.1.3）。如方形斑块和圆形斑块分别对物种多样性和物种构成有什么不同影响，大斑块和小斑块各有什么生态学利弊；弯曲的、直线的、连续的或是间断的廊道对物种运动和物质流动有什么不同影响；不同的基质纹理（细密或粗散）对动物的运动和空间扩散的干扰有什么影响等等。围绕这一系列问题的观察和分析，景观生态学得出了一些关于景观结构与功能关系的一般性原理，为景观规划和改变提供了依据。

图 4.1.3 同基质的城市景观

（2）景观格局与景观指数

大地景观是多个生态系统的综合体，景观生态规划以大地综合体之间的各种过程和综合体之间的空间关系为研究对象，解决如何通过综合体格局的设计，明智地协调人类活动，有效地保障各种过程的健康与安全。

景观生态学的发展为景观生态规划提供了新的理论依据，景观生态学把水平生态过程与景观的空间格局作为研究对象，同时，以决策为中心的和规划的可辩护性思想又向生态规划理论提出了更高的要求（Faludi，1987；Steinitz，1990 年）。

景观格局（Landscape pattern）：景观格局一般指景观的空间格局（Spatial pattern），是大小、形状、属性不一的景观空间单元（斑块）在空间上的分布与组合规律。景观格局是景观异质性的具体表现，分析景观格局要考虑景观及其单元的拓扑特征。目前景观格局的分析多局限于二维平面，三维景观空间格局模型还很少见。景观格局分析的目的是为了在看似无序的景观中发现潜在的有意义的秩序或规律（李哈滨，Franklin，1988 年）。

景观要素在空间上的分布是有规律的，形成各种各样的排列形式，称为景观要素构型（Configuration），从景观要素的空间分布关系上讲，最为明显的构型有五种，分别为均匀型分布格局、团聚式分布格局、线状分布格局、平行分布格局和特定组合或空间连接。

①均匀型分布格局，是指某一特定类型的景观要素之间的距离相对一致。如中国北方农村，由于人均占有土地相对平均，形成的村落格局多是均匀地分布于农田间，各村距离基本相等，是人为干扰活动所形成的斑块之中最为典型的均匀型分布格局。

②团聚式分布格局，是指同一类型的斑块聚集在一起，形成大面积分布。如许多亚热带农业地区，农田多聚集在村庄附近或道路一侧；在丘陵地区，农田往往成片分布，村庄集聚在较大的山谷内。

③线状分布格局，是指同一类型的斑块呈线形分布。如房屋沿公路零散分布或耕地沿河流分布的状况

④平行分布格局，是指同类型的斑块平行分布。如侵蚀活跃地区的平行河流廊道，以及山地景观中沿山脊分布的森林带

⑤特定组合或空间连接，是一种特殊的分布类型，大多数出现在不同的景观要素之间。比较常见的是城镇对交通的需求，出现城镇总是与道路相连接，呈正相关空间连接。另一种是负相关连接，如平原的稻田地区很少有大面积的林地出现，林地分布的山坡上也不会出现水田。

景观指数是高度浓缩空间格局信息，反映景观结构组成和空间配置特征的定量指标。

不同的景观类型在维护生物多样性、保护物种、完善整体结构和功能、促进景观结构自然演替等方面的作用是有差别的；同时，不同景观类型对外界干扰的抵抗能力也是不同的。因此，对某区域景观空间格局的研究，是揭示该区域生态状况及空间变异特征的有效手段。可以将研究区域不同生态结构划分为景观单元斑块，通过定量分析景观空间格局的特征指数，从宏观角度给出区域生态环境状况。

计算某地区现状的景观指数可以帮助理解和评价该地区的景观现状和土地利用格局，对不同时段的景观指数的计算还可以了解分析出该地区的景观格局变化和土地利用演变的趋势，分析发生这些变化的驱动因子和发展趋势，为后面的规划提供参考。总之，对景观格局的分析有助于增加对规划区景观的理解程度，然后可以通过组合或引入新的景观要素来调整或构建新的景观结构，以增加景观异质性和稳定性，这就是景观规划与设计的重要内容。

在景观格局分析中常用的景观指数有景观形状指数、景观多样性指数、景观破碎度指数等。

（3）景观生态规划的度量体系

对景观生态来说，景观结构由两个基本要素组成：（a）成分（component）和（b）建构（configuration）。成分不包含空间关系信息，而是由数目、面积、比例、丰富度、优势度、（Turner，1991 年；Riltters，O' Neill，et al，1995 年）和多样性指标如 Shannon 和 Simpson 指数（Gustafson，1998 年）等来衡量。而景观构建则是表现景观地物类型空间特征的，即与斑块的几何特征和空间分布特征相联系的，如尺度和形状、适应度、毗邻度等。连续性是景观生态学的一个重要的结构（也是功能）的衡量指标，它尤其在生态网络概念上非常有意义，而网络的连续性可以根据图论的原理来进行衡量（Forman and Godron）。

景观生态学对景观有上百种度量方法，但许多度量方法都是相关联的。以下是几种核心度量，它们被认为可以应用在景

观生态规划中(Leit o and Ahern,2002 年):

①景观成分度量 :斑块的多度(PR)和类型面积比例(CAP);斑块数目(PN)和密度(PD);斑块尺度(MPS);

②景观构建度量 :斑块形状,即边长面积比(SHAPE);边缘对比(TECL);斑块紧密性(RGYR)和相关长度 I ;最近毗邻距离(MNN);平均毗邻度(MPI);接触度(CONTAG)。

这些生态度量对景观规划及管理和决策具有重要意义,但就目前来说,在景观生态学的定量分析基础上的景观规划还远没有成熟,从这个意义上来说,景观生态规划还刚刚开始,任重而道远。

(4)景观生态规划的 GIS 技术

GIS 即地理信息系统(Geographic Information System),经过了 40 年的发展,到今天已经逐渐成为一门相当成熟的技术,并且得到了极广泛的应用。尤其是近些年, GIS 更以其强大的地理信息空间分析功能,在环境及景观规划项目中发挥着越来越重要的作用。

目前最为广泛接受的定义为 :GIS 是一个收集、储存、分析和传播地球上关于某一地区信息的系统,该系统包括相关的硬件、软件、数据、人员、组织及相应的机构安排。其中 "收集、储存、分析和传播" 是一个完整的 GIS 所必须具备的四大功能,即输入、存贮、操作和分析、表达输出。

20 世纪 60 年代中期,应用计算机和计算机图像处理方法来处理如景观分类,生态因子筛选或地图叠加,等空间分析和统计分析工作。20 世纪 70 年代初,开始注重更为复杂的 GIS 分析,包括将统计分析与地图绘制相结合,引入更为复杂的空间分析技术和不限于两维图像的更丰富的表现方法。GIS 与其他学科和专业开始相互作用,开始强调规划的作用在于组织和利用信息为决策服务,而不是决策本身。

在景观生态规划中主要运用 GIS 技术进行以下分析 :

研究景观生态系统及其空间格局,一方面由于地理信息系统中贮存的有关底图文件数据,其加工功能强大,形成完善的人机对话系统,能快速、准确地对遥感图像进行有关处理 ;另一方面,地理信息系统中的专题信息和专家智慧能对遥感图像进行专题监督分类,其结果以计算机地图形式输出。

研究景观生态系统的功能和动态,由于地理信息系统中贮存大量专题数据和丰富的程序、模型和方法,利用计算机、遥感等现代技术手段的支持,因而能采用多层次、多因子的区域综合和系统分析,既可以从时间与空间、质量与数量、内部与外部、静态与动态、自然人为等角度综合认识景观的结构和功能,从而进行景观功能模拟和动态预测。

进行景观生态设计和景观生态规划,在综合、系统地对景观结构、功能和动态研究之后,依靠地理信息系统中的专题研究模型,加上专家系统,首先对景观生态特征进行评价,然后根据具体的目的要求,产生其设计和规划模型。

如果将景观生态规划过程分解为 :分析和诊断问题、未来预测、解决问题三个方面的话,那么,与传统非计算机和非 GIS 技术相比, GIS 尤其在分析和诊断问题方面具有很大的优势,主要反映在其可视化功能、数据管理和空间分析三个方面。在寻求解决问题的途径方面也有很大的潜力。相对来讲, GIS 在未来预测方面的贡献不明显(Fotheringham,1993 ;Webster,1993)。

如今, GIS 已被普遍认为是一个强大的、最灵活的决策系统,在许多国家和地区,已经成为数据库建立、实施分析和交流的普通的媒介,以及使决策更理性化的有力工具。它不仅见于大范围的城市及地区规划,自然资源保护及管理,而且国外许多与城市景观设计相关的行业也正在接受这一技术。与其他工具不同的是，GIS 能深化对一些错综复杂条件状况的认识理解。当然也不能把GIS当成是一个独立的设计工具，并且它也存在着一些不足，如在进行景观规划设计中需要辅助一些3D建模软件。另外，目前的 GIS 的分析能力也是有限的。因此，必须与其他相关软件相结合。

三、景观设计中的生态原则

景观生态设计是一项系统工程，它根据景观生态学的原理及其他相关学科的知识，以区域景观生态系统整体优化为基本目标，通过研究景观格局与生态过程以及人类活动与景观的相互作用，建立区域景观生态系统优化利用的空间结构和模式，使廊道、斑块、基质等景观要素的数量及其空间分布合理，使信息流、物质流与能量流畅通，并具有一定的美学价值，且适于人类居住。景观生态设计是城市景观生态规划的深入和细致，更多地从具体的工程或具体的生态技术配置景观生态设计。

根据景观生态设计的内涵及目标，要做好景观生态设计，应当遵循的主要原则有：

1. 生态景观设计原则之 4R 原则

“4R”即 Reduce，Reuse、Recycle 和 Renewable。“Reduce”，减少对各种资源尤其是不可再生资源的使用；“Reuse”，在符合工程要求的情况下对基地原有的景观构件进行再利用；“Recycle”，建立回收系统，利用回收材料和资源；“Renewable”，利用可再生资源、可回收材料。

（1）“Reduce” 再减少

“Reduce” 再减少即指减少对自然的破坏，减少能源的消耗和减少对人体的不良影响。减少对自然的破坏，这就要求景观设计师避免在生态敏感地带进行大规模的改造。在设计过程中，应尽量减少各种景观建筑物和设施小品的占地面积，达到节约用地的目标。对于建造景观过程及日后使用可能排放出的废气、废水等需采取各种有效措施加以控制。对于特殊自然景观如湿地景观、自然林地景观的保护尤显重要。湿地生态景观系统的恢复，可以达到净化水质、创造生物的生息空间、改善景观环境的目的。而自然林地的保护，可以使土地沙化得到有效治理，水土流失得到基本控制，生态环境和人民群众的生产生活条件从根本上得到改善。能源的消耗必将产生不同程度的污染，那么就意味着将给人类和自然带来不同程度的危害。在现代社会中使用的大多数能源都是由煤、电等材料燃烧产生，这一过程是必将产生一定的废气物。即便一直被认为是“清洁能源”的水电，由于水利设施的兴建对生态环境带来的破坏，也变得“不清洁”了。在景观创建的过程中，如何将这种危害程度降到最低，是值得我们思考的。遵循“Reduce”原则，要求设计师在设计中尽量减少对各种资源尤其是不可再生资源的使用，尽可能减少包括能源、土地、水、生物资源的使用，提高使用效率，取而代之的应尽量结合自然因子，采用风能、光能、热能、太阳能等可再生无污染能源，达到减少能源的消耗和减少对人体的不良影响的目标。

所以，景观设计师必须通过科学合理的设计与计算，合理地利用自然的过程如光、风水等，基于现有的技术，大大提高能源和资源的利用率，并减少不可再生资源的使用，特别是作为自然遗产，不到万不得已，不予以使用。

（2）“Reuse” 再利用

“再利用”的原则要求设计师重新树立选材理念。一方面，要求设计师考虑利用基地原有材料与设备的可能性；另一方面，要求设计师选择能够在日后被再利用的材料和设备。对于景观设计而言，“Reuse”这一原则是指在符合工程要求的情况下对

图 4.1.4 延续文脉的城市景观

基地原有的景观构件进行重复使用或再利用，这样不仅延续了景观的文脉，而且节约了资源（图 4.1.4）。利用废弃的土地、原有材料，包括植被、土壤、砖石等服务于新的功能，可以大大节约资源和能源的耗费。在发达国家的城市景观设计中，利用关闭和废弃的工厂创建生态景观，为市民提供休闲娱乐的空间，已经成为一种流行的趋势。

1970 年，景观设计师哈克（Richard Haag）主持设计的美国西雅图（Seattle）煤气场公园（Gas Work Park），应用了“保留、再生、利用”的设计手法，成为景观设计史上的一大突破。面对原煤气厂杂乱无章的各种废弃设备，哈克没有按照常规的思路把场地里的工厂设备全部拆除，把受污染的泥土换去，而是充分的尊重历史和基地原有特征，将原有的工业设备进行删减，把原来的煤气裂化塔、压缩塔和蒸汽机组保留下来，以表明了工厂的历史，唤起人们的记忆，延续了景观的文脉；他把压缩塔和蒸汽机组涂成红、黄、蓝、紫等不同颜色，用来供人们攀爬玩耍，实现了原有元素的再利用，节约了资源。继西雅图煤气场公园改造成功后，这种废气地的更新和对废气材料的再利用的设计被越来越多的人接受，并在景观设计中得到很大的发展。

德国鲁尔工业区众多工业废弃地的改造都应用了类似的生态设计手法，比较典型的是彼得 · 拉兹基尔（Peterutz）设计的北杜伊斯堡风景公园（Duisburg Nord Landscape Park）将工厂中原有的建筑和货棚、烟囱、铁路、水渠等构筑物予以保留（图 4.1.5），部分构筑物还被赋予新的使用功能(图 4.1.6)。如废弃的高架铁路改造为公园中游步道,工厂中的植被也得以保留,荒草任其生长,工厂中的一些铁架成为攀缘植物的支架,高高的混凝土墙体成为攀岩训练场等。工厂中原有的废弃材料也尽可能的被利用。如红砖磨碎后被用作红色混凝土的部分材料,厂区堆积的焦炭、矿渣被用作一些植物生长的介质或地面表层的材料,工厂遗留的大型铁板成为广场的铺装材料等(图 4.1.7)。设计者利用废料塑造公园景观,使得废料循环使用,从而减少对新材料的使用。

(3)“ReCycle”再循环

“ReCycle”再循环是“循环利用”之意。循环使用主要是根据生态系统中物质不断循环使用的原理,尽量节约利用稀有物资和紧缺资源。利用回收材料和中水,设置废弃物回收系统,使资源循环使用。倡导能源与物质的循环利用贯穿于实现“再生态”景观的始终。实现“ReCycle”原则,就要求设计师尽最大可能的循环使用资源。以水资源的循环使用为例:彼得·拉茨在杜伊斯堡北部风景园的设计中就将原工作的旧排水渠改为水景公园,利用新建的风力设施带动净水系统,将收集的雨水输送到各个花园用来灌溉;在德莱塞特尔(Herbert Dreiseit)设计的柏林波茨坦广场(potsdalner platz, Berlin)中,地块内的建筑都设置了专门的雨水收集系统,广场的水景用水、卫生洁具的冲洗、植物的浇灌等用水都来自于收集的雨水;萨尔布吕步市港口岛公园(Burgpark Hafeninsel, Saarbrueken)将地表汇聚于高架

图 4.1.5 北杜伊斯堡风景公园中被保留的建筑

图 4.1.6 北杜伊斯堡风景公园中被赋予新使用功能的建筑

图 4.1.7 成为铺装材料的遗留铁板

桥下，通过一系列净化处理后利用，并通过水的跌落形成了欢快的落水景观。在这些出色的作品中，设计师们从整个地球生态系统的良性循环出发，通过对资源的循环利用，成功创建了生态景观。

（4）“Renewable”可再生

在生态设计中包含改造遗留下来质量较好的构筑物，以满足新功能需要，这样可以减少资源的消耗和降低能耗，还可节约因拆除而耗费的财力、物力，减少直接进入自然界的废弃物。

如香港湿地公园中对再生材料的使用独具匠心，将研成粉末的硅酸盐煤灰代替了一部分水泥掺入到混凝土中增加其防水性；将广州某传统中式建筑拆下来的砖重新做成入口坡道和中庭的墙；还有将第一期中的许多材料重新利用，包括从军器厂街警察总部拆卸下来的花岗岩废料，动物白纸造型的雕塑以及笼墙所用的周边流浮山中蚝壳等。

2. 生态景观设计的地方性原则

当代城市生态景观设计原则之地方性原则的核心是：设计应根植于所在的地方。对于任何一个设计问题，设计师首先应该考虑的问题是我们在什么地方？自然允许我们做什么？自然可以帮助我们做什么？一个适合场地的生态园林设计，必须先考虑当地整体环境和地域文化所给予的启示，因地制宜地结合当地生物气候、地形地貌进行设计，充分使用当地建材和植物材料，尽可能保护和利用地方性物种，保证场地和谐的环境特征与生物的多样性。我们常常惊叹桃花源般的中国乡村布局及美不胜收的民居，实际上他们多半不是大师创造的，而是居住者在与场所的长期体验中，在对自然深刻了解的基础上与自然过程相和谐的当地人的创造性的设计。这一原理可以从以下几个方面来理解：

（1）尊重和继承传统文化乡土意识

这是当地人的经验，当地人依赖于其生活的环境获得日常生活的一切需要，包括水、食物、庇护、能源、药物以及精神寄托。其生活空间中的一草一木，一水一石都是有含意的。他们关于环境的知识和理解是场所经验的有机衍生和积淀。所以，一个适宜于场所的生态设计，必须首先应考虑当地人的或是传统文化给予设计的启示，是一个关于天地—人—神（场所精神）的关系的设计。

（2）适应场所自然过程

现代人的需要可能与历史上该场所中人的需要不尽相同。因此，为场所而设计决不意味着模仿和拘泥于传统的形式。生态设计告诉我们，新的设计形式仍然应以场所的自然过程为依据，依据场所中的阳光、地形、水、风、土壤、植被及能量等。设计的过程就是将这些带有场所特征的自然因素结合在设计之中，从而维护场所的健康。

（3）就地取材

植物和建材的使用，是设计生态化的一个重要方面。乡土物种不但最适宜于在当地生长，管理和维护成本最低，还因为物种的消失已成为当代最主要的环境问题，所以保护和利用地方性物种也是时代对景观设计师的伦理要求。

3. 生态景观设计原则之最小干预原则

所谓最小干预原则是指通过最小的外界干预手段达到最佳促进的效果。自然界在其漫长的演化过程中，形成一个自我调节系统，维持生态平衡。其中水分循环、植被、土壤、小气候、地形等在这个系统中起决定性作用。实现生态景观设计的关键之一就是将人类对这一生态平衡系统的负面影响控制在最低程度。设计是一个人为的过程，如果过于极端地将生态设计理解为完全顺应自然过程而不加任何干预的话，就不存在设计行为了。景观设计总是在一定的场地上进行的，人类的活动必将会对自然环境产生不同程度的干扰，基于这样的理解，实现以生态为目标的景观设计就是努力把人为干扰降到最低并且努力通过恰当的设计手段促进自然系统的物质利用和能量循环，维护场地的自然过程与原有生态格局，增强生物多样性，即：最小干预原则。至于这样的破坏减少到一个什么程度是最小，现在没有、也不可能有一个定论。

以德国巴伐利亚洲环保部新楼的外部景观环境设计为例，其景观创建过程就充分体现了最小干预最大促进这一原则。德国巴伐利亚洲环保部新楼的外部景观环境是由 Valentien+Valentien 事务所瓦伦汀教授共同主持设计的，设计师们本着维护自然自身生态平衡的态度，没有对场地进行大规模的人为改造，而是从场地的客观条件出发，利用原有地形及植被，优先保护好原有的生态条件，如土质、土壤湿度、日光照度，避免大规模的土方改造，从而使该场地在最大限度保护好原有生态条件的前提下，创造出不同的小生态，形成丰富植物群落景观。建成后的新楼的外部景观极尽自然之美，不仅为人类提供了一个良好的外部空间，也为动物、植物提供了一个良好的栖息空间。

4. 生态景观设计原则之自然优先原则

自然有它的演变和更新的规律，同时具有很强的自我维持和自我恢复能力，生态设计要充分利用自然的能动性使其维持自我更新，减少人类对自然影响的同时，带来了极大的生态效益。

设计师应用生态学原理进行设计就是要保护自然环境不受或尽量少受人类的干扰，因此对场地原有生态环境的保护是每个设计师都应该做的。如彼得 · 沃克事务所（Peter Walker and Partners）在 IBM 索拉纳（IBM Solana）园区总体规划中，也提出了景观与环境优先的原则，并且在工程建设过程中力争使影响减小到最小，保护了大片可贵的大草原与岗坡地等当地自然景观。最具代表性的还应算是中山岐江公园，面对保护古榕树河防洪的双重挑战，俞孔坚教授根据河流动力学原理开渠成岛，保护了场地原有的古榕树，同时也满足了过洪断面的要求。

第二节　人性化的景观设计理论

一、现代景观的人性化设计理论

1. “人性化设计” 的涵义

人性化设计是使设计产品与人的生理、心理等方面因素相适应。以求得人与环境的协调和匹配，从而使使用主体与被使用客体之间的界面趋于淡化，使生活的内在感情趋于快乐和提升。具体到园林景观，则体现于景观的整体感觉须满足人们日常生活的舒适心理，各个细节需在满足功能要求的前提下，符合人们的身体尺度，并使人产生积极健康的心理反应。

2. 人与景观的相互关系

人与景观的关系是对立与统一的，表现出多样性的物我关系。

（1）人作为主体是景观的创造者、建设者

由景观的概念可知景观与景观设计的成立是因为人的存在，是人类为了生存和生活而对自然的适应、改造和创造的结果。在此，人作为主体能动地创造与建设了优美的景观环境，使人类的生活质量得到很大的改变。

无论东方或西方，景观存在的历史都是源远流长，并且不同区域在不同的时期，景观的面貌呈现出各自的特色，相互之间具有极大的差异性。产生这种情况的原因在于人。不同的宗教信仰、民俗风情、地域特色等使人有不同的文化传统与价值、审美取向，因而由人所设计、建设的景观便具有多样性。在建造景观的同时景观成为人精神、情感的寄托，表现个人或群体的社会、生活的环境理想。比如中国的古典园林具有浓厚的文人气质，正是文人造园的必然结果。

（2）人作为客体是景观的使用者、体验者、评价者

景观为人而建，景观中的人作为客体是景观的使用者。景观为人提供多种体验场所，满足人的多种需求，并影响景观中人的心理与行为。景观的适宜性，是以人的感受与评价作为评判标准。在对环境的研究中表明：尊重人、关怀人的景观能提高人们的生活兴趣与质量，获得对社会的认同，对人类的进步与发展起到推动作用，故被视为好的景观。而忽略人的需求的景观，会加深人际间的陌生感，提高环境的不安全性，减弱人们对环境的控制感，降低工作绩效，故被视为是劣质的景观。

（3）人与景观的互动关系

人与景观之间保持着一种持续相互作用的双向关系。景观作为视觉审美的对象，在空间上与人物我分离，景观形态表达了人与自然的关系，人对土地、城市的态度，也反映了人的理想和欲望；景观作为人生活在其中的栖息地，是体验的空间，景观影响人的行为，人在空间中的定位和对场所的认同使景观与人物我一体。

人能动地改造环境创造宜人的景观，为人提供理想的居住场所。景观影响左右人的思想与行为，加深人对自身的了解以寻求更适合人的景观形态。人与景观便这样循环地向前发展。

人与景观的关系证明人在景观中的主导地位，摒弃以往“景观为神而造，为君王而建”的思想，把景观建设的目标确定在人民大众的身上，真正做到“为人而设计”。因此景观设计应该“以人为本”注重“人性关怀”。

3. 景观设计的人性化概念

美国行为科学家马斯洛提出的需要层次论，提出了设计人性化的实质。马斯洛将人类需要从低到高分成五个层次即生理需要、安全需要、社会需要（归属与交往）、尊重和自我实现需要。马斯洛认为上述需要的五个层次是逐级上升的，当下级的需要获得相对满足以后，上一级需要才会产生，再要求得到满足。人类设计由简单实用到除实用之外蕴含有各种精神文化因素的人性化走向正是这种需要层次逐级上升的反映。我国古代著名思想家墨子所说的“衣必常暖，而后求丽；居必常安，而后求乐。”即多少阐述了人类需要满足的这种先后层次关系。虽然人类高级的精神需要的满足不一定全通过设计物品来实现，但为人类生存的主要空间——景观，它在满足人类高级的精神需要、协调、平衡情感方面的作用却是毋庸置疑的。因而设计的人性化因素的注入，绝不是设计师的“心血来潮”，而是人类需要的自身特点对景观设计的内在要求。

景观设计中人性关怀的体现主要体现在：

（1）对生理需要的满足

景观应为人们的生活提供多样的场所，以满足不同的生理活动需求，如运动、休息、交往等。在这些环境设计中应注意令

人感到舒适的各种物理性指标：如光照、温度、湿度、噪音、通风等以及生理尺度与行为尺度的合理运用。尤其应对残疾人使用景观场所给予更多的重视。

（2）对安全需要的满足

景观环境应避免对人造成威胁与伤害，保持自身安全和个人私密性，运用设计手段增强人对环境的定向与认知能力。

（3）对交往与归属需要的满足

人是社会的，社会是人们在相互交往和共同活动的过程中形成的相互关系。景观环境是人们活动的场所，更是交往的空间。因而景观设计应为不同人群提供不同的交往空间，以满足不同的社会需求。设计中避免造成人与人的疏远与陌生，使人在适宜的景观场所中通过交往获得归属感。

（4）对尊重需要的满足

尊重侧重于心理的感知与精神的共鸣，是建立在交往的基础之上，获得社会与他人对自身的认同感。好的景观给人受到尊重的感觉，劣质的景观忽略了人的需求，否定对人的尊重。

4. 景观在人性化设计中的误区

人作为景观的主体应受到的重视与关怀的观念已为社会广泛地接纳和采用。在环境建设中一反以往“人是机器奴隶”时代唯功能性而忽略人文性的做法，提倡以人为本，从人性角度考虑“人与自然、人与社会、人与建筑、人与人之间”的关系。然而，即便人们认识到人性化的重要，并高举人性的旗帜，却大张旗鼓地建设出一批批违背人文、忽略人性的景观环境。比如单纯重视景观的视觉艺术性，忽略其功能性与人的使用；盲目照抄照搬、失去自身特色忽视人的归属感；过分追求现代高档材料、造成人与自然的疏离等。城市的同一、社区的漠然、交流的缺乏，不得不令人反思：我们是否真正认识、了解人的需求，了解需求的同一性、差异性、地域性；了解不同文化背景下人文关怀的内容与形式的不同，并在认识指导下进行有的放矢的规划与景观设计。

二、景观构成元素中的人性化设计

从某种意义上讲，景观处于环境客体与人群主体之间，是联系环境与人群之间的情感纽带，也通过一系列景观元素体现居住者的文化品位与生活层次。如古代私家园林，必尽显其私密性与独享情趣。因此，在划分区域或造景上面产生很多曲折、细腻的手法，崇尚诗意造园，整体感觉有水墨画的淡雅格调。公共景观，其主要目的是为满足社会公益生态环保与公共休憩需要，服务对象是社会人群的绝大多数，所以其定位也是面向大众的层次。因此需极力展示其公共性能和共享性能，本身的设计出发点即是让人来去自如，对参与人群的层次却不做具体要求。只有社会生产力越发达，公共设施的发展层次才越高。现代居住小区园林，则融合了私家园林与公共园林的双重功能，既要有强大的兼容性，以供不同层面人群的聚散，又需要动静分开，满足不同年龄层人群的个人需要。因此而有了适合人流聚集的会所，有了功能明确的儿童乐园和老年人活动中心，等等。所以，居住小区相对而言属于一个消费层面集中同时兼容性强的人群聚集区域，最能体现社会大众层面的生活水平。

景观艺术的美感表达，很大程度上依托于景观的表现形式。而景观功能的合理与否，则直接决定了主题园林的成功与否。以园林景观中最为普遍的休闲座椅为论，20 世纪 80 年代以前，休闲座椅只作为临时坐靠的功能性设施，反映的也是当时社会

图 4.2.1 美国城市中美学与功能兼具的公共座椅设计

满足温饱就好的社会愿望。20 世纪 80 年代以后，随着人性化要求逐步形成，休闲座椅也日益演化，完善着其作为功能性与观赏性的双重使命。在满足视觉美感的基础上赋予其合理的坐靠使用功能，使得美学价值与使用功能得到完美结合（图 4.2.1）。

人群的心理情绪受天气和自然环境的影响。良好的景观环境的创造，改善自然环境的同时亦调节人群心理状况的舒适度。因此，只有当我们的社会文明足够发展，属于多维空间概念的景观设计主题趋向于健康、文明的方向的时候，才能为人居环境起到积极的促进性作用。

1. 景观水系设计的人性化

水系景观是造园手法里一个必不可少的基本元素。人类自古择水而居，现代人群也正慢慢意识到：真正高品质的生活，在于融入自然和谐的生态环境，在于具有历史底蕴的人文气息。中国传统的水景“曲水流觞”，在现代景观里出现，现代材料融合传统风骨，自是一番闲情风月。水景规划布局因地制宜，在可能的情况下要根据景观空间形态合理安排水系的形式、走向及辅助景观要素。同时更要注重水质的维护、净化与后期投入问题。引入水景是为了减弱柔化环境内建筑的刚性感，刚柔并济。结合景观的空间形态，水景若能布局动静结合，形式变化，并分别安排不同水景主题分布，以多种手法引水造景喷泉、跌水、溪流、涉水池等自然要素与雕塑、园桥、栈道平台等现代景观要素结合既能营造小区亮点景观中心，更能满足人们的亲水心理。但要做到这样的水景布置是有难度的，特别是在水源缺乏的北方地区，一是枯水期景观与盛水区的景观差异难以平衡，尽管可以在枯水期做成枯水景观；二是人工水源的净化问题是目前最为困扰水景的一大难题；三是在水景满足人的亲水心理的同时，也会在盛夏季节带来蚊蝇孳生，绿藻泛滥等诸如此类的问题。

2. 景观绿化设计的人性化

绿化具有调节光、温度、湿度，改善气候，美化环境，消除身心疲惫，有益居者身心健康的功能。景观中的绿化设计，应兼具观赏性和实用性，同时充分考虑绿化的系统性、空间组合的多样性，从而获得多维的景观效应。在绿化设计及种植中进一步强调人性化的意识，考虑人们在景观环境使用过程中的心理与生理需要，因为人是有生理与心理双重需求的实体。研究人的情感活动与意志活动并运用自然与造型环境因素加以发挥与表达，是对景观绿化、生态意识价值的补充与完善。尤其是高节奏的现代生活使人的性情趋于理性、单调甚至麻木，物化生活让人几乎变成了一部机器。因此良好的景观绿化设计是为其中活动的市民提供休闲与享受自然的空间，并满足人民对特定环境的精神需求和情感关注。

所以，在景观的绿化设计中，应该注重植物选择、植物造景、植物生态的人性化，如庭院景观中的绿化设计应重视植物与住宅的环境搭配，应该考虑到给使用者创造一个家园的感觉，使业主能够在住宅环境里体会到回家的感觉和归属感，同时要使景观的设计尽量达到易用、便捷的要求。而在公共景观体系中进行绿化设计则应该以营造有利于发展人际往来的自由生长的树木为主，为城市提高人性化的交往场所与空间。

3. 景观小品设计的人性化

景观中的小品一般以体积不大，功能单纯，在景观中起点缀的作用，精心设计的小品往往成为人们视觉的焦点和小区的标识。它主要有装饰雕塑小品、休闲景观小品、设施小品等（图 4.2.2）。景观小品设计的人性化是现代城市发展对景观专业提出的理性要求，景观中应从使用者角度出发尊重人性化设计理念在景观小品中的运用，如新加坡在城市景观设计中实现了最大可能的人性化设计，其楼与楼之间建有盖遮棚和连接走廊，并连接所有组屋及巴士站，使居民出行时免受日晒雨淋之苦；还建有宴会场所（居民进行宴会的地方，可办红白喜事）和聚会场地；有许多凉亭、花棚等遮阴设施：电梯有盲人触摸按钮；信箱口采用密封式，避免一些人乱投广告；小学则和住区离得很近，为了儿童安全学校和住区间同样设有长廊作为专用通道，以避免学生遭遇机动车的碰撞；几乎所有的邻区都建有老年和儿童活动设施。

图 4.2.2 具有视觉效应的景观小品

4. 景观铺装设计的人性化

景观铺装设计是景观设计的重要内容，应尽量使用当地较为常见的材料，体现当地的自然特色。现代景观利用新技术来提升景观铺装设计的生态价值与美学价值，如利用地面供给照明和音箱设备用电；采用地表水“循环”设计理念，通过透水材料收集雨水为灌溉和水景提供主要资源；利用浮筒原理建设的栈道、亲水平台，既环保又有趣。现代景观里为设计师所钟爱的朴实无华的青石板路，以简单几何形体自然重复的青砖地面，亦是人性化铺装设计的直接体现。因为过分的修饰从来都只是暂时的，只有那些立足于最本质的根本功能，才是不断被需要的对象。

5. 景观特征的地域性

不同的地域拥有不同的地方文化特色，根据各地区不同的气候条件或风土人情，园林特征所体现出来的特点也具有不同气息。多水的南方园林，体现的是丰富的水系文化；而干燥的北方，应该多采用色彩较鲜艳的玻璃钢材质等。

值得注意的是地域性是一个相对概念，在同一城市中亦应该根据地段的差别体现景观的人性化理念，如新加坡在不同的居住空间中根据居民年龄结构特点多规划成不同特色的公共空间。例如：大巴窑、红茂桥等老镇的住宅景观规划多以老龄活动空间为景观特色，辅以儿童设施；而后港、淡宾尼等新镇则以年轻人的朝气为公共空间特色，辅以其他年龄结构的设施等。每个邻区的大片公共绿地空间都综合了软质景观与硬质景观，并富含浓厚的多民族、多宗教的多元化地域文化。同时，新加坡住区的绿地空间多与外围的城市公共绿地、公园等连成一体，共同构成了城市绿地系统。

三、人性化的通用设计与无障碍设计

1. 通用设计理念

通用设计（Universal Design）就是在最大可能范围内，满足所有人在任何情况下能平等、自由、安全使用的设计。这一理念最早是由美国北加州大学 Ronald L Mace 教授于 20 世纪 90 年代提出的，他倡导设计以能利用、低成本、优品质为主，与使用者的年龄、身体状况、文化背景、生活阅历毫不相关。1994 年，Ronald LMace 教授首先将其研究室命名为“通用设计中心”。

通用设计理念的产生与城市无障碍化进程密不可分，是无障碍设计满足社会需要不断扩展的结果。美国经历二战后，残疾人口数量增长，残疾人渴望社会的关爱，引起政府的重视。20 世纪 60 年代的民权运动使美国社会进一步认识到残疾人应该与正常人一样享有独立和平等的权利。1961 年美国出台的《方便残障者接近和使用的建筑物标准》是世界上第一个“无障碍标准”，其目的是让残疾人重新返回社会。随后 1975 年在“国际康复论坛”中，提出了“不仅对特殊群体，而且对老年人和滞后于主流社会的人群都应给予关照”的说法。1982 年和 1993 年联合国大会第 37、38 届会议分别通过的《关于残疾人的世界行动纲领》《残疾人机会均等标准规则》，加速了各会员国在福利社会中无障碍化的实现步伐。无障碍设计面对的是残疾人、老年人等特殊人群，通过专门的设计以消除他们生活中的障碍。虽然“形式上的无障碍”能够满足他们生理层面的需求，但是被与正常人加以区别、分离的做法使他们内心深处隐隐感到恐惧。为了完善人性化的内容，在无障碍设计的基础上，为“面向所有人”的通用设计就此萌生。

2. 通用设计的原则

（1）公平的使用（Equitable Use）

设计应普遍适用于所有人，避免因使用手段的差异而将某些群体排斥在外。

（2）灵活的使用（Flexibility in Use）

设计应针对使用者各异的喜好和不同能力，提供多样的使用方法。

（3）简单直观的操作（Simple and Intuitive Use）

设计要通过简单直观的操作方式，满足不同的使用者，即使个体之间在经验、知识、语言、注意力等方面存在着较大差异。

（4）明确易懂的信息（Perceptible Information）

设计应充分考虑周围环境和使用者的感官能力，通过不同的沟通媒介，有效地传达必要信息。

（5）容许错误的操作（Tolerance for Error）

设计应通过提供警告、安全保护或减少危险元素等措施，尽量降低因意外或无意识操作引起的负面后果。

（6）低体力消耗的操作（Low Physical Effort）

设计应在使用者消耗最小体力的情况下能有效、舒适、不易疲劳的操作。

（7）适宜使用的尺寸和空间（Size and Space for Approach Use）

设计应提供适宜使用的操作尺寸和空间，满足在身形、姿势、行动能力等方面不同的使用者。

3. 通用设计在景观中的应用

（1）针对行动有障碍人群的设计

老年人、儿童、轮椅使用者以及推婴儿车的妇女，这类行动弱势人群常常是景观环境的主要使用群体。为了使他们像其他使用者一样能够享受相同品质的景观环境，设计师在景观设计实践中应高度重视其特殊需求。

2001 年 10 月日本横滨市樱木町站前广场进行改建，铺装材料的调整是此次工程建设的重点。以前铺的地砖，因为表面纹理深，凸凹面多，十分不便于轮椅的行走，成为磕绊的祸首。调整后的透水性地砖，不仅减少雨天脚下溅水现象的发生，而且地砖上浅浅的纹理，降低了路面对轮椅的冲击，缓解了轮椅使用者行走的难度。另外，为了方便轮椅使用者，许多景观环境减少台阶、设置坡道甚至安装电梯，增加满足其使用的自动售货机、电话以及方便与其他使用者交流的休憩设施等。

许多国外的公园和广场设置了方便携带婴儿者使用的场所，如设有婴儿尿布更换台的卫生间、提供开水可冲调奶粉的哺乳处等；同时考虑到孕妇、身体虚弱者的需要，增加了休息座椅的密度甚至设置具有床位的休息室。

（2）针对信息认知有障碍人群的设计

对环境信息认知有障碍的群体包括在视觉、听觉方面有障碍的人群以及缺少本土文化背景的外国人，景观环境中的许多设计要为这类群体的游赏行为提供方便。

日本埼玉县新都心榉树广场建在和超级综合活动中心毗邻并与新都心地铁站相连接的二楼平台上。为了便于视觉障碍者的通行，设计者不仅将 220 棵山毛榉树的根部隐藏于楼板结构中，还设置了黄色的、有凸出触感的盲人通道。通过条状和圆点不同的形状，引导视觉障碍者前行或者提示到达盲道的起点、终点、转弯处 。

4. 我国景观中的通用设计

我国景观通用设计实践活动起步较晚，与发达国家相比存在较大差距。虽然在 2008 年北京奥运会举办期间，国内景观通用设计方面取得了一定进步，但是整体水平仍比较低。

近年来，除了在北京、上海等城市积极进行景观通用设计实践活动，如上海 46 家公园的信息识别系统中除了设置一般的地图和文字外，还增加了盲文和外文导览图。这些指示牌基本上采取了同一规格的金属材料，建造在公园或绿地的大门口。盲人可以通过盲道方便地走到齐腰高的指示牌前，指示牌上用线条与点等盲文指示了公园绿地内的设施项目，并为盲人指点了行走的路线与导览图等；外国游人可以通过指示牌上的简易图形和外文说明获得必要的帮助。还有许多景点增加了包括外语在内的声音指示设施，视觉障碍者和外国游人只要按照提示操作，便会有相应的语音提示其明确自己当前位置以及到达目的地的行走路线。此外，在景观环境中安装电光指示牌，以便在紧急事件或灾难发生时为听觉障碍者提供紧急通知。

但全国大部分城市还处于较为滞后的状态，并且实践范围以街道、广场为主，针对公园、居住区等景观环境的研究较少。在一些景观环境中，虽然考虑到通用设计思想，增加无障碍设施的数量，但是设计缺乏合理性，利用价值不高。这几年景观通用设计虽然在硬件设施领域取得了进展，但是设计中缺乏与其他各类元素的融合，甚至对景观环境产生一定的负面影响。通用设计思想是从便利、实用的角度出发，强调功能性是其显著的特点。但是景观通用设计与产品、包装等领域的通用设计不同，在实现游赏者使用方便性的同时还要达到保护景观资源的目的。

景观通用设计是在创造景观的基础上尽可能地满足所有人的需要。但随着各国景观通用设计研究进展的推进，更多的设计师越来越发现要使设计适用于所有人相当困难。因为设计师无论怎样也很难做到满足所有人的个体需求，所以真正的景观通用设计是景观设计的一种理想境界，设计师对它的追求应该是无止境的。

此外，景观通用设计不是具体的某件东西或者设计，它是设计师、使用者乃至整个社会共同营造的一种人与人平等、人与环境和谐的生活方式。景观设计师应该注重培养自己对各方面因素统筹考虑的能力，努力营造适用于所有人的景观环境；使用者应不断提高自身的意识，加强对景观通用设计的理解；政府应制定景观环境保护方面的政策法规，积极推进通用设计的发展；社会应建立志愿者服务体系，呼吁更多的人参与其中，为需要服务的群体提供帮助。总之，景观通用设计无论是软件环境还是硬件设施，要想最终实现并良好的运转需要所有人的参与和努力。

第三节　可持续的景观设计理论

一、景观设计与可持续发展理论

1993 年 10 月，美国景观设计师协会（ASLA）发表了《ASLA 环境与发展宣言》，提出了景观设计学视角下的可持续环境和发展理念（ASLA，1993 年），呼应《可持续环境与发展宣言》中提到的一些普遍性原则，包括：人类的健康富裕，其文化和聚落的健康和繁荣是与其他生命以及全球生态系统的健康相互关联、互为影响的；我们的后代有权利享有与我们相同或更好的环境；长远的经济发展以及环境保护的需要是互为依赖的，环境的完整性和文化的完整性必须同时得到维护；人与自然的和谐是可持续发展的中心目的，意味着人类与自然的健康度必须同时得到维护；为了达到可持续的发展，环境保护和生态功能必须作为发展过程的有机组成部分等。

作为国际景观设计领域最有影响的专业团体，ASLA 提出：景观是各种自然过程的载体，这些过程支持生命的存在和延续，人类需求的满足是建立在健康的景观之上的。因为景观是一个生命的综合体，不断地进行着生长和衰亡的更替，所以，一个健康的景观需要不断地再生。没有景观的再生，就没有景观的可持续。培育健康景观的再生和自我更新能力，恢复大量被破坏的景观的再生和自我更新能力，便是可持续景观设计的核心内容，也是景观设计学的根本的专业目标。

《ASLA 环境与发展宣言》还提出了景观设计学和景观设计师关于实现可持续发展的战略，这些战略包括：

（1）有责任通过我们的设计、规划、管理和政策制定来实现健康的自然系统和文化社区，以及两者间的和谐、公平和相互平衡。

（2）在地方、区域和全球尺度上进行的景观规划设计、管理战略和政策制定必须建立在特定景观所在的文化和生态系统的背景之上。

（3）研发和使用满足可持续发展和景观再生要求的产品、材料和技术。

（4）努力在教育、职业实践和组织机构中，不断增强关于有效地实现可持续发展的知识、能力和技术。

（5）积极影响有关支持人类健康、环境保护、景观再生和可持续发展方面的决策制定，价值观和态度的形成。

景观设计的核心就是协调人与自然的关系。景观设计本质上是一种基于自然系统自我更新能力的再生设计，包括如何尽可能少地干扰和破坏自然系统的自我再生能力，如何尽可能多地使被破坏的景观恢复其自然的再生能力，如何最大限度地借助于自然再生能力而进行最少设计。这样设计所实现的景观便是可持续的景观。我们可以通过以下几个层面来理解可持续景观：

（1）生命的支持系统：景观是生态系统的载体，是生命的支持系统，是各种自然非生物与生物过程发生和相互作用的界面，生物和人类自身的存在和发展有赖于景观中的各种过程的健康状态。如果把人与其他自然过程统一来考虑，那么景观就是一个生态系统，一个人类生态系统。

（2）生态服务功能：如果从生命和人的需求来认识景观，那么景观的上述生命支持功能，就可以理解为生态系统的服务功能，诸如提供丰富多样的栖息地、食物生产、调节局部小气候、减缓旱涝灾害、净化环境、满足感知需求并成为精神文化的源泉和教育场所等（Costanza，1997；Daily，1997年）。

（3）可再生性与可持续性：无论对自然生命过程还是对人类来说，景观能否持续地提供上述生态服务功能，取决于景观能否自我更新和具有持续的再生能力。

（4）可持续景观设计：基于以上几点，可以说，景观设计就是人类生态系统的设计（Design for human ecosystem，Lyle，1985年），可持续景观的设计本质上是一种基于自然系统自我更新能力的再生设计（Regenerative design，Lyle，1994年），包括如何尽可能少地干扰和破坏自然系统的自我再生能力，如何尽可能多地使被破坏的景观恢复其自然的再生能力，如何最大限度地借助于自然再生能力而进行最少设计（Minimumdesign）。这样设计所实现的景观便是可持续的景观（Sustainable landscape，Thayer，1989，1993年）。

二、可持续景观设计的内容

1. 可持续景观的内容

（1）*可持续的景观格局*

从整体空间格局和过程意义上来讨论景观作为生态系统综合体的可持续——通过判别和设计对景观过程具有关键意义的格局，建立可持续的生态基础设施。

景观是一系列生态系统的综合体，需要从空间格局和水平过程来认识，这些水平过程包括风的过程、水的过程、生物迁徙、人的空间运动等。这些过程的健康和可持续性，直接受到景观格局的影响。

在大地景观这样一个生命的有机体中，有的空间位置、景观元素以及局部对景观中的各种过程，包括生物过程和非生物过程以及人文过程具有至关重要的战略意义，它们是维护这些过程的景观安全格局（Yu，1995，1996年）。多个过程的景观安全格局构成了景观的生态基础设施（Ecological Infrastructure，简称 EI），它是维护生命土地的安全和健康的空间格局，是景观能持续地提供自然服务（生态服务）的基本保障。它不仅包括习惯的城市绿地系统的概念，而且更广泛地包含一切能提供上述自然服务的城市绿地系统、林业及农业系统、自然保护地系统。生态基础设施建设的一个核心理念是通过维护整体自然系统的结构和功能的完整和健康，以保障景观能提供全面的、持续的生态服务功能（俞孔坚，李迪华，2001，2003 年）。

城市和区域的 EI 建设可以通过缜密的过程分析和模拟来获得景观安全格局，进而整合为具有综合功能的景观空间格局（即 EI）。景观安全格局途径试图在理论和方法上解决一般性的、对景观过程具有战略意义的空间格局的判别问题，以维护景观过程，特别是生态过程的健康和安全。大量以往的科学研究成果，特别是景观生态学的研究成果，已经为我们提供了许多可以直接信赖的知识，有助于我们从土地现状中判别出对景观过程有重要意义的景观元素、空间位置、格局和状态。这些景观元素和格局同样成为构建区域和城市生态基础设施的重要元素。基于此，我们曾提出生态基础设施建设的一些关键战略（俞孔坚，李迪华，2001，2003 年）。它们包括：

①维护和强化整体山水格局的连续性和完整性；

②保护和建立多样化的乡土生境系统；

③维护和恢复河流和海岸的自然形态；

④保护和恢复湿地系统；

⑤将城郊防护林体系与城市绿地系统相结合；

⑥建立无机动车绿道；

⑦建立绿色文化遗产廊道；

⑧开放专用绿地，完善城市绿地系统；

⑨溶解公园，使其成为城市的生命基质；

⑩溶解城市，保护和利用高产农田作为城市的有机组成部分。

这是景观在战略上维护土地的自然和生命过程的基本需要，也是人类可以获得可持续的生态服务的需要。在中国快速的城市扩张以及当前如火如荼的新农村建设中，上述这些对土地生命过程具有战略意义的景观元素和空间结构正在迅速消失，从而给大地景观的可持续性带来不可挽回的损害，因此，笔者及其合作者提出“反规划”途径，优先规划和建设生态基础设施，并将其作为城市空间扩张的框限。

（2）可持续的生态系统

把景观作为一个生态系统，通过生物与环境关系的保护和设计以及生态系统能量与物质循环再生的调理，来实现景观的可持续——利用生态适应性原理，利用自然做功，维护和完善高效的能源与资源循环和再生系统。

景观作为生态系统，其可持续性受以下几个方面的影响：

①生物物种和生态过程的多样性和复杂性。一个由复杂动植物和微生物所构成的生物群落和复杂的物质和能量转化和循环过程所构成的生态系统，比只由单一物种和简单的生态过程构成的系统更具有可持续性。在目前城市建设过程中，人们经常看到以美化的名义，将丰富的山林和河流生态廊道“整治”并代之以鲜花和观赏树木，用简单的人工群落代替原生的、复杂

的自然群落，导致景观的可持续性降低。

②生物与环境的适宜性。简单地讲，就是保护和运用乡土物种。由于长期与当地环境的适应和同步进化，使乡土物种更能适应环境并发挥生态功能。就物种本身来说，由于良好的水热、土壤条件和天敌的缺席，使许多外来物种可能非常适宜于在异地生长繁衍，如来自澳洲的桉树在中国南方到处繁衍，但必须认识到，这些物种的入侵对生态系统的再生能力是具有破坏作用的，如桉树的大面积繁衍，形成桉树的单一种群，导致本地植物的消失，并且使土壤肥力迅速下降，使土地的再生能力遭到严重破坏。

③人的干扰和人工物质的可同化和降解的程度。在景观的建设和维护过程中，在满足人的使用目的同时，尽量使人的干扰范围和强度达到最少，这是景观设计师所必须具备的基本职业伦理。所使用的材料和工程技术应该尽量不对自然系统中的其他物种和生态过程带来损害和毒害。如：在秦皇岛汤河公园的设计中，设计者和建造师们用最少的人为干扰，在完全保留自然河流生态廊道的基底上，引入了一条“红飘带”，将所有城市设施包括步道、座椅、灯光和环境解说系统整合其中，在最大限度地保留自然生态系统的同时，获得了最大程度的“城市化”。

如果我们的景观设计和建设及管理过程都能考虑到景观作为一个生态系统的自我再生能力，我们的景观就有望更接近于可持续性。

在以下三种情况下，人类干扰下的生态系统可以被认为是可持续的：

①当人的干扰在自然系统的可承受范围内，不足以导致系统的再生能力衰退的情况下。典型的例子是广西的灵渠和四川的都江堰，它们都是两千多年前中国可持续水利工程景观的典范，使用至今。它们都是用最简单的技术，低做堰，而不是高做坝，既满足了人对水利的使用，又没有阻碍水的流动，更没有切断鱼的洄游通道，没有破坏河流下游的生态系统，并且是美的景观。相反，横跨于中国和世界大江大河上数万座的拦水大坝却是典型的不可持续的景观，因为它们是杀鸡取卵式的获取水利，造成大量鱼类绝种，并给整个河流生态系统带来破坏。

②通过人类的干扰使生产力大大提高，同时不破坏自然生态系统的再生能力。有机农业便可以被认为是这样的可持续景观。云南的元阳梯田和珠江三角洲的桑基鱼塘都是这样的典范，而大量使用化肥、除草剂和杀虫剂则导致生态系统的可持续性下降。

③通过人的干扰，使被破坏的自然系统的再生能力得以恢复。典型的例子包括棕地（Brow field）和采矿区的恢复，通过景观设计，使过去备受污染和破坏的产业基地的自然生态系统得以恢复。德国的鲁尔钢铁厂和中国的岐江公园都是这样的典范（图 4.3.1）。如对裁弯取直和硬化的河流、被围垦的湿地湖泊等最常见的自然系统受到破坏的景观，景观设计专业通过重建和恢复自然河流和湿地系统，开启和加速自然系统的再生能力，实现可持续景观。

2. 可持续的景观材料和工程技术

从构成景观的基本元素、材料、工程技术等方面来实现景观的可持续——包括材料和能源的减量、再利用和再生。

景观建造和管理过程中的所有材料最终都源自地球上的自然资源，这些资源分为可再生资源（如水、森林、动物等）和不可再生资源（如石油、煤等）。要实现人类生存环境的可持续，必须对不可再生资源加以保护和节约使用。但即使是可再生资源，其再生能力也是有限的，因此，对它们的使用也需要采用保本取息的方式，而不是杀鸡取卵的方式。景观建造和管理过程中所

图 4.3.1 中山岐江公园中被景观延续运用的舰船

使用的能源也是如此。

在所有关于物质和能量的可持续利用中，水资源的节约是景观设计当前所必须关注的关键问题之一，也是景观设计师最能发挥其独特作用的一个方面。面对中国城市普遍存在水资源短缺、洪涝灾害频繁、水污染严重、水生栖息地遭到严重破坏的现实，景观设计师可以通过对景观的设计，从减量、再用和再生三方面来缓解中国的水危机。具体内容包括通过大量使用乡土和耐旱植被，减少灌溉用水；通过将景观设计与雨洪管理相结合，来实现雨水的收集和再用，减少旱涝灾；通过利用生物和土壤的自净能力，减轻水体污染，恢复水生栖息地，恢复水系统的再生能力等。

中国巨大的人口压力和有限的土地资源，意味着土地资源的节约、再利用和再生将是中国实现可持续发展的关键战略，对此，景观设计学这门关于土地及土地上的物体的分析、规划设计、保护、恢复和管理的学科，有责任对中国的土地危机做出应对，并将土地的可持续利用作为学科的重要内容。从 1998 年到 2003 年，由于城市扩张，特别是大量的大学城、科技园和开发区的建设，使全国的耕地面积减少一亿多亩（667 亿平方米），粮食的播种面积减少二亿亩（1 334 亿平方米）。截至 2003 年 12 月的统计，全国已建和在建的大学城有 54 个，它们小则几平方公里，大则几十平方公里。土地的挥霍和粮食安全问题已成为国家的头等大事。我们看到多少崭新的校舍在原有的高产农田中拔地而起，鲜花和修剪整齐的草坪替代了稻作和麦苗，宽广的马路和光洁的广场铺装替代了田埂水渠。在这个有史以来最大规模和最快速的土地和人口的“非农化”过程中，我们不但抛弃了农民对土地的珍惜情节，甚至连士大夫对田园的审美意识也没有，有的只是暴发户式的挥霍和铺张。也只有在这个背景下来认识沈阳建筑大学校园的稻田景观，才具有真正的意义。在这个新校园里，设计者用东北稻作为景观素材，设计了一片校园稻田。在四时变化的稻田景观中，分布着一个个读书台，让稻香融入书声。用最普通、最经济而高产的材料，在一个当代校园里演绎了关于土地、人民、农耕文化的耕读故事，诠释了可持续景观的理念，也表明了设计师在面对诸如土地生态危机和粮食安全危机时所持的态度。

3. 可持续的景观使用与维护

从经济学和社会学意义上来说，景观的使用应该是可持续的；同时，通过景观的使用和体验，教育公众，倡导可持续的环境伦理，推动社会走一条可持续发展的道路。

可持续景观（Sustainable Landscape）是一种在其生命周期内资源节约、环境友好、与自然和谐共生并具有审美价值的地表生态系统。可持续景观设计（Sustainable Landscape Design）就是依据可持续发展的理念和原则，实施景观可持续设计并监理设计的实现；是关于景观可持续设计过程、方法和工具以及对可持续景观技术问题进行科学理性的分析并提出解决方案和解决途径的科学和艺术。

我国已经在景观领域内展开了可持续景观的使用与维护相关的学术探索。如对我国村落文化景观可持续性价值作用的学术探索。在我国存在着诸多丰富多彩、独具地方民族特色的村落文化景观。至今这些村落文化景观仍在社会经济文化方面发挥重要作用。然而目前这其中的许多都面临着城市化的冲击——事实上，这也是世界上许多国家村落文化景观面临的共同挑战。如何在现代化冲击下避免传统中断和特征丧失的危险，如何保护和可持续利用这些丰富的民族文化和地域文化遗产，使其持续性的发挥景观的社会文化作用，成为我们需要探索的方向。

三、可持续景观设计的原则与意义

1. 城市景观可持续发展原则的含义

可持续发展原则，就是以生态学的观点，对城市系统进行分析研究，以最小最少的资源消费来最大限度满足人类的要求，同时保持人与自然环境的和谐，保证城市的两个组成系统——以保护自然的演变过程的开放空间系统和城市发展系统的平衡。

联合国在《人与生物圈计划》第 57 集报告中指出“生态城市规划即要从自然生态和社会心理两方面去创造一种能充分融合技术和自然的人类活动的最优环境，诱发人的创造性和生产力，提供高水平的物质和生活方式。”

城市系统的规划与设计同样要以生态城市的结论作指导，从“自然的”和从生态为中心着手，用环境保护的最新成果去指导城市规划设计，达到可持续性发展的要求。

2. 景观可持续发展原则

（1）土地使用的高效性原则

土地为人类赖以生存的最有效的资源之一，尤其在我国人口众多、土地资源极度匮乏、城市化的迅速提高的背景下，土地的合理高效率利用，是我们应考虑的一个重要课题。对于城市景观而言，如何高效地利用土地呢？立体化是高效使用土地的最有效的手段。城市景观“立体化”思路包含以下六个方面的含义。

①在有限的用地上，尽可能多地提供活动场所，形成多层次活动平台的立体化景观环境。

②提高绿化用地效率，在同一块土地上，采用符合生态位的地被、灌木、乔木共生共荣的立体种植布局。

③解决好人、绿地争地的矛盾，采用绿地和人的活动空间立体交叉的布局。

④上下左右、四面八方的立体化视点观察，增加了景观环境视觉形象的可视率。

⑤从静态景观走向动态景观。

⑥不仅从传统的技术入手，更要引入现代的技术（如立交桥、轻轨、电动轨等），表现出一个多彩的立体空间。

（2）能源的高效性原则

随着我国城市化的迅速发展，我国的能源需求越来越大，能源缺口也越来越大。近年来，我国各大城市均提出了“亮光”工程，各公共区域夜间照明所消耗的电能巨大。在对能源的高效性的认识上，首先应不仅从节能上考虑，而应站在更高的保护环境的高度去认识，这样意义就更广泛、更深远。（因我国目前 70% 以上的发电量仍由燃煤获得，存在 SO_2、CO_2 及氮氧化合物等

有害气体的排放及燃煤尘埃的排放等一系列环境问题）

（3）植物配植的生态性原则

城市系统中，绿地系统完善与否对这个城市的环境品质起着至关重要的作用。完善的绿地系统，对改善城市小气候有着极其重要的作用，它能起到改善小区域温度、空气湿度、防风固沙、净化空气、提供氧气等一系列改善生态环境因素的作用。城市绿地系统作为城市外部人类重要的活动空间，规划设计不应仅从植物本身系统出发，还应从更广泛的角度出发，考虑到人对自然的亲近、依赖等要求，一方面满足人的生理需求，如适宜的温度、湿度、洁净的空气等需要，另一方面满足人对自然界的眷恋的心理需要。城市一方面要满足各功能要求，另一方面又要将自然系统潜力发挥到极致（图 4.3.2）。

目前，城市的植物配植中存在以下问题：过于强调绿化的园艺技术和工程技术，贪快求简，仅仅形成简单的所谓“乔、灌、草”结构，生态过程被忽视，植物中间竞争激烈，正常生长形态遭抑制，群落的多样性和稳定性受阻，病虫害猖獗，养护成本高，浪费人力、物力、财力。那么在城市设计中植物配植应达到什么样的效果呢？其应是一个满足人的心理和生理活动、满足自然植物的自我完善的循环系统，满足微生物、植物、鸟类及各种亲近人类动物的生态系统，满足对水土保护、空气净化、水净化等起最大限度的调整功能的系统。

给生物提供更多和谐有序而稳定的栖息地和更大的生存空间，建立复合层次的和优美季相色彩的植物群落，城市景观仅提供低度人工管理，景观资源可持续维持和发展，这些就是我们追求的目标。在这一原则指导下，城市中植物配植应考虑以下细则：

①城市各区绿色植物配植要与城市绿地系统相匹配，与城市及周边植物景观形成整体的动态稳定的绿地生态体系。

②模拟地带性群落的结构特征，遵守“生态位”原则，建立适宜的复层群落结构，利用不同物种生态位的分异，采用耐阴性的个体大小、叶型、根系深浅、养分需求和物候期等方面差异较大的植物，避免异种间直接竞争，形成互惠共生，以乔木为骨架的乔、灌、草的复合群落结构与功能相统一的良性生态系统。

③新品种的引进过程中，一定要选择与当地气候、土壤相适应的物种，为系统的稳定性提供依据。在与本土化植物互惠共生的前提下，形成生物的多样性。

④不仅从植物系统本身出发，还应考虑人类可亲近动物的生存和繁衍，如鸟类等。

⑤植物配植中，要满足人类对自然界其他要素如阳光、空气等的需求。

⑥植物在满足其“生态位”原则的基础上，还应从植物的景观、美感、寓意、韵律等方面考虑以期达到生态、科学、美学的高度和谐，与城市景观及形态、美学相融合。

（4）对自然群落的保护及利用原则

在城市景观设计的过程中常常遇到的一个重要问题，就是规划用地上有很好的自然群落或参天大树。

这些自然群落和参天大树，经过了时间的洗礼和漫长的生长过程，从而形成了其优美的景观效果。景观设计要在保护和利用的指导思想下进行，不要去破坏这些时间送给人类的礼物，白白浪费了自然的优美。

因此，在城市景观设计时，对遇到自然群落或参天大树，我们的指导思想就是：在保护和利用的基础上，从功能、美学等一系列角度出发，设计出能反映时间、历史影响的优美景观。

（5）水资源的有效利用和保护原则

生态环境是一个大系统，包括土地、水、空气、阳光、植物以及与之有关的生物链。水资源作为系统重要的组成部分，作为人类的起源及赖以生存的重要资源，若不能有效的利用和保护，将严重制约经济、社会的发展，危及人类的未来。我国作为一个人口众多，水资源极度贫乏的国家，在水资源的有效利用上却肆意浪费、污染和破坏性地开发水资源，加剧了水资源的紧张，并引发地面沉降，海水倒灌等一系列次生灾害。

我国目前城市景观中的用水，主要还是传统的人工地面灌水。园林工作者，开着灌水车，用消防高压水龙头，对园林植物等实行极其粗糙的浇灌，而且规划设计时，对地下水、地表水的储存均无系统的设计，致使浇灌水迅速从地表流失，严重地浪费了水资源。广场中其他各类观赏性用水，也常常是从市政自来水中直接取用，对水资源未能进行很好的等级划分及运用。

目前国内外关于城市水资源的利用及保护的方法主要为中水的利用、雨水的汇集系统的规划设计及节水灌溉系统的运用等。已有的景观水处理方法大致有生化技术、气浮技术、跌水曝气、过滤技术、动植物生态处理技术、人工湿地技术等等（图 4.3.3）。目前工程上常见的方法包括 :循环过滤法，跌水曝气法、气浮法和 HDP 直接净化法等。随着城市绿化覆盖率日益增加，在养护过程中对水资源的利用量越来越大，随着世界各地人们对水资源利用及保护的重视，经过长时间研究和分析，我们在城市设计时应体现对水循环利用的尊重，实现水资源的可持续保护。

景观设计学作为生存艺术的定位和协调人地关系领导学科的定位，使其有责任和义务通过可持续景观的设计，通向地球环境的可持续和人类发展的可持续。

图 4.3.2 纽约高线公园中的原生态植物

图 4.3.3 湿地的水体净化植物设计

第五章　景观设计基本内容

第一节　景观中的地形设计

一、地形概要

地形是所有室外活动的基础，在设计的运用中既是一个美学要素，又是一个实用要素。地形就是地表的表现，如山谷、高山、丘陵、草原以及平原，称为大地形；地形含土丘、台地、斜坡、平地，或因台阶和坡道所引起的水平面变化的地形，称为小地形；起伏最小的称为微地形，总之，地形是外部环境的地表因素。

图 5.1.1 结合地形的环境设计

地形直接联系着众多的环境因素和环境外貌，所以地形能影响某一区域的美学特征，影响空间的构成和空间感受，也影响景观、排水、小气候、土地的使用，以及影响特定园址中的功能作用。地形还对景观中其他自然设计要素的作用和重要性起支配作用。所以所有设计要素和外加在景观中的其他要素都在某种程度上依赖地形，并相互联系。

地形是室外环境中的基础成分，它是连接景观中所有因素和空间的主线。在平坦的地方，地形的作用是统一和协调；在崎岖的地方，它的作用则是分割。

地形对室外环境还有其他显著的影响，地形被认为是构成景观任何部分的基本结构因素。地形能系统地制定出环境的总顺序和形态。因此，在设计过程中的基址分析阶段，正确评估某一已知园址时，最明确的做法是首先对地形进行分析研究，尤其是该地形既不平坦，又不均匀时，基址地形的分析，能知道设计师掌握其结构和方位。同时也暗示风景园林师对各不同的用地、空间以及其他因素与园址地形的内在结构保持一致（图 5.1.1）。

地形还可以作为其他设计因素布局和使用功能布局的基础或场所，它是室外空间和用地的基础，所以设计程序的首要任务是绘制基础图，然后设计师根据原地形图画出用地的功能分区图，这一步很重要，因为它的布局会影响室外环境的序列、比例尺度、主题特征以及环境质量。

风景园林师独特而显著的特点之一，就是具有灵敏地利用和熟练地使用地形的能力。此外，风景园林业还意味着公众为了更好使用和享受而改变和管理地球的表面。

二、地形的影响作用

地形在景观设计中具有以下影响及作用：

美学特征：地形对任何规模景观的韵律和美学特征有着直接的影响。

地形空间感：地形同样能影响人们对户外环境的范围和气氛的感受。

用地形控制视线：与空间限制紧密相关的是视野限制。

利用地形排水：从排水的角度来考虑，种植灌木的斜坡为防止水土流失，必须保持 10 % 的最大坡度，而草坪地区为避免出现积水，就需有不小于 1 % 的坡度。此外，调节地表排水和引导水流方向，乃是园址地形设计的重要而又不可分割的部分。

利用地形创造小气候条件：地形能影响光照、风向以及降雨量。

地形的使用功能：实际经验表明，坡度越平缓（尽管不小于 1 %），土地的开发使用越灵活，越可行。相对而言，坡度越大，对现实可行的土地利用的限制就越多。

三、地形的表现方式

常用来描绘和计算地形的一些方法包括等高线、明暗度和色彩、蓑线、数字表示法、三度模型以及计算机图解法等。

四、地形的类型

1. 平坦地形

指在视觉上与水平面相平行的土地基面，如景观中的平坦草地、集散与交通广场、理想的建筑基地等（图 5.1.2）。

2. 凸地形

图 5.1.2 美国滨水平坦地形的景观设计

以环形同心的等高线布置环绕所在地面的制高点。表现形式有土丘、丘陵、山峦以及小山峰。它是一种正向实体，也是负向的空间，被填充的空间。它是一种具有动态感和进行感的地形，最具抗拒重力而代表权力和力量的因素。

3. 山脊地形

总体呈线状，可限定户外空间边缘，调节其坡上和周围环境中的小气候，也能提供一个具有外倾于周围景观的制高点。所有脊地终点景观的视野效果最佳。它的独特之处在于它的导向性和动势感，能摄取视线并沿其长度引导视线的能力。山脊是大小道路，以及其他涉及流动要素的理想场所，它还具有外向的视野和易于排水的优点。不规则的和多方向的布局与山脊地形毫不相适。脊地还可以充当分隔物。

4. 凹地形

又称为碗状洼地，它并非是一片实地，而是不折不扣的空间。它的形成有两种：当地面某一区域的泥土被挖掘时；当两片凸地形并排在一起时。它的空间制约取决于周围坡度的陡峭和高度，以及空间的宽度。它是一个具有内向型和不受外界干扰的空间，给人一种分割感、封闭感和私密感。

5. 谷地地形

包含脊地和凹地形的双重特点，地貌特征较丰富。

五、地形设计的原则

1. 功能优先，造景并重

景观地形的塑造要符合各功能设施的需要。建筑用地，多需平地地形；水体用地，要调整好水底标高、水面标高和岸边标高；园路用地，则依山随势，灵活掌握，控制好最大纵坡、最小排水坡度等关键的地形要素。

2. 利用为主，改造为辅

尽量利用原有的自然地形、地貌；尽量不动原有地形与现状植被。需要的话进行局部的、小范围的地形改造。

3. 因地制宜，顺应自然

地形塑造应因地制宜，就低挖池就高堆山。园林建筑、道路等要顺应地形布置，少动土方。

4. 填挖结合，土方平衡

在地形改造中，使挖方工程量和填方工程量基本相等，即达到土方平衡。

六、地形设计基本要求

1. 地形设计应以总体设计所确定的各控制点的高程为依据。

2. 土方调配设计应提出利用原表层栽植土的措施，是为了保护拟建公园地界中的土壤，包括自然形成或农田耕作层中的土壤。各专项设计都可能造成对表土的破坏，因为地形设计是对公园地表的全面处理，所以在本章内提出对地表土保护的规定。充分利用原表层土壤、对公园植物景观的快速形成和园林植物的后期养护都极为有利。

3. 栽植地段的栽植土层厚度应符合相关规定。如地形设计遇地下岩层、公园地下构筑物以及其他非土壤物质时，须考虑栽植土层的厚度，为植物的生长创造最基本的条件。

4. 人力剪草机修剪的草坪坡度不应大于25 %。使用机械进行修建的草坪，在地形设计时应考虑坡度限制。坡度小于25 %，可以适应利用人力推行的各类剪草机械。

5. 大高差或大面积填方地段的设计标高，应计入当地土壤的自然沉降系数。设计时要考虑当地土壤的自然沉降系数，以避免土壤沉降后达不到预定要求的标高。

6. 改造的地形坡度超过土壤的自然安息角时，应采取护坡、固土或防冲刷的工程措施。如果堆土超过土壤的自然安息角将出现自然滑坡。不同土壤有不同的自然安息角。护坡的措施有砌挡土墙、种地被植物及堆叠自然山石等。

7. 在无法利用自然排水的低洼地段，应设计地下排水管沟。

8. 对原有管线的覆土不能加高过多，否则造成探井加深，给检修和翻修带来更大困难。 过多降低原管线的覆土标高，会造成地面压力将管线破坏，在寒冷地区容易将自来水管和污水管冻坏。地形改造后的原有各种管线的覆土深度，应符合有关标准的规定。

第二节 景观中的道路设计

景观是组织和引导游人观赏景物的驻足空间，与建筑、水体、山石、植物等造园要素一起组成丰富多彩的园林景观。而道路又是景观的脉络，它的规划布局及走向必须满足该区域使用功能的要求，同时也要与四周环境相协调。道路是景观的组成部分，起着组织空间、引导游览、交通联系并提供散步休息场所的作用。它像脉络一样，把景观的各个景区景点联成整体。所以，它除了具有与人行道路相同的交通功能外，还有许多特有的功能和性质，了解这些功能和性质，有助于更好的设计。

一、景观道路的作用

1. 划分景观空间

图 5.2.1 园路的景观视觉效果

图 5.2.2 波士顿城市景观道路与元素的结合

图 5.2.3 美国公共景观中的游息小路

景观道路规划决定了景观的整体布局。各景区、景点看似零散，实以园路为纽带，通过有意识的布局，有层次、有节奏地展开，使游人充分感受景观艺术之美。中国传统园林“道莫便于捷，而妙于迂”、“路径盘蹊”、“曲径通幽”等都道出了景观道路在有限的空间内忌直求曲，以曲为妙，目的在于增加园林的空间层次，使一幅幅画景不断地展现在游人面前（图 5.2.1）。

2. 引导游览

景观无论规模大小，都划分几个景区、设置若干景点，布置许多景物，而后用园路把它们联结起来，构成一座布局严谨、景象鲜明、富有节奏和韵律的景观空间。所以，道路的曲折是经过精心设计，合理安排的。使得便布全园的道路网按设计意图、路线和角度把游人引导输送到各景区景点的最佳观赏位置，并利用花、树、山、石等造景素材来诱导、暗示，促使人们不断去发现和欣赏令人赞叹的园林景观。

3. 丰富景观效果

景观中的道路是园林风景的组成部分。蜿蜒起伏的曲线，丰富的寓意，精美的图案，都给人以美的享受。而且与四周的山水、建筑及植物等景观紧密结合，形成“因景设路”、“因路得景”的效果，从而贯穿所有园内的景物（图 5.2.2）。

二、景观道路的类型

在园林绿地规划中，按其性质功能将景观中的道路分为：

1. 主要园路

联系全园，是园林内大量游人所要行进的路线，必要时可通行少量管理用车，道路两旁应充分绿化，宽度 4—6 米。

2. 次要园路

是主要园路的辅助道路，沟通各景点、建筑，宽度 2—4 米。

3. 游息小路

主要供散步休息，引导游人更深入地到达景观的各个角落（图 5.2.3），双人行走 1.2—1.5 米，单人行走 0.6—1 米，如山上、水边、疏林中，多曲折自由布置。

4. 异型路

根据游赏功能的要求，还有很多异型的路，如步石、汀步、休息岛、踏级、磴道等。

三、景观道路的结构

景观道路结构设计形式多种，典型的园路结构分为：

（1）面层。路面最上的一层。它直接承受人流、车辆的荷载和风、雨、寒、暑等气候作用的影响。因此要求坚固、平稳、耐磨，有一定的粗糙度，少灰土，便于清扫。

（2）结合层。采用块料铺筑面层时在面层和基层之间的一层，用于结合、找平、排水。

（3）基层。在路基之上。它一方面承受由面层传下来的荷载，一方面把荷载传给路基。因此要有一定的强度，一般用碎（砾）石、灰土或各种矿物废渣等筑成。

（4）路基。路基是路面的基础。它为园路提供一个平整的基面，承受路面传下来的荷载，并保证路面有足够的强度和稳定性。如果土基的稳定性不良，应采取措施，以保证路面的使用寿命。此外，要根据需要，做好道牙、雨水井、明沟、台阶、种植池等附属工程的设计工作。

四、景观道路的功能与特点

1. 组织空间，引导游览

在景观中常常是利用地形、建筑、植物或道路把全园分隔成各种不同功能的景区，同时又通过道路，把各个景区联系成一个整体。这其中浏览顺序的安排，对景观来讲是十分重要的。它能将设计者的造景序列传达给游客，游人所获得的是连续印象所带来的综合效果。景观中的道路正是能担负起组织景观的观赏程序，给游客展示园林风景画面的作用。它能通过自己的布局和路面铺砌的图案，引导游客按照设计者的意图、路线和角度来游赏景物。从这个意义上来讲，园路是游客的导游。

2. 组织交通

景观中的道路对游客的集散、疏导，满足园林绿化、建筑维修、养护、管理等工作的运输工作，对安全、防火、职工电话、公共餐厅、小卖部等园务工作的运输任务。对于小面积的景观，这些任务可以综合考虑；对于大型公园，由于园务工作交通量大且复杂，应设置专门的路线和入口。

3. 构成园景

道路优美的曲线，丰富多彩的路面铺装，可与周围山、水、建筑花草、树木、石景等景物紧密结合，不仅是“因景设路”，而且是“因路成景”，所以园路可行可游，行游统一。

除以之外，园路还可为水电工程打下基础和改善小气候的环境。

五、景观道路的布局设计原则

1. 因地制宜的原则

景观园路的布局设计，除了依据园林建设的规划形式外，还必须结合地形地貌设计，一般园路宜曲不宜直，贵在合乎自然，追求自然野趣，依山随势，回环曲折；要自然流畅，犹若流水，随势就形（图 5.2.4）。

2. 满足实用功能，体现以人为本的原则

在景观中，园路的设计也必须遵循供人行走为先的原则。也就是说设计修筑的园路必须满足导游和组织交通的作用，要

图 5.2.4 美国景观中结合地形设计的园路

考虑到人总喜欢走洁净的习惯，所以园路设计必须首先考虑为人服务、满足人的需求。否则就会导致修筑的园路少人走，而园路的绿地却被踩出了园路。

3. 园路的环绕性原则

园林工程建设的道路应形成一个环状道路网络，四通八达；道路设计要做到有的放矢，因景设路，因游设路，不能漫无目的，更不能使游人正在游兴时"此路不通"，这是园路设计最忌讳的。

4. 综合景观造景进行布局设计的原则

因路通景。同时也要使路和其他造景要素很好的结合，使整个景观更加和谐，并创造出一定的意境来。比如，为了适宜青少年好猎奇的心理，宜在景观中设计羊肠捷径，在水面上可设计汀步；为了适宜中老年游览，坡度超过 12° 就要设计台阶，且每隔不定的距离设计一处平台以利休息；为了达到曲径通幽，可以在曲路的曲处设计假山、置石及树丛，形成和谐的景观。

六、景观道路设计的相关内容

1. 景观道路设计应主次分明

景观道路要主次分明，要从园林的使用功能出发，根据地形、地貌、风景点的分布和园内活动的需要综合考虑，统一规划。园林道路须因地制宜，主次分明，有明确的方向性。因此，园林中一般应考虑：

（1）主路。主路要能贯穿园内的各个景区、主要风景点和活动设施，形成全园的骨架和回环，因此主路最宽，一般为 4 至 6 米。结构上必须能适应管理车辆承载的要求。路面结构一般采用沥青混凝土、黑色碎石加沥青砂封面、水泥混凝土铺筑或预制混凝土块等。主路图案的拼装全园应尽量统一、协调。

（2）支路。园中支路是各个分景区内部的骨架，联系着各个景点，对主路起辅助作用并与附近的景区相联系，路宽依公园游人容量、流量、功能及活动内容等因素而定。一般而言，单人行的园路宽度为 0.8 至 1.0 米，双人行为 1.2 至 1.8 米，三人行为 1.8 至 2.2 米。次路自然曲度大于主路，以优美舒展富于弹性的曲线构成有层次的景观。

（3）小径。园林中的小径是园路系统的末梢，是联系园景的捷径，最能体现艺术性的部分。它以优美婉转的曲线构图成景，与周围的景物相互渗透、吻合，极尽自然变化之妙。小径宽度一般为 0.8 至 1.0 米，甚至更窄。材料多选用简洁、粗犷、质朴的自然石材（片岩、条石、卵石等）。

2. 景观道路的多样性

（1）道路形式的多样性

道路的形式是可以多种多样的，在人流集聚的地方或在庭院内，路可以转化为场地；在林地或草坪中，路可以转化为步石或休息岛；碰到建筑，路可以转化为“廊”；遇山地，路可以转化为盘山道、蹬道、石级、岩洞；遇水，路可以转化为桥、堤、汀步等。路又可以它丰富的体态和情趣来装点景观，使景观又因路而引人入胜。

（2）路面的铺装的多样性

不同的铺装材料及样式可以产生不同的景观效果和审美情感，我国古典园林中铺地常用的材料有：石块、方砖、卵石、石板及砖石碎片等。传统的路面铺地受材料的限制大多为灰色并进行各种纹样设计，如用荷花象征“出污泥而不染”的高尚品德；用兰花象征素雅清幽，品格高尚等。

在现代景观的建设中，除继续了古代铺地设计中讲究韵律美的传统，还以简洁、明朗、大方的格调，增添了现代景观的时代感，与此同时各种各样的铺装及形式应运而生，例如用不规则的花岗岩石、青石板等精心错开铺设成不规则的平板路。在铺砌过程中尽量避免连成直线或相互平行，两块石板之间缝隙愈小愈好，所成的纹理以三角形居多，四边形其次，五边形最少；用树皮和木材破碎后作覆盖材料铺成木片小径，木片纵横交错，纹理清楚，具有自然野趣；用光面混凝土砖与深色水刷石或细密条纹砖相间铺地，用圆形水刷石与卵石拼砌铺地等等（图 5.2.5）。

目前较为流行的是预制块铺路。原因是工厂化成本较低、颜色品种多，且可以重复使用。外形有方、长方、六角、弧形等。变化很多，可拼成各种各样的图案。另外，现代园林中彩色路面的应用，也已逐渐为人们所重视，使路面铺地的材料有较多的选择性并富于灵活性。它能把“情绪”赋予风景。一般认为暖色调表现热烈兴奋的情绪，冷色调较为幽雅、明快。明朗的色调给人清新愉快之感，灰暗的色调则表现为沉稳宁静。因此在铺地设计中要有意识地利用色彩变化，这样可以丰富和加强空间的气氛。较常采用的彩色路面有：红砖路、青砖路、彩色卵石路、水泥调色路、彩色石米路等。随着新兴材料的增多，园林道路的铺装将是五彩斑斓。

（3）景观道路的坡度设计

坡度设计要求先保证路基稳定的情况下，尽量利用原有地形以减少土方量。但坡度受路面材料、路面的横坡和纵坡只能在一定范围内变化等因素的限制，一般水泥路最大纵坡为 7 %，沥青路 6 %，砖路 8 %。游步道坡度超过 20 % 时为了便于行走，可设台阶。台阶不宜连续使用过多，如地形允许，经过一二十级设一平台，使游人有喘息、观赏的机会。园路的设计除考虑以上原则外，还要

图 5.2.5 材质的对比与结合

注重交叉路口的相连避免冲突，出入口的艺术处理与四面环境的协调，地表的排水对花草树木的生长影响等等。

第三节　景观中的种植设计

设计是面向大众的，不同的人有不同的审美标准。依不同的对象有不同的设计要求，因不同的环境构造不同的景观，我们完全可以造出各种风格、各种类型的植物景观，可以避免现实中千篇一律的现象，让人感觉到每个地方都有新鲜感，每个城市都是个性，真正体会自然的魅力。有个性的美，才会不断地给人新鲜感，新鲜的东西多了，生活内容就变得丰富、精彩起来，这是植物景观在美学艺术上最应该体现出来的。

一、景观种植设计的原则

植物景观是科学与艺术的一种组合，遵循生态与美学的原则。植物景观到底如何运用？在与周围环境相适宜、相协调的基础上，在社会环境、经济资本保障下，能满足城市绿地各种功能和人们审美需求，这样的植物景观在现实中就很不错了。能够表达一定的艺术空间或一定的意境，体现人文景观的，更是经典。当然，最美的景由大自然创造，既适应生态又不需任何的资金投入，并且渗透着自然的意境自然的美。我们完全可以将这样的景进行人工修饰，引导其为人服务，表达出某种人文元素，让人融情于景。植物景观体现原生态的自然美，归根结底，我们做的就是要体现自然的美，让大自然为我们服务，这是以人为本的艺术理念。植物在景观、空间的艺术表现中永远都是重要角色。

在历史的积淀中，几乎每种植物都寄寓着不同的情感或有着特定的象征意义。松柏的苍劲挺拔、抗旱耐寒、终年常绿的生物学特性比拟人坚贞不屈的意志，荷“出淤泥而不染，濯清涟而不妖”、“中通外直、不蔓不枝”的气质，成了文人墨客歌咏绘画的题材。梅花更有诸多精神属性美，“傲霜雪而开，与松竹为友”是古代节操高洁之士的形象，人们常以梅为友，“娶梅为妻”。菊花为“花中隐士”，与兰花、梅花和竹统称为“四君子”，这些都是寄情于物的代表。此外还有玉兰、海棠、牡丹、桂花组合表示“玉堂富贵”；桃花代表交好运；柳枝依依，表示惜别；石榴表示多子多孙；桃李喻学生；木棉比作英雄；红豆成为相思之物。可见植物异常丰富的文化。

1. 景观种植设计的科学性原则

设计植物景观，首先要有科学性，即遵循自然生态规律，运用生态原理进行设计，这是进行一切植物景观设计的基础。

（1）遵循生态规律

统一性是内部规律，但外在表现要丰富多样。所以，只有遵循大自然的生存法则，才能展现出一个精彩纷呈、千变万化的世界，这是一个运转有序的有机整体。同样，在植物景观设计的时候，依据生态科学要求，遵循自然生态规律，才能有美的存在，才能做到百花齐放，又各具特色。植物是一种生命体，在自然中要拥有生存的特定条件，有其适宜的生理、生物学条件、生态环境，时刻考虑植物的生态习性，才能构成景观，美化环境。

（2）展现植物生态景观的多样性

纵观地球上几乎每个角落都有植物生长，不同的地域有不同的生态环境，不同的生态环境又都生长着各自特有的植物种类。环境决定植物生存，千差万别的环境造就了丰富多彩的植物景观，这就是原生态自然的魅力所在。这无疑也在向我们表明，设计要符合环境的要求，因地制宜，不同地域间不能相互模仿。

（3）建设植物群落景观

依不同的景观设计要求，构景的植物可以是一个、一种或一群。单个或单种植物造景，人们容易掌握与控制其生活的环境，而现实环境中更多的是多种植物构成的群落景观，设计必须遵循自然植物群落的发展规律。自然界中的植物群落，是大自然长期精选出来的结果，内容独特、景观多样，我们必须从天然景观中汲取一些东西，使设计出来的植物景观与生态更相适应。若能真正使其融入自然，美化人们生活，定会大大减少投入建设和维护的成本，同时达到经济目的（图 5.3.1）。植物景观用乔、灌、藤、草本、地被植物为题材来创作，植物种类越多，群落结构越复杂，适应环境越强，在景观设计中的作用及改善整个景观环境的效果就更明显。

总之，植物群落景观在设计上离不开科学的理论基础，植物群落外貌和季相变化、层次结构、植物物种间关系选择等，都体现出生态对植物形成景观的根本要求（图 5.3.2，图 5.3.3）。适应自然生态大环境是第一步，然后才能去改善人们生活中的小环境，真正做到让自然之景为人类服务，这就是人与自然和谐共生的生态理念。

2. 景观种植设计的艺术性原则

植物景观在适应自然生态基础上，还要有美学的艺术性，这在设计运用上涉及的领域更广泛。体现美观是植物在设计运用中的主要内容。

植物景观设计体现“以人为本”的艺术美。景观设计的目的就是让人们有更好的生活环境，服务于人。对客观环境进行设计、“修饰”，让其变得美，符合人的视觉审美观，达到人们心理和感官享受的标准。这就要求植物景观在设计运用上必须以人为本，体现出艺术上的美学。

在对景观资源进行合理配置时，要综合考虑人对景观的审美心理感受、主观行为倾向、环境意境的认知，当然还有空间环境的设计符合人体工程学。让植物塑造景观，让景观勾起人们的某种感情，创造意境。作为对景观美学表现途径的补充，心理学反映的是“美的效果”，对景观作最终的评价。植物景观在现实中运用的好不好，人们的心理感官往往起着决定的作用。植物在空间上的组合设计，主要依据了格式塔心理学的理论，提出了形式与美感的运用，为植物景观在美的形式表现上提供了丰富的内容。

客观上对环境的优化同样离不了美的艺术，用乔、灌、藤、草本及水生等植物材料进行科学与艺术的组合，发挥植物本身的形态、色彩等自然美。各种植物间相互配置，要注意种类的选择、组合形式、在平面和立面上的构图、植物色彩搭配、季相变化及意境的创造等，要展现植物景观在空间上的形式美、群落美（图 5.3.4）。此外，植物更要与其他景观元素巧妙组合，展现真正的自然景观。这些景观的塑造，都是以给人一个美的生活环境享受为目的的。在空间表现上，植物景观构造的空间尺度不同，给人的心理感受也不同：在大草原上人们会产生奔放豪迈的激情，在浓密的雨林里人们就有去探求、去悉心发现的欲望；植物景观还能给人丰富的时空感受，人们在季相更迭中欣赏春花、夏绿、秋叶、冬姿，感受植物年复一年的生命周期，从中体会到的

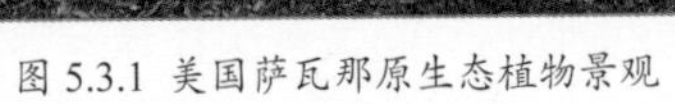

图 5.3.1 美国萨瓦那原生态植物景观

图 5.3.2 美国纽约高线公园的生态植物运用

图 5.3.3 美国纽约高线公园的生态植物运用

也不仅仅是“花开花落”所能表达的简单寓意(图 5.3.5)。

人主观上的审美心理和客观环境的艺术美是分不开的,主客观充分结合,缺一不可,这样设计出来的植物景观才完善,才有美可欣赏。

3. 景观种植设计的空间性原则

(1)植物景观空间中“可变”与“可意象”的统一

尤纳 · 佛莱德曼(Yona Friedman)在 1956 年现代建筑大会提出“可变”概念 :城市存在的真实原因是满足人们日益频繁的休闲活动,建筑师必须允许一定的自我建造,并使这种建造尽可能的可变 。正如纽约中央公园一样,奥姆斯特德将植物空间简单地分为两类 :“友好的”和“群体的”,而这种“可变”的植物空间能在任何时期适用于人们的多种用途。“可意象”是指“从整体与局部的关系出发,对这种潜藏认知结构的一种量化的描述”。分析显示,秩序规整的平面,其几何形式虽清晰可辨,但可理解度可能较低,如果没有地图指引,人们在其中很容易迷路 ;而某些古镇的迷宫式变形网格平面却具有较高的可理解度,其中集成度高的地方往往与更多的街巷相连,即使陌生人也只需稍加走动,便能来到集成度较高、人们活动较集中的少数空间中,因而不会迷路。因此空间中“可变”与“可意象”相统一的关键之处在于 :如何在设计之初建立一个完备的结构体系。

(2)植物空间的三个组成部分

①水平层面

水平层面界定区域的边界,包括不同种类、高度、色彩和质地的地被植物和低矮灌木,它们暗示着空间的地平面边界。勒 · 诺特式园林的道路两侧一般列植树木,如榆树、椴树、七叶树、悬铃木等巴黎地区乡土树种。经过修剪的乔木林界定、强化轴线空间,宏伟的林荫道将视线引向远端,形成一条条视觉轴线,中部多为绿毯,作为延长透视线的一种手段。中心区的一点透视构图使得园林的画面感强烈,均衡、宏大而稳定。追求广袤无际,而又不乏细节,不密集而且毫不堆砌,庄重典雅、简洁明快。法国古典园林利用两侧密实的树墙来强化中部宏伟的轴线,将视线引向远方的灭点。由此可知,若要营造“稳定”、“牢固”、“永恒”或“广袤”的空间,可以采取多种手段,譬如利用密实的树墙、绿篱等屏蔽周边的景物,将视线集中于一点 ;采用单一的种植形式或种植单一品种的植物,从而弱化人们对于周边景物的关注 ;植物种植位置距离游览路线较远,从而降低游人和植物之间的相对移动速率,产生“广袤”之感 ;利用集中种植的树丛或灌丛,减慢游人与它们之间的相对移动速率 ;除此之外,色彩、质感等也可以产生微量的影响。

图 5.3.4 植物景观形式与园路的配合设计

图 5.3.5 具有吉祥寓意的植物果实

②垂直层面

垂直层面分为“结构构件”和“可变构件”两类。“结构构件”类似于建筑物的框架结构,它们支撑着整个空间,为空间氛

图 5.3.6 植物中隐藏的均衡感

围定性，使得空间“可意象”，提高其“可理解度”。“可变构件”相当于室内的家具或围隔结构，为空间提供更为适宜的功能，需结合园林中其他造园要素，单就植物而言，可以采用耐修剪的绿篱、垂直绿化等。隔离树丛的树种，常选用分枝点低的常绿乔木，或枝叶发达、浓密，枝条开展度小的灌木类。丹·凯利(Dan Kiley)将米勒庄园分为花园、草地和树林三部分，它们之间的衔接一气呵成，关系清晰而准确———翠绿的常春藤搭在挑檐之上，迷离的花影打碎了建筑的边界；花园西边界的皂荚树林荫道不但挡住了西晒，将斑驳的树影洒进房间，而且成为了花园和草地之间一道透明的屏障。顺着花园南侧的小台阶走到草地旁边的树丛中，虽然草地呈现出被树林围合的长方形，但因为一直走在树影中，所以会觉得草地和树林是连为一体的，并不像凡尔赛大草坪那样由整形的树丛加以勾边从而突出“控制”的力度。站在树林回望住宅，会发现住宅恰似轻放在绿丝绒上的白色宝石，略显人工气息的绿篱、道路因透视而消失。在这里，植物所塑造的空间平静而宁和，在这种“隐藏的均衡”之中我们得以全身心放松，投入诗意的世界(图 5.3.6)。

③顶层面

植物同样能限制、改变一个空间的顶平面。植物的枝叶犹如室外空间的天花板，并影响着垂直面上的尺度，当树木树冠相互覆盖、遮蔽阳光时，其顶平面的封闭感最为强烈。

二、植物配置的艺术手法

在景观空间中，无论是以植物为主景，或植物与其他园林要素共同构成主景，在植物种类的选择、数量的确定、位置的安排和方式的采取上都应强调主体，做到主次分明，以表现园林空间景观的特色和风格。

对比和衬托利用植物不同的形态特征，运用高低、姿态、叶形叶色、花形花色的对比手法，表现一定的艺术构思，衬托出美的植物景观(图 5.3.7)。在树丛组合时，要注意相互间的协调，不宜将形态姿色差异很大的树种组合在一起。运用水平与垂直对比法、体形大小对比法和色彩与明暗对比法这三种方法。

动势和均衡各种植物姿态不同，有的比较规整，如杜英；有的有一种动势，如松树。配置时，要讲求植物相互之间或植物与环境中其他要素之间的和谐协调；同时还要考虑植物在不同的生长阶段和季节的变化，不要因此产生不平衡的状况。

起伏和韵律有两种，一种是“严格韵律”；另一种是“自由韵律”。道路两旁和狭长形地带的植物配置最容易体现出韵律感，要注意纵向的立体轮廓线和空间变换，做到高低搭配，有起有伏，产生节奏韵律，避免布局呆板。

层次和背景为克服景观的单调，宜以乔木、灌木、花卉、地被植物进行多层的配置。不同花色花期的植物相间分层配置，可以使植物景观丰富多彩。背景树一般宜高于前景树，栽植密度宜大，最好形成绿色屏障，色调加深，或与前景有较大的色调和色度上的差异，以加强衬托。

三、植物配置的主要方式

景观植物的配置包括两个方面：一方面是各种植物相互之间的配置，考虑植物种类的选择，树丛的组合，平面的构图、色彩、季相以及园林意境；另一方面是园林植物与其他园林要素相互之间的配置。植物在景观配置方式上主要有规则与不规则两大类。

图 5.3.7 植物搭配中对比手法的运用

1. 不规则植物配置方式

不规则植物配置方式是自然式的树木配置方法，多选树形或树体部分美观或奇特的品种，以不规则的株行距配置成各种形式。不规则植物配置主要有以下几种方式：

（1）孤植：单株树孤立种植，孤植树在园林中，一是作为园林中独立的庇荫树，也作观赏用。二是单纯为了构图艺术上需要。主要显示树木的个体美，常作为园林空间的主景。常用于大片草坪上、花坛中心、小庭院的一角与山石相互成景之处（图 5.3.8）。

（2）丛植：一个树丛由三五株同种或异种树木至八九株树木不等距离的种植在一起成一整体，是园林中普遍应用的方式，可用作主景或配景或用作背景或隔离措施（图 5.3.9）。配置宜自然，符合艺术构图规律，务求既能表现植物的群体美，也能表现树种的个体美。

（3）群植：一两种乔木为主体，与数种乔木和灌木搭配，组成较大面积的树木群体。树木的数量较多，以表现群体为主，具有“成林”的视觉效果（图 5.3.10）。

（4）带植：林带组合原则与树群一样，以带状形式栽种数量很多的各种乔木、灌木，多应用于街道、公路的两旁。如用作园林景物的背景或隔离措施，一般宜密植，形成树屏。

2. 规则式配植则包含以下几种主要形式

（1）行植：在规则式道路、广场上或围墙边沿，呈单行或多行的，株距与行距相等的种植方法，叫做行植（图 5.3.11）。

（2）正方形栽植：按方格网在交叉点种植树木，株行距相等。

（3）三角形种植：株行距按等边或等腰三角形排列。

图 5.3.8 纽约中央公园中的孤植树

（4）长方形栽植：正方形栽植的一种变型，其特点为行距大于株距。

（5）环植：按一定株距把树木栽为圆环的一种方式，可有 1 个圆环、半个圆环或多重圆环（图 5.3.12）。

（6）带状种植：用多行树木种植或带状，构成防护林带。一般采用大乔木与中、小乔木和灌木作带状配置。

四、景观设计中植物的应用

1. 综合利用各类景观植物

景观植物品种的选择要在统一的基础上力求丰富多样。在城市景观设计中，要遵循生态学的原理，建立多层次、多结构、

图 5.3.9 景观中常用的丛植法

图 5.3.10 混搭的植物配置手法

图 5.3.11 南京城市道路中的行植

图 5.3.12 美国城市景观中的环植

多功能的植物群落，应以乔木为主，乔木、灌木、藤本、草本园林植物等的综合应用。城市景观中的乔木配置，要根据树形高低、树冠大小和形状、落叶或常绿，做到主次分明，疏落有致。应用乔木、灌木、藤本、草本植物模拟自然植物群，做到乔木与灌木，常绿与落叶，乔灌木与地被、草皮相结合，适当点缀些草花，构成多层次的复合结构，组成有层次、有结构的人工植物群落。总的原则是既满足生态效益的要求，又能达到观赏的景观效果。

2. 结合景观设计地形特点合理选用植物

景观植物空间设计要依据地形起伏状况和空间大小等方面的条件和艺术要求，合理配置。园林植物空间的轮廓线要有高有低，有平有直，与地形的起伏变化相结合。等高的轮廓线，雄伟浑厚，但平直单调；不等高轮廓线丰富自然，但切忌杂乱无章，特别在地形起伏不大的园林中，更要注意。立体轮廓线可以重复，但要有韵律。

3. 应用植物的季相变化合理配置植物

不同的植物有不同的季相变化。城市景观要有四季变化的自然景观。在城市景观设计时可根据植物的生长习性进行选择，如早春开花的有迎春、碧桃、玉兰、丁香等；初夏开花的木槿、紫薇和多种草花等；秋天观叶的枫香、红枫、银杏等；冬季翠绿的松、柏、竹等。值得注意的是，不同地区由于气候条件不同，植物的季相变化时间会有差异。因此，在园林植物季相搭配时要根据所处的地理位置选择不同的植物品种进行搭配。

4. 园林植物与其他景观要素的组合

植物不仅具有独立的景观表象，还是园林中的建筑、山水、道路、雕塑及喷泉等园林景观小品构景的重要组合材料。

（1）景观植物与景观建筑的组合

景观建筑属于城市景观中经过人工艺术加工的硬质景观，是景观功能和实用功能的结合体；而植物是有生命的活体，具有大自然的美，是城市景观构景中的主体。景观植物不仅能使建筑产生季相变化，还可衬托和丰富建筑的庭园景色。根据景观建筑的主题、意境、特色等进行园林植物配置，能使植物对景观建筑主题起到突出和强调的作用。植物配置能软化景观建筑单调、平直、生硬的硬质线条，打破建筑的生硬感，丰富景观建筑物构图，使景观建筑物景色丰富多变（图 5.3.13）。

当然，不同风格的景观建筑应选用不同的园林植物配置。比如，寺院、陵园建筑配置的园林植物要能体现其庄严肃穆的场景，多用松、柏等植物，且多列植和对植于建筑前或孤置于院内；亭的园林植物配置应和其造型和功能取得协调和统一。从亭的结构、造型、主题上考虑，植物选择应和其取得一致；茶室周围园林植物配置应选择色彩较浓艳的桂花等花灌木；水榭前植物配置多选择耐水湿的水杉、池杉、垂柳等。

（2）景观林植物与山石水体的组合

山石水体虽然是自然式景观的骨架，但也要有植物的装点陪衬。在城市景观中，植物材料对假山石的重要性，像一幅山水画的构图一样，不能忽视。裸露的假山石没有生机和季相变化，如点缀一些苔藓、小草、松等园林植物，可增添假山石的生气；景观水体也只有与景观植物组合才会有生气。植物不但可以净化水体，还可以丰富水面空间和色彩。常用的水生植物有荷花、睡莲、王莲、梭鱼草等。

（3）景观植物与园路的组合

园路旁通常要以树木、草皮或其他地被植物覆盖。小路以条石或步石铺于草地中，曲折的道路旁种植景观树木可作为必要的视线遮挡，进行空间划分（图 5.3.14）。

五、植物景观配置设计的基本流程

植物景观配置设计既是一门艺术又是一门实践性极强的技术。植物景观配置设计中存在一些基本的设计流程乃至设计程序，它们可以用来减少植物景观配置设计工作的随意性和不确定性，增加设计结果的可判定性。同时还可一定程度地增加设计工作的系统性、有序性；提高工作效率，提高系统质量保障能力。

植物景观配置设计的基本流程为以下几步：

1. 植物景观类型选择与布局

植物景观类型的选择与布局首先是源于整体景观结构的布局，即通常上所说的结构性景观布局。结构性景观布局主要确定设计区域的总体景观框架。它主要基于总体景观意向需要和整体美学原则的需要来构筑景观框架。结构性景观布局在某种程度上等同于景观框架区划。

其次植物景观类型的选择与布局源于功能的需要，即通常上所说的功能性景观布局。功能的需要，比如说某个地方需要遮阴，某个地方需要用密林阻挡外部视线或隔离噪音，林荫道路、广场遮阴等等，是景观类型的选择与布局的基本考究。

再次源于景观美化设计上的需要，比如说整体上布局安排景观线、景观点，某个视角需要软化，某些地方需要增加色彩或层次的变化等等。有时也会源于其他特殊的或景观布局过渡需要。

作为设计元素，植物景观类型同样具有诸如颜色、大小、质地、形状、空间尺度等要素特征，植物景观类型的选择与布局工作即是基于植物景观类型的这些要素特征而不是构成植物景观类型的植物个体的要素特征，并遵循植物配置理论所述的设计原则与创作手法来设计创作的。植物景观类型是由多种植物组成的，它们的要素特征虽与个体的要素特征高度相关，但绝不等同于某个个体植物的要素特征或多个个体植物要素特征的简单叠加。有时会表现出与个体植物的要素特征完全不同的要素特征。需要注意的是，植物景观类型的要素特征不仅与植物景观类型内部的植物构成有关，而且与内部植物个体的结构排列方式有很大关系。另外，同一植物景观类型可以有完全不同的植物结构组合。

图 5.3.13 上海殖民建筑与植物种植的协调搭配

图 5.3.14 扬州运河畔的垂柳

图 5.3.15 湿地中的生态水生植物

2. 植物个体的选择与布局

整体植物景观类型布局选择完成后，就要开始进行各个植物景观类型的构成设计，即解决植物个体的选择与布局问题。植物个体的选择与布局问题主要要解决以下几个问题：

（1）植物品种的选择；

（2）植物大小的确定；

（3）植物数量的确定；

（4）植物个体在结构中的位置定位等。

植物个体的选择与布局更多的是一个技术性问题，除了在结构中的位置定位过程中需要较多关注美学设计知识外，其他更多的是趋向解决生态技术问题（图 5.3.15）。因而解决植物个体的选择与布局问题往往是一种程序化的工作。

如植物品种选择的一般程序如下：

（1）根据植物景观类型布局图、植物景观类型统计表和植物景观类型构成分析表等资料，综合分析各景观类型的结构，确定植物类型及要求，制定植物类型及要求工作表。

（2）分析确定配置场地的气候耐寒区和主要环境限制因子。

（3）根据场地的气候耐寒区、主要环境限制因子和植物类型及要求工作表来与植物库数据配对搜寻，确定粗选的植物品种。

（4）根据景观功能和美学的要求，进一步筛选植物品种。

（5）确定各植物类型的主要品种

3. 植物景观配置结果审评

由于交织着生态、美学乃至经济和其他等多种因素，植物景观配置工作是十分复杂和繁琐的，在设计过程中出现遗漏和纰漏是难免的。因此一件设计作品完全完成或阶段性完成后，进行系统的审评复检是很有必要的，它是设计质量保证体系的重要组成部分。

一般来说，审评主要进行两大方面的工作：美学原则审评和生态原则审评。审评程序主要由审评内容、审评方法和结果评定标准三个方面组成。比如说美学中平衡原则的审评程序大致如下：

（1）审评内容

设计是否符合美学中的平衡原则。

（2）审评方法

①找出设计区域或分区的中心点。

②以中心点为交点绘出两条正交轴线。

③比较两条轴线两侧的配置的植物景观类型、植物个体类型、规格大小、分布和数量等。

六、景观设计中应用植物应注意的问题

1. 慎用有毒园林植物

住宅区景观中不宜用有毒园林植物；在幼儿园及儿童游戏场地中，忌用有毒、带刺以及易引起过敏的植物，以免伤害儿童，必须选用无毒的乔灌木和花草。常见的有毒园林植物有夹竹桃、毒箭树、常春藤等。

2. 注重城市景观规划区原有植物的保留和利用。

3. 注意多种园林植物配置方式的综合应用。

景观植物配置有孤植、列植、片植、群植、混植等多种方式。应用时可根据地形、面积、建筑物等因素采用不同的配置方式。

4. 工厂区景观植物应注意部分园林植物对排放气体的抗性和敏感性。

5. 从外地引进园林植物时不但要考虑引进成本和植物本身对环境条件的要求，而且必须通过严格的检疫检验，以防带入新的病虫害。

植物作为城市景观设计中重要的景观要素，在景观中的应用不能仅仅停留在简单的栽培种植上，而应随着时代的发展而不断发展，营造出符合时代需求的城市景观。园林植物的应用要从景观艺术效果、生态、文化、场地功能、经济性、环保等多方面考虑，全面提升园林植物在景观中的应用水平，营造出理想的景观效果。

第四节　景观中的水体设计

一、水景设计概述

水景是景观设计中最常用，也是最重要的设计元素，认识并学会利用水体营造景观是景观设计师应掌握的基本能力。

1. 水景的种类

水景概括来说可分两类。

一类是利用地理上的位置和土建结构来模拟天然水体景观。比如瀑布、养鱼池、溪流、跌水人工湖等等（图 5.4.1），而这些运用较多是在我国比较传统的园林里。

二类是人造的水体景观。如现代景观常用的音乐喷泉、雾化喷泉、旱地喷泉等等。这类水景近年来在城市景观中得到广泛运用（图 5.4.2）。

2. 水景的基本表现形式

（1）流水

图 5.4.1 杭州太子湾公园景观

图 5.4.2 深圳城市空间中的水景设计

流水有急缓、深浅之分；也有流量、流速、幅度大小之分。蜿蜒的小溪、淙淙的流水使环境更富有个性与动感。

（2）落水

水源因蓄水和地形条件的影响而有落差溅潭。水由高处下落则有线落、布落、挂落、条落、多级跌落、层落、片落、云雨雾落、壁落等多种形式。

（3）静水

静水平和宁静，清澈见底。在景观中表现效果为倒影、反射、逆光、投影、透明度等。

（4）压力水

压力水具有喷、涌、溢泉、间歇水等多种形态的动态的美，犹如喷珠如玉，千姿百态，是景观中欢乐的源泉。

3. 水体景观的设计要点

（1）自然水景

自然水景与海、河、江、湖、溪相关联。这类水景设计必须服从原有自然生态景观，自然水景线与局部环境水体的空间关系，正确利用借景、对景等手法，充分发挥自然条件，形成的纵向景观、横向景观和鸟瞰景观（图 5.4.3）。自然水体景观应能融和环境元素，创造出新的亲水景观形态。

图 5.4.3 充分利用自然条件的颐和园昆明湖纵向景观

（2）瀑布跌水

瀑布按其跌落形式分为滑落式、阶梯式、幕布式、丝带式等多种，并模仿自然景观，采用天然石材或仿石材设置瀑布的背景和引导水的流向（如景石、分流石、承瀑石等），考虑到观赏效果，不宜采用平整饰面的白色花岗石作为落水墙体（图 5.4.4）。为了确保瀑布沿墙体、山体平稳滑落，应对落水口处山石作卷边处理，或对墙面作坡面处理。

瀑布因其水量不同，会产生不同视觉、听觉效果。因此，落水口的水流量和落水高差的控制成为设计的关键参数（图 5.4.5）。

跌水是呈阶梯式的多级跌落瀑布，其梯级宽高比宜 3∶2—1∶1 之间，梯面宽度宜在 0.3 至 1.0 米之间。

图 5.4.4 日本跌水瀑布设计

（3）溪流

溪流的形态应根据环境条件、水量、流速、水深、水面宽和所用材料进行合理的设计。溪流分可涉入式和不可涉入式两种。可涉入式溪流的水深应小于 0.3 米，以防止儿童溺水，同时水底应做防滑处理。可供儿童嬉水的溪流，应安装水循环和过滤装置。不可涉入式溪流宜种养适应当地气候条件的水生动植物，增强观赏性和趣味性。

溪流配以山石可充分展现其自然风格，溪流的坡度应根据地理条件及排水要求而定。普通溪流的坡度宜为 0.5%，急流处为 3% 左右，缓流处不超过 1%。溪流宽度宜在 1 至 2 米，水深一般为 0.3 至 1 米左右，超过 0.4 米时，应在溪流边采取防护措施（如石栏、木栏、矮墙等）。为了环境景观在视觉上更为开阔，可适当增大宽度或使溪流蜿蜒曲折。溪流水岸宜采用散石和块石，并与水生或湿地植物的配置相结合，减少人工造景的痕迹。

图 5.4.5 尺度适宜的深圳万象城入口水景设计

（4）驳岸

驳岸是亲水景观中应重点处理的部位。驳岸与水线形成的连续景观线是否能与环境相协调，不但取决于驳岸与水面间的高差关系，还取决于驳岸的类型及用材的选择。

对景观水体的沿水驳岸（池岸），无论规模大小，无论是规则几何式驳岸（池岸）还是不规则驳岸（池岸），驳岸的高度，水的深浅设计都应满足人的亲水性要求。驳岸（池岸）尽可能贴近水面，以人手能触摸到水为最佳。亲水环境中的其他设施（如水上平台、汀步、栈桥、栏索等）也应以人与水体的尺度关系为基准进行设计。

图 5.4.6 开敞宽阔之感的水面设计

4. 景观水体的主要作用

（1）提高环境质量

景观的水景建设能够提高人们生活舒适度，提高环境质量，有利于环境的保护与可持续发展。

（2）构成开敞的空间

景观中的水景、面积大的湖、沼、池，往往本身占着大面积的水域，水表面平坦，故有“波平如镜，清澈见底”的形容。水本身无色但反射倒影，可使景观中增加开敞宽阔之感（图 5.4.6、图 5.4.7）。

（3）增加统一感

水在造景上的布置，均应顾及水中倒影，故池沼旁、水流畔，均有树木及景物的点缀。水中更可蓄养鱼虾，栽植莲藕。园中景物因水的布置而获得缓冲及统一。

（4）形成布局的焦点

水景经常是景观中的重要布局或景观中心，水景搭配建筑等景观设计要素时最易形成景观构图的视觉中心，易于吸引视线（图 5.4.8、图 5.4.9）。

图 5.4.7 伦敦摩尔广场的静水设计

二、水景设计的基本方法

1. 水景设计的基本要求

（1）在总体上，水流设计必须与周围地形紧密结合，宜成环抱之势，以利水体循环流动。打破各自割据封闭局面，避免死水，减少垃圾堆积，减少人为动力，减少养护工作量。

（2）从平面上形成各种不同块面形状、线条、排成多种丰富地理形态。如岛、半岛、港湾、河川、池塘、湿地。

（3）从剖面上形成各种不同水深和剖面形状，适应不同水生植物、动物生长。这也是生物多样性的一方面。

（4）从环境上要求，景观水体应有阳、有阴，形成半阴阳的小气

图 5.4.8 嘉兴老街水景与建筑的完美结合

图 5.4.9 上海城市空间中水景的视觉中心性

候以创造得天独厚的生态环境。

（5）从地形上要求，要能够汇水，但避免污染。自然形态的水池汇水是节水重要内容，同时又节约管线。人工水池应避免外水溢入。这是两种不同地形要求，但都要符合地貌自然规律。

（6）在景观上要求在造岸款式、水体大小、水流动态，内外种植、山石布置等多方面的对比统一。远眺时，视线要有深邃幽静的情调；近视时，水面要有凌波贴身的感觉。

（7）在水质考虑上，以自然、生态、自净为主；以生物、物理、化学等人工手段为辅助。水质的考虑，要优于水型的设计之前，切不可把水质并归于人工的干预。

（8）在水流设计上，要符合水姿设计要求，也要符合生态的循环要求。二者的统一结合，是设计的上策。例如涌泉的出水口也是补充水源口，涌泉的取水口也形成了循环水出溢水口。

（9）从观念上说，要有节水的意识。在规模上、水型上、水源上、水质保持及细节处理等方面贯彻节能思想。综合利用水环境作景观因素也是一个重要方面。

2. 水景设计的应用要点

（1）水景的比例尺度

水面的大小与景观的比例关系是水景设计中需要慎重考虑的内容，除自然形成的或已具规模的水面外，一般应加以控制。把握设计中水的尺度，需要仔细地推敲所采用的水景设计形式、表现主题、周围的环境景观（图 5.4.10、图 5.4.11）。小尺度的水面较亲切怡人，适合于安静、不大的空间，也是景观中较常采用的形式；而尺度较大的水面浩瀚缥缈，适合于大面积自然风景、城市公园和巨大的城市空间或广场。

（2）水景的基本设计形式

自然界中的江河、湖泊、瀑布、溪流和涌泉等自然水景。进行水景设计，既要师法自然，又要不断创新。水景设计中的水有平静的、流动的、跌落的和喷涌的四种基本形式。平静的一般包括湖泊、水池、水塘等。流动的包括溪流、水坡、水道等；跌落的有瀑布、水帘、叠水、水墙等（图 5.4.12）。喷涌的有喷泉、涌泉等。当然，在水景设计中往往不止使用一种，可以以一种形式为主，其他形式为辅，也可以几种形式相结合。另外，水的四种基本形式也反映了水从源头（喷涌）到过渡（流动或跌落）再到终止（静水）的过程。在水景设计中可以利用这种运动过程创造水景系列，融不同形式的水于一体（图 5.4.13）。

3. 水景的造景手法

（1）静态水面划分

水的形态因水体的形状而定，风景园林中的静态湖面，多设置堤、岛、桥、洲等，目的是划分水面，增加水面的层次与景深，扩大空间感；或是为了增添园林的景致与趣味。城市中的大小园林多有划分水面的手法，且多运用自然式，只有在极小的园林中才采用规则几何式。

（2）水声设计

水本无声，但可随其构筑物及其周围的景物而发出各种不同的声响，产生丰富多彩的水景。王维的"声暄乱石中，色静深松里"，是动与静的对比，也是石与林的交替而产生的一种水景。如音乐喷泉，不仅有音乐配合，还可以声控使水体翩翩起舞。

（3）光影因借

①倒影成双四周景物反映水中形成倒影，使景物变一为二，上下交映，增加了景深，扩大了空间感，一座半圆洞的拱桥，可起到了功半景倍的作用（图 5.4.14）。

②借景虚幻由于视角的不同，岸边景物与水面的距离、角度和周围环境也不同。岸边的景物设计，要与水面的方位、大小及其周围的环境同时考虑，才能取得理想的效果，这种借虚景的方法，可以增加人们的寻幽乐趣。

③优化画面在色彩上不十分调和的景物，倒映在绿水中，就有了共同的基调。在理水中注意水面本身的色调及水色的深浅等，就可产生不同艺术效果的水景。

4. 景观水体设计

在景观里比较大的水面具有充沛的水量和曲折的岸线，能够给人一种开阔无际的感受。在设计时常常把大的水面分隔开使其形成多种不同趣味的水区，这样既增加景观的变化又使意境更加深远曲折。而在分隔水面的时候，为了能够将水系联系起来，又能够便于泛舟以及游人的通行，因此在比较合适的位置架设桥，这样就可以使水面分隔而又不断开联系。

水面的如何分隔主要跟岛、溪涧、驳岸、堤以及植物的联系所形成的。

图 5.4.10 与建筑环境相协调的万科第五园水景设计

图 5.4.12 美国华盛顿水景设计

图 5.4.11 亭桥水搭配和谐的杭州东河景观

图 5.4.13 香港城市公共空间中的水景建筑设计

图 5.4.14 美国佐治亚公共水景设计

图 5.4.15 南京玄武湖水面分割

（1）岛。较开阔的水面易于产生单调与平淡感，如果把岛加入进去就能直接打破它的单调感。当人们站在岛上面，由于四周的空间都很开阔，因此可以作为一个眺望点来欣赏周围的风景。而岛屿又分很多种类型，有群岛、半岛、山岛、平岛等等。在水面上设置岛的时候忌讳设在正中间和整形，大多都会设置在水面一侧，这样可以让水面有大面积完整的感觉，或者根据障景的要求来想想岛的位置应该设置在哪。对于岛的数量上设置不应该过多，应该根据水面的大小和造景的要求来设定。岛的形状上也很忌讳雷同。岛的大小应该根据水面的大小来设置适合的比例，小岛灵活便于安排。在岛上面可以种植一些花草树木也可以建亭、立石，这样可以达到小中见大的那种效果。在比较大的岛上面更可以设置一些建筑、开池引水、山等等一些可以把岛的景观丰富起来。如南京玄武湖利用岛屿分隔湖面的设计手法（图 5.4.15）。

（2）堤。堤主要是为了将比较大的水面划分成不同的分区的景色，而且可以用作通道。在园林里一般都会设置成直堤，曲堤一般都很少建造。为了更好的沟通水流和在水上便于交通，堤不常常设桥。比如堤长桥比较多，而且桥的形式跟大小应该要有变化。堤跟岛一样在水面上的位置不应该居中放置，应该在一侧放置，这样便于把水面的大小的各不相同、风景的不同变化、主次的区分的水区划分开来。如杭州西湖利用苏堤、白堤分隔湖面的设计手法。

（3）驳岸。驳岸有很多种，有陡坡、缓坡以及比较笔直的悬崖。一般的驳岸都不会设置成为很长的直线，而且岸边离水面的位置不应该离的太高。在假山石的驳岸上常常在凹凸的地方设置一些石几可以挑出水面，或者把它们留在洞穴内可以让水在石几下面看起来就更加深邃黝黑，好像有泉源一样，或者在石缝的里面种植藤蔓来垂在水面上。在建筑临水的地方、凹凸起来的地方种植灌木或者加入几块叠石，这样可以破开平直和单调，或者让水面延伸到建筑之下，这样可以显得水面的幽深。例如苏州网师园驳岸，就是把水景特点和叠石结合了起来，叠成崖壁状，建亭于池之一角，贴近水面，这样可以让游人在亭里面观赏周围的景物，使人感觉有如进入峻峭山岩下的水潭，更能增加风趣。

（4）溪、涧和河流。从山间到山麓，集山水而下，到达平地的时候能够汇聚成很多条溪、涧的水量而形成河流。在自然式景观里如果条件允许的话，可以设置溪、涧。溪涧应该做成左右弯曲的，在岩石山林间萦回，或者沿着亭榭环绕或穿岩入洞；这样就可以有分有合，有收有放，能够构成大小不为相同的水面和宽窄各为相异的水流。溪涧中垂直的处理方式应该根据地形的变化来处理，形成瀑布和叠水，落水的地方可以形成深潭幽谷。在景观里河流可以分为规则式和自然式。在河流的两岸处常常都种植一些枝条比较柔软的树木，比如朴树、枫树、垂柳、榆树等；或者种植灌木类，比如紫薇、珍珠梅、迎春、连翘等来点缀，这样可以把岸边景色丰富起来。

（5）池塘。池塘是平静的水体，而在景观中加入池塘的设计可以达到扩展空间的目的，从中获取得到的倒影，可以给人带来“虚幻之景”的感觉。如果把陆地上的或者天上的一些景物映入到池塘中，就能使人有“天光云影共徘徊”、“荷塘月色”等不同的意境。水池的形状也有不同，有整形式和自然式。整形式的水池可以为圆形、椭圆形、方形、矩形和多角形等等，也可以从几何形式的基础上加强它的不同变化。自然形式的水池就有很多不同规则的。如我国园林中为了更好的配合自然景色一般都用自然式的水池来加以配合，只有在规则式的或者重点地区的园林里，经常会运用到整形式的水池，而它们的形状跟大小主要是根据四周的环境考量如何更好地相互协调。

（6）瀑布。瀑布在大自然里是一个非常壮观的景色，可以让人激情澎湃，在景观里可以仿照这种意境加入进去（图 5.4.16、图 5.4.17）。除此之外，中国园林中的水景还有井、泉等。在园林中经常会以地泉、涌泉、壁泉、喷泉等不同形式出现，并可以根据故事的传说或者因为水质的甘洌等等都可以在园林里成为一景。

图 5.4.16 深圳万象城人工水景瀑布设计

图 5.4.17 浅水型瀑布设计

第五节　景观中的铺装设计

景观铺装，是在景观环境中运用自然或人工的铺装材料，按照一定的方式铺设于地面形成的地表形式。作为景观的一个有机组成部分，景观铺装主要通过对园路、空地、广场等进行不同形式的印象组合，贯穿游人游览过程的始终，在营造空间的整体形象上具有极为重要的影响。铺装的景观道路，在景观环境中不仅具有分割空间和组织路线的作用，而且为人们提供了良好的休息和活动场所，同时还直接创造优美的地面景观，给人以美的享受，增强了景观艺术的效果（图 5.5.1）。

景观铺装设计的功能性和艺术性同样重要。在现代景观的创作过程中，铺装设计往往被摆在无足轻重的地位，铺装设计大多只注重功能性，而忽略了艺术性，影响了整体景观效果。此外施工工艺的粗糙、对施工细节的大意处理、养护管理的不到位也是普遍存在的问题。

一、景观铺装的表现要素

1. 铺装的尺度

景观铺装图案的不同尺度能取得不一样的空间效果。铺装图案大小对外部空间能产生一定的影响，形体较大、较开展则会使空间产生一种宽敞的尺度感；而较小、紧缩的形状，则使空间具有压缩感和私密感。通过不同尺寸的图案以及合理采用与周围不同色彩、质感的材料，能影响空间的比例关系，可构造出与环境相协调的布局。通常大尺寸的花岗岩、抛光砖等材料适

图 5.5.1 常见的景观铺装设计

图 5.5.2 与建筑色彩协调的美国公共铺装设计

宜大空间，而中、小尺寸的地砖和小尺寸的马赛克，更适用于一些中小型空间。就形式意义而言，尺寸的大与小在美感上并没有多大的区别，并非越大越好。有时小尺寸材料铺装形成的肌理效果或拼缝图案往往能产生出较好的形式趣味，或者利用小尺寸的铺装材料组合而成大的图案，也可以与大空间取得比例上的协调。

铺装的尺度包括铺装图案尺寸和铺装材料尺寸两方面，两者都能对外部空间产生一定的影响，产生不同的尺度感。

图案尺寸是通过材料尺寸反映的，铺装材料尺寸是重点。室外空间常用的材料有：鹅卵石、混凝土、石材、木材等。混凝土、石材等大空间的材料易于创造宽广、壮观的景象，而鹅卵石、青砖等易于体现小空间的材料则易形成肌理效果或拼缝图案的形式趣味。如鹅卵石的尺度较小，适合于小范围的地面铺设或者宽度较小的游步道。其施工方法多样，可组成的图形也较多，观赏性较强。混凝土的一个重要用处就是水泥印花地面，是一种造价较低，但形式活泼的地面处理形式。适合于大范围的广场，可塑造多元化的地形。石材主要是指花岗岩，其处理方式多种多样，应用相当广泛，各种主要出入口或者重要景观节点都采用花岗岩。木材的尺寸是随需要自行处理的，在廊架、座椅、平台中使用最多，风格休闲，易加工成形，与其他景观可以很好的结合。

2. 铺装的色彩

铺装的色彩要与周围环境的色调相协调，它也是心灵的表现，能把设计者的情感强烈地贯入人们的心灵。铺装的色彩在景观中一般是衬托景点的背景，除特殊的情况外，少数情况会成为主景，所以要与周围环境的色调相协调（图 5.5.2）。假如色彩过于鲜亮，可能喧宾夺主，甚至造成景观的杂乱无章。色彩的选择还要充分考虑人的心理感受。色彩具有鲜明的个性，暖色调热烈，冷色调优雅，明色调轻快，暗色调宁静。色彩的应用应追求统一中求变化，即铺装的色彩要与整个景观相协调，同时景观艺术的基本原理，用视觉上的冷暖节奏变化以及轻重缓急节奏的变化，打破色彩千篇一律的沉闷感，最重要的是做到稳重而不沉闷，鲜明而不俗气。

在景观铺装的具体应用中，例如在活动区尤其是儿童游戏场，可使用色彩鲜艳的铺装，造成活泼、明快的气氛；在安静休息区域，可采用色彩柔和素淡的铺装，营造安宁、平静的气氛；在纪念场地等肃穆的场所，宜配合使用沉稳的色调，营造庄重的气氛。

3. 铺装的质感

铺装质感在很大程度上依靠材料的质地给人们传输各种感受。在进行铺装设计的时候，我们要充分考虑空间的大小。大空间要做的粗犷些，应该选用质地粗大、厚实，线条较为明显的材料，因为粗糙往往使人感到稳重、沉重、开朗；另外，在烈日下面，粗糙的铺装可以较好的吸收光线，不显得耀眼。小空间则应该采用较细小、圆滑、精细的材料，细致感给人轻巧、精致、柔和的感觉。因此，大面积的铺装宜选用粗质感的铺装材料，细微处、重点之处宜选用细质感的材料（图 5.5.3）。

铺装材料粗糙的质感产生前进感，使空间显得比实际小，铺装材料细腻的质感则产生后退感，使空间显得比实际大。人对空间透视的基本感受是近大远小，因此在设计中把质感粗糙的铺装材料作为前景，把质感细腻的铺装材料作为背景，相当于夸张了透视效果，产生视觉错觉，从而扩大空间尺度感。总的来说，综合运用各种材料，选择合适尺度，足以营造个性、亲切、愉悦的环境特征，使景观铺装成为城市的象征并具人性化，提高人们日常生活的空间质量。

4. 铺装的图案纹样

景观铺装可以其多种多样的纹样形式来衬托和美化环境，增加园林的景致。纹样起着装饰路面的作用，而纹样有因环境和场所的不同而具有多种变化。不同的纹样给人们的心理感受也是不一样的。一些采用砖铺设成为直线或者平行线的路面具有增强地面设计效果的作用。值得注意的是，与视线垂直的直线可以增强空间的方向感，在园林中可以起到组织路线引导游人的作用。

图 5.5.3 铺装质感的对比

二、景观铺装的功能

功能性是景观设计一个十分重要的指导原则，尤其是公园等公共场所更要注重人的存在，做到时时处处以人为本。一个成功的景观设计往往是以满足功能性为主导，做到功能性与艺术性的完美结合。

1. 空间的分割和变化

景观铺装通过材料或样式的变化形成空间界线，在人的心理上产生不同暗示，达到空间分隔及功能变化的效果（图 5.5.4）。两个不同功能的活动空间往往采用不同的铺装材料，或者即使使用同一种材料，也采用不同的铺装样式。

2. 视线的引导和强化

图 5.5.4 运用材质进行空间分隔的设计手法

景观铺装利用其视觉效果，引导游人的视线。在景观设计中，经常采用直线形的线条铺装引导游人前进（图 5.5.5）；在需要游人驻足停留的场所，则采用无方向性或稳定性的铺装；当需要游人关注某一重要的景点之时，则采用聚向景点方向的走向的铺装。另外，通过铺装线条的变化，可以强化空间感，比如用平行于视平线的线条强调铺装面的深度，用垂直于视平线的铺装线条强调宽度，合理利用这一功能可以在视觉上调整空间大小，起到使小空间变大，窄路变宽等效果。

3. 意境与主题的体现

图 5.5.5 香港老街的传统铺装

良好的景观铺装对空间往往能起到烘托、补充或诠释主题的增彩作用，利用铺装图案强化意境，这也是中国园林艺术的手法之一。这类铺装使用文字、图形、特殊符号等来传达空间主题，加深意境，在一些纪念性、知识性和导向性空间里比较常见。

三、景观铺装的人性化

色彩、形状、创意及质感等成了景观铺装的关键点，而如何带动人的情绪、体现人性化、使人迅速融入到景观也是景观铺装的关键点。人们总在期待人性化舒适度不断提高，期待着充满个性、亲切而令人愉快的道路空间，由绿篱、街道树和人行道铺装等道路空间构成要素营造出来的情趣。以人为本的人行道空间，是在结合考虑功能方面的体感性、弹性及对不同气候的适应性等特点的同时兼顾材料的质感、色彩等美感特性以及与环境协调等因素情况下营造出来的。为行人使用的道路和广场的铺装与汽车道路的铺装有很大的不同，不能仅仅以它的机能和耐用性来决定。因为它还包含了诸如安乐、平静、情趣等带动行人走路情绪的各种因素。

1. 人性化的铺装形态

景观铺装中的人性化可以表现在铺装形态赋予人的不同感受上。在平面的构成要素中有点、线(直线、折线、曲线)和形(三角形、四边形、多边形、圆、椭圆和不规则图形)之分。铺装若能给步行赋予节奏感那将是大受欢迎的。广场上的线形不但能给人以安定感，同一波形曲线的反复使用具有强烈的节奏感和指向作用(图 5.5.6)，会给人安静而有条理的感觉，最单纯的节奏就是不断重复。折线显示动态美，沿着道路轴线弯曲线会让你感觉到一种缓慢的节奏，比如沿道路轴线等间隔重复出现的线、四边形及其他图案。在广场上横向或纵向反复出现相同形状的图案、花纹时也会产生节奏感和条理感。与轴线有 45 度俯角的方格和对称会带给你有条不紊、整齐、动态的感觉。

2. 人性化的铺装尺度

景观铺装的人性化设计上需考虑整体景观的意境和主题。在明确需要给游人带来什么样的情感和美景的指导下，合理地布置不同质感的铺装材料的尺度搭配。例如小尺寸稠密铺装会给人机理细腻的质感。当然，在考虑尺度搭配的时候也要一并考虑不同的铺装材料本身常规性的尺度问题。景观铺装的人性化，就是要让游人用眼睛边走边看脚下的铺装，用心边走边感受脚下铺装内在的意境，景观的含韵尽在其中，达到人、景融合的效果(图 5.5.7)。在设计和施工中值得注意的是，当所绘图形尺度与人眼观察尺度不吻合时，影响视觉进而打乱步行节奏等问题就会产生，所以就会有从设计图上看十分合适而施工后却显蹩脚的铺装出现。所以在铺装设计时不但要求设计者有一定施工实践经验，还要有一颗处处以人为本、关爱他人的心融入设计，这样的设计作品才更能充分体现设计的人性化。

图 5.5.6 中央美术学院公共空间铺装设计

图 5.5.8 美国景观中的生态铺装设计之一

图 5.5.7 扬州老街石材铺装

图 5.5.9 美国景观中的生态铺装设计之二

3. 景观铺装的生态性

随着社会的发展，生态型景观成为现代景观发展的主要方向，景观铺装的生态性问题也逐渐受到设计师的重视（图 5.5.8）。传统的铺装材料已经逐渐被多种多样的现代材料所取代。在景观铺装设计上应采用更加与自然结合的铺装形式。例如木栈道（图 5.5.9）、草绳钩边以及其他木质铺装等，停车场的生态型植草砖铺装等等都渗透着铺装的生态性和与人的亲和性。采取生态型较好的铺装还能很好的调节地面温度以有效地缓解“热岛效应”。

尽管设计师在设计的时候周全的考虑了各个方面的因素，但是由于景观是一个动态的环境，人的活动或多或少会对它的生存和发展产生影响。尤其是当前我国的景观行业发展相对滞后，难免会出现设计与施工相脱节的现象，并且管理与养护人员的素质参差不齐，导致了设计作品并不尽如人意，经不起时间和空间的考验。

总之，景观铺装的设计在营造空间的整体形象上具有极为重要的影响。在进行景观铺装设计时，应注意遵循一些原则，既富于艺术性，又满足生态要求，同时更加人性化，给人以美好的感受，以达到最佳的效果。

第六节　景观中的建筑及小品设计

景观建筑与小品具有使用和造景双重功能，尤其突出其造景功能，在景观中往往成为视线的焦点甚至成为控制性的主景。常见的景观建筑的种类有亭（图 5.6.1）、廊、台、花架、楼阁、舫、厅堂以及塔等。现代景观则融入了更广泛的多功能建筑。常见的景观小品有出入口（景门）、围（景）墙，景窗、桌、椅、凳，灯、栏杆、标志牌、果皮箱、儿童游乐设施以及雕塑小品等（图 5.6.2）。

一、景观建筑及小品的布局设计

景观建筑与小品在景观中的布局要与其他造园要素结合起来，进行处理，归纳起来有以下几点：

1. 满足使用功能的要求

景观建筑的布局首先要满足功能要求，如使用、交通、用地及景观要求。必须因地制宜，综合考虑。景观中人流集中的主要建筑，如文化娱乐场所、体育建筑应靠近园内出入口、主要道路或广场，并要不影响其他游览区的活动。餐厅、茶室、照相等服务设施在交通方便，易于发现，但又不占据园中主要景观的位置。展览室、陈列室则宜设在风景优美、环境幽静的地方。亭、廊、榭等景点建筑应设在环境优美、有景可赏，并能控制和装点风景的地方。

景观中的公共卫生间应分布均匀，要半隐半现，又要方便出入。

景观管理建筑应布置在园内僻静处，既方便管理又不与游览路线相混合。

温室、苗圃、生产管理用地要选择地势高燥、通风良好、水源充足的地方。

2. 满足景观造景的需要

在功能与造景之间，其取舍的原则是当有明显的功能要求的时候，如餐厅、茶室、园务管理、公共卫生间等，游览观赏从属于功能。当有明显的观赏要求时，如亭、廊、榭等景点建筑的时候，功能要求从属于游览观赏。功能和观赏二者兼具的时候，在满足功能的基础上，尽量加强庭院、建筑外部的游览观赏性，如茶室、水榭。园景构图中心关系密切的既为植物和山水，在造景的过程中，要注意建筑与植物的关系（图 5.6.3）。

古典建筑端庄典雅，以油松、翠兰松、竹、梅、桂、玉兰等传统树种相配。

现代建筑轻盈潇洒，与雪松、草地明快活泼的风格相一致。

景观中建筑常常是园林的构图中心（图 5.6.4），但是往往显得呆板，无生命的动感。以树木、花草在自然状态下的形态、色彩、四季变化动态来改变呆板、静态、单纯的建筑；以树木多变的树冠线来调整建筑平直的天际线；以植物的搭配层次来满足总体的虚实关系。

在造景与基址的利用上要巧于构思，不同的基址有不同的环境和不同的景观（图 5.6.5）。同一基址，造同样的建筑，构思方法不同，造景效果也不同。

山顶——凌空眺望，有豪放平远的感觉。

水边——近水楼台，有漂浮水面的趣味。

山间——峰回路转，有忽隐忽现，豁然开朗的意境。道路转折形成对景，吸引和引导游人参观游览。

3. 注重建筑室内外的相互渗透、与自然环境的有机结合

景观建筑的室内外互相渗透，与自然环境有机结合，不但可以使空间富于变化，活泼自然，而且可以就地取材，减少土石方，节约投资。从古到今人们作了许多尝试，如古代的空廊、水榭、亭子、园林窗景、现代的落地长窗、旋转餐厅等。其基本手法有以下几种：

（1）将自然材料引入室内，如虎皮墙、石柱、木纹纸、山石散置、摆设盆花、盆景、悬垂植物、瓶插鲜花；将室外水面引如室内，在室内设自然式水池，模拟山泉、山池。

（2）空间过渡，将景观空间或者建筑空间延伸到对方的空间，如曲廊、回廊，从主体建筑伸出，穿过园景观空间连接更多的建筑（图 5.6.6）。

（3）空间融合与渗透，将园林空间与建筑融合在一起，例如，在室内建造小型的自然景物，古典园林的天井、漏窗、空廊、半廊和回廊，现代园林的落地窗、四面厅、水厅等。

图 5.6.1 扬州长乐酒店中的景观亭

图 5.6.2 美国景观中的雕塑小品

图 5.6.3 日本景观中建筑与植物的搭配

图 5.6.4 作为构图中心的景观建筑物

图 5.6.5 美国公共景观中景观构筑物

图 5.6.6 维克斯视觉艺术中心连接建筑与环境的景观构筑物

第六章　景观场所与空间设计

第一节　景观中的场地概念

一、景观设计途径探索——场地信息解读

景观是人类对人与自然关系的认识不断深化的过程。景观设计学是一门关于如何安排土地及土地上的物体和空间来为人创造安全、高效、健康和舒适的环境的科学和艺术。景观设计涉及很多领域的理论：生态学理论、美学理论、历史学理论、感知理论、认识论、设计过程理论、相关法学理论等。而景观设计途径又有诸如"风水"途径、"城市印象"途径、"场所精神"途径、"设计遵从自然"途径、"景观生态"途径等等，再加上东西方各种设计思潮、设计原则，设计师难免手足无措，在设计中出现这样那样的错误。面对一块基地，我们应该设计出一处适用的、生态的、有思想内涵的、美观的景观，因此我们在景观规划设计领域内孜孜不倦的探索新方法，甚至在绘画、雕塑、音乐等相关领域寻求灵感；在寻找更好的设计方法的过程中，我们只试图去发现新的形式，但形式并不是规划的本质。我们应该探索的并不是借用的形式，而是一种有创造性的规划哲学。

"天人合一"、"设计遵从自然"已成为现代景观设计学的规划原则。成功的景观设计使所有的元素——土地、水体、植物、构筑物、道路都处于和谐的关系中。当我们试图达到这个目标的时候，需要什么样的方法和途径呢？面对一个景观设计项目复杂的场地现状和种种环境矛盾，怎样达到设计目标，我们急需探索一条科学实用的设计途径。

纵观中外园林史上著名的景观设计作品，其悠远的生命力和魅力都在于其拥有独特的景观特质，或地理的、或人文的、或自然生态的。研究这些特质，我们会发现，它们都与场地信息有着不可分割的联系。场地信息是各种物质作用于场地的历史积淀，这种"信息"记载着场地在历史长河中时间、空间、人文、自然、地质的烙印，场地信息包含了场地具有的所有特质。在信息时代的今天，人们对信息重要性的认识表现在它的功能特性上，即信息也是人们（包括生物）赖以生存和发展的一种必须资源。所以对场地信息进行解读，从场地信息中寻找景观设计的线索，将是景观设计中的科学实用的途径。

设计师设计的目标有一定的地方、特定的环境，而且这个环境还有自己的历史。铭刻着岁月沉积的多种痕迹，这些痕迹既有物理形态存在，也有人们的记忆存在，在对场地进行设计之前，将此类痕迹找出来进行解释，并了解其蕴涵意义。土地岁月的痕迹，可以通过道路、城市构造、遗留的建筑物等等以及自然的多重作用表现出来。这多种多样形态存在的痕迹是铭刻千年历史的场地遗迹。“场地信息”就是指各种物质作用于场地的历史积淀，这种“信息”记载着场地在历史长河中时间、空间、人文、自然、地质的烙印，场地“信息”包含了场地具有的所有特质。

1. 场地的概念

场地作为一种空间形态的存在，具有客观性，它是我们对外在某一区域的空间限定，具体说来应该包括：

（1）场地的自然环境——水、土地、气候、植物地形、环境地理等。

（2）场地的人工环境——亦即建成空间环境，包括周围的街道、人行通道、要保留的周围建筑、要拆除的建筑、地下建筑、能源供给、市政设施导向和容量、合适的区划、建筑规则和管理、红线退让、行为限制等。

（3）场地的社会环境——历史环境、文化环境、社区环境、小社会构成等。

2. 场地的地理特征

场地边界由规划部门根据地形图上标明的坐标确定，而地形图同时也直观地反映出场地的地形和地貌特征。因此，对于与场地边界及其地形地貌密切相关的几个元素如地形图、坐标、高程、等高线等，必须有清晰的概念。

（1）地形图

地形图是按一定的投影方法、比例关系和专用符号把地面上的地形（如平原、丘陵等）和地物（如建筑、道路等）通过现场测量并结合其他辅助技术手段绘制而成的。

地形图的比例尺，是图上一段长度与地面上相应的一段实际长度的比值。区域性地形图常用 1/5 000—1/10 000 比例尺，总图常用 1/ 500—1/1 000 比例尺。在进行场地选择和场地设计时，可以使用 1/5 000 比例尺的区域地形图或 1/500—1/1 000 比例尺的场址地形图。

地形图上用以表示地面上的地形和地物的特定符号也叫图例。地形图的主要图例有地物符号、地形符号和注记符号三大类，不能相互混淆。

（2）方向与坐标

地形图的方向通常为上北、下南、左西、右东。

地形图上任意一点的定位，是以坐标网的方式进行的。坐标网又分为基本控制大地坐标网和独立坐标网。坐标网一般以纵轴为 X 轴，表示南北方向的坐标，其值大的一端表示北方，坐标网以横轴为 Y 轴，表示东西方向的坐标，其值大的一端表示东方。

（3）高程

地形图是用高程（或标高）和等高线来表示地势起伏的。所谓高程，就是以大地水准面（如青岛平均海平面）做零点起算到地面上一点的铅锤距离，也称为绝对高程或海拔，采用测量点与任意假定水准面起算的高程，叫相对高程。我国目前采用的是：“1985 年国家高程基准”，是以青岛验潮站自 1953—1977 年长期观测记录黄海海平面的高低变化，取其平均值确定为大地水准面的位置（其高程为零），并以此为基准测算全国各地的高程，故将与此相对应的高程系统称为黄海高程系（也称绝对标高），而将与相对高程相对应的高程系统称为假定高程系。

（4）等高线

等高线是把地面上高程相同的点在图上连接起来而画成的线，即同一等高线上各点的高程都相等，一般情况下，等高线应是一条闭合曲线。利用等高线可以把地面加以图形化描述，在建筑或景观规划中，以等高线为底图进行规划设计是一种常用的手段。

相邻两条等高线之间的水平距离叫等高线间距；相邻两条等高线的高差称为等高距。在同一张地形图上等高距是相同的；而等高线间距是随着地形变化而变化的，且等高线间距与地面坡度成反比。地形图上采用多大的等高距一般取决于地形坡度和图纸比例，一般比例越大或地形起伏越小采用等高距越小，反之则采用较大等高距。一般1/500、1/1 000地形图上常用1米的等高距。

3. 场地信息的分类

景观设计就是将各类事物和事件在其特定的环境中进行创造与组织，使景观的形象、意境、风格能有效地表达与显现。景观的形象是指外部形态的形状、尺度、色彩等等；景观的意境是指设计者通过对各个元素在空间结构的组织，对各元素的符号化处理，使景观表现出设计者的意愿及内涵，以充分显示其环境特征、性质及可识别性。构成景观的元素虽然众多，归纳起来不外乎三个方面：一是自然因素，即自然的山川地形、气候、河流、植物、岩石、土壤及其他各种自然材料；二是文化因素，主要是指各类建筑物及各种人工设施及历史印迹等，三是审美因素，即视觉、听觉、味觉、形状、尺度、色彩、文化等；这些素材的相互组合，相互作用，使景观呈现出不同的表现形态及不同的景观效果。因此根据景观的诸多要素，“场地信息”可划分为：自然因素、文化因素和审美因素三大类。

（1）自然因素场地信息

自然因素场地信息，是指自然界长期生成的一切遗留于某一地域内的所有印迹。自然因素包括地质因素，既岩床的类型和地表特征；地貌因素，包括地形、地势；水文情况，包括地面水径流、溢流槽、地下水、湿地；土壤类型及其用途的划分的土壤因素；地面植被及植物生态类型；野生动物及其生活环境；气候因素，包括产地的朝阳性、风向、风力、降水量、湿度等情况。

（2）文化因素场地信息

文化因素场地信息，泛指一切人类行为以及与之相关的文化历史与艺术层面，包括潜在于景观环境中的历史文化、风土民情、风俗习俗等与人们精神生活世界息息相关的东西。文化因素包括场地的使用性质及其与周边环境的关系；场地的干扰情况；场地内外车辆、行人的交通与运输；场地容量；区域社会经济因素，包括人口构成、年龄构成、性别构成、职业、收入情况；公益设施的分布情况——污水及雨水排放系统、供水、电力、电话、暖气、燃气等市政设施的配套情况；安全设施，即是否需要设置防火通道、紧急避难场所；现存建筑物、构筑物的功能，结构，损毁程度；历史因素，即历史性建筑物、历史文化遗迹、考古学的状况等。

（3）审美因素场地信息

审美因素场地信息，严格讲，不是存在于场地的信息，而是存在于生活在场地区域内的人群的感性信息，根据审美过程分

为两类 :其一是感性的审美认识,即视觉、听觉、触觉、嗅觉等感知因素。其二是深层的审美体验,包括人群的社会经验和文化经历等可以引起联想与想象的审美基础。

我国几千年的文化时代给每一块土地都留下了人类活动的印记,人类在改造自然的过程中,通过经济活动和开发活动制造并保留了许多独特的文化景观,蕴藏着有关文化因素的许多信息,是反映过去人类土地利用的历史和遗迹的证据,可以作为人类土地持续利用的活样板,并为人类提供享受美和愉快以及自然与文化多样性的机会。充分提取相关信息,进行深刻的分析评价,可能获得许多有益的信息资源。文化因素的场地信息提取包括 :场地的使用性质及其与周边环境的关系,场地的干扰情况、交通与运输、场地容量、社会经济因素、公益设施、安全设施、现存建筑物、历史因素等。

场地的审美因素的信息提取,就是把存在于场地周围一定区域内的传统审美习惯、审美特征进行分析,以确定重要的审美因素。发掘场地的自然美感和其使用者的审美体验是同等重要的。人的审美过程大致经过感觉、知觉、联想和想象等阶段即感性的审美认识及深层的审美体验。

4. 景观设计中的场地意识

场地设计狭义上的定义是指用地范围内的建设项目,场地的物质环境的规划设计,主要偏向于工程性的保障 ;而从广义上说指用地范围内为达到某个计划目标而对一块场地进行开发或重新开发,并人为地组织与安排场地中各构成要素之间的关系的活动。

这种广义上的场地设计需要考虑太多要素,并不能通过某单一的工种独立完成,需要一个团队配合完成,而这个团队的基础便是每个成员都需要有共同的认识——场地意识,来衔接规划、建筑、景观以及工程。

在城市规划中,应考虑场地与场地间的影响、场地与城市基础设施的关系等,自下而上的来确定城市的道路、市政系统以及地块的控制规定,以便在具体单个场地设计中减少难题。

在建筑设计中,前期对场地的考虑可以保障建筑设计方案不会因为工程不合理而被取消 ;建筑和城市的功能关系、流线组织会在空间整体性上可以得以体现 ;日照通风以及工程管线等也会在经济性与社会性中得以保障。

在景观与工程中,更可以通过各要素的不同组织,而降低造价,减少不必要的开发费用。

我们可以建构一个场地规划结构体系来帮我们强化、梳理场地意识,并更好的处理协调几个专业间的关系,最终实现场地的统筹安排,并使场地开发能兼顾经济有效、社会公平以及生态友好。

5. 场地设计的内容

场地规划结构应是在基地设计前,通过对基地现状条件、基地内外关系、自然社会条件以及设计对象的调查,在观念、系统、形态和布局方面,建立一个可以改善和提高基地的人居环境品质、实现基地功能需要、对城市外部有利等为目标的场地规划设计的原则以及结构体系。而结构层面的作用便是为实现一个共同的目标,去合理安排各工种的任务,各司其职,不会出现交叉重复或空白的边缘工作,使团队能实现整体大于局部的功效。

场地规划结构应具有整体性、系统性、规律性,这些特性也是结构的基本性质。整体性要求对象的内容或元素完整全面,系统性要求对象的内容或元素在整体上具有相互的关联,规律性要求系统间有相互作用的基本关系且在此关系下可以重组结构。

将场地构成要素划归为土地、空间、设施、景观不同属性等四个部分,在组建规划结构时,它们相互间存在着由简单到复

图 6.1.1 城市公共空间

杂、由低级到高级、相互重叠交叉的一个半网络的结构关系。而在这个结构形成过程中，起重要作用的是由规划的基本要求所表现出来的结构的系统性与规律性，能让场地规划结构不断地根据目标进行重组而实现一个完善的方案，其中重组的要素包括土地配置与属性、空间层次与组合、设施衔接与组织、视觉景观与形象。

（1）场地配置与属性

一般将场地的土地配置分为建筑用地、道路广场用地、绿地以及其他用地，这个配置划分会随着场地的面积增大而越显规律性，如居住区内这几类用地都有相应的标准。在配置划分土地时，我们需要考虑土地的建设要求、土地的利用方式、户外环境质量、地方特点等多个因素。

图 6.1.2 建筑与环境相结合的克罗地亚里耶卡·扎梅特中心

土地的属性可按照不同分类要求进行划分，可以从土地的土壤结构、土地的表面材质、土地的坡度坡向等划分。场地的建造应考虑土方平衡的经济性、地表水渗透的生态性、建筑地基的技术性等。

（2）空间层次与组合

空间需要人感知其存在，它的形式、尺度、比例、质感等物理属性与发生在其中的生活内容有一定相关性，而由于人心理上的安全、归属感以及私密性的要求，使得空间需要有层次性。

场地内空间层次，根据人的不同空间感受可划分为私密空间、半私密空间、半公共空间、公共空间（图 6.1.1）4 个层次，户外空间与建筑内部空间必须统筹考虑，建筑物及其场地被作为一个相连接和连续的空间实体来考虑，以此构建完整的空间感受。

尤其是在景观建筑设计环节，应该“依附”于场地的各种环境，建筑的形态特征取决于建筑所依赖的环境，建设时应尽量少破坏山体植被，力求保护原有自然、人工及社会环境，体现场地地方的风土及地域特色，尊重使用者的心理感受和环境行为（图 6.1.2）。

而在外部空间设计时，则需要充分利用其中的重要因素——建

图 6.1.3 景观视觉形象突出的克罗地亚里耶卡·扎梅特中心

筑，并与场地内的树木、构筑物等一同构建。空间的组合也应该满足人们的生理与物理要求，包括日照要求、通风要求、噪声防治等，通过建筑在场地中的摆放、场地的高差设置以及树木构筑物等空间要素组合来实现。

（3）设施衔接与组织

景观场地内的设施包括道路停车设施、绿地活动设施以及基础设施。道路停车设施其实是解决场地内与城市的交通流线；绿地活动设施是建筑功能的外延、城市活动的渗入；基础设施则是将场地内建筑工程管线与城市基础设施系统相衔接。这些设施衔接城市如同场地的生命线，至关重要。如果将建筑内设施与场地设施统一考虑则能够实现较好的经济性。

（4）视觉景观与形象

视觉景观与形象主要包括从城市观看场地内的景观和从建筑内看外部的景观。景观形象的构建主要考虑有建筑高度选择、建筑退后、场地高差、各层次外部空间的衔接、布局、形态、尺度、街道的格局与形式、设计风格以及城市格局、历史与文化传统作用下的形态等（图 6.1.3）。

二、景观中的场地设计

我们可以把场地设计解释为：为了满足一个建设项目（单一建筑物或小规模群体建筑物）的要求，在比较基地现状条件和理解相关的法规、规范的基础上，选择相对来说在各方面都能满足项目要求的最适合的场地，并组织场地中各构成要素之间关系的设计活动。其根本目的是通过选择和设计，使场地中的各要素，尤其是建筑物与其他要素能形成一个有机整体，以发挥效用，并使基地的利用能够达到最佳状态，获得最佳效益，节约土地，减少浪费。

1. 场地分析

场地设计师对工程项目所占用地范围内，以城市规划为依据，以工程的全部需求为准则，对整个场地空间进行有序与可行的组合，以期获得最佳经济与使用效益。其内容包括如下两大点。

（1）场地分析

场地地理特征分析包括对场地地形地貌、气象、地址、水文及人工环境条件的相应分析。主要包含以下几个方面：

①场地的前期策划，场地开发限制，包括场地自身的限制、场地周围乃至整个城市或地区的限制。

②场地选择，针对某一用途选择合适的场地。

③场地分析，分析影响场地建设的各种因素。

④建筑布局，确定建筑物的位置及其形状，布置道路网与建筑小品及绿化，进行竖向设计，确保建筑外部场地满足消防要求，保证建筑群有良好的环境质量和空间艺术效果。

⑤城市公用设施（如各类停车场等）的场地设计。

⑥场地的调整及场地的扩建。

（2）场地设计的制约条件主要包含

①建筑基地

②基地高程

③基地安全

④基地交通

⑤建筑高度控制

⑥密度以及容量控制

⑦绿化控制

从以上描述我们可以看到，当前的场地设计的内容更多的是在考虑场地内部与外部关于物的考虑而很少涉及人自身的需求，而我们知道场地的设计与开发是为人服务的，如此内容的导向性势必导致“南辕北辙，舍本逐末”的设计倾向。因此，站在今天的时代前沿，我们应该回到场地最初的意义当中，探寻出场地应该拥有的场所精神。

2. 场地选择和设计的基本原则

虽然各类场地设计因性质、规模以及自然条件、建设条件的不同而异，但在结合场地具体实际情况的同时，一般应遵守如下基本原则：

（1）贯彻执行国家有关法规、政策与专业规范

场地设计应体现国家的有关方针、政策，切实注意节约用地，在选址中不占或少占良田，尽量采用先进技术和有效措施，使用地达到充分合理的利用。贯彻执行“适用、经济，在可能条件下注意美观”的原则，正确处理各种关系，力求发挥投资的最大经济效益。场地的总体布局，如出入口位置，交通线路的走向，建筑物的体形、层数、朝向、布局、空间组合、绿化布置等，以及有关建筑间距、用地和环境控制指标，均应满足城市规划的要求，并与周围环境协调统一。

（2）满足场地使用功能的基本要求

场地布局应按各建筑物、构筑物及设施相互之间的功能关系、性质特点进行布置，做到功能分区合理、建筑布置紧凑、交通流线清晰，并避免各部分之间的相互干扰，满足使用功能要求、符合使用者的行为规律。工业项目的常规设计，必须保证生产过程和工艺流程的连续、畅通、安全，力求使生产作业流行短期、方便、避免交叉干扰。

（3）技术经济合理

场地设计必须结合当地自然条件和建设条件因地制宜地进行。特别是确定建设项目工程规模、选定建设标准、拟定重大工程技术措施时，一定要从实际出发，深入进行调查研究和充分的技术经济论证，在满足功能的前提下，努力降低造价、缩短施工周期、减少工程投资和运营成本，力求技术上经济合理。

（4）满足卫生、安全等技术规范和规定的要求

在进行场地设计时应按日照、通风、防火、防震、防噪等要求及节约用地的原则综合考虑。建筑物的朝向应合理选择，如寒冷地区避免西北风和风沙的侵袭，炎热地区避免西晒并利用自然通风。散发烟尘、有害气体的建、构筑物，应位于场地下风向，并采取措施避免污染环境。

（5）竖向布置合理

充分结合场地地形、地质、水文等条件，进行建、构筑物、道路等的竖向布置，合理确定其空间位置和设计标高，做好场地的整平工作，尽量减少土石方工程量，并做到填、挖土石方量的就地平衡，有效组织场地地面排水，满足场地防洪的要求。

（6）合理进行绿化设计与环境保护

场地的绿化布置和环境美化要与建筑物、构筑物、道路、管线的布置一起全面考虑、统筹安排，充分发挥植物绿化在改善小气候、净化空气、防灾、降尘、美化环境方面的作用，并注意绿化结合生产。场地设计应本着环境的建设与保护相结合的原则，按照有关环境保护的规定，采取有效措施防止环境污染，通过适当的设计手法和工程措施，把建设开发和保护环境有机结合起来，力求取得经济效益、社会效益和环境效益的统一，创造舒适、优美、洁净并具有可持续发展特点的生活环境。

（7）合理考虑发展和改扩建问题

考虑场地未来的建设与发展，应本着远近期结合、近期为主，近期集中、远期外围，自内向外、由近及远的原则，合理安排近远期建设，做到近期紧凑、远期合理。在适当预留发展用地，为远期发展留有余地的同时，避免过多、过早占用土地，并注意减少远期废弃工程。对已建成项目的改进、扩建，首先要在原有基础上合理挖潜，适当填空补缺，正确处理好新建工程与原有工程之间的新老关系，本着“充分利用，逐步改造”的原则，通盘考虑，做出经济合理的远期规划布局和分期改造、扩建计划。

第二节　从景观场地到景观场所

一、景观场地中的场所性

1. 场所的概念

场所指的是在一定场地范围内，通过人对场地的利用进而引发一系列相关的活动，并且使之成为一处对活动及其情感表达的容器，不仅包括物的存在更兼有精神意义。

场所和场地的关系：场所乃有行为的场地。场所 = 场地 + 在场地上发生的行为。脱离了行为活动，则不能称之为场所。

——《百度·百科》

2. 场地中的场所精神

场所精神与林奇的印象城市景观途径相同，其目的是认识、理解和营造一个具有意义的景观场所，塑造一个有意识的景观空间。在场地的设计过程中强调人对场所的精神理解。人只有当认同环境并在环境中定位自己时场所才具有真正的内在意义。要使场地有意义，就必须遵从场所精神——人们日常生活中必须面对和适应的客观存在，一些预设的外在力。因此，景观设计的本质是显现场所精神，以创造一个有意义的场所，使人得以栖居。

景观中的“场所精神”旨在回答：怎样的场所是有意义的，即如何才有场所精神。答案是认同和定位。认同是对场所精神的适应，即认定自己属于某一地方，这个地方由自然的和文化的一切现象所构成，是一个环境的总体。通过认同人类拥有其外部世界，感到自己与更大的世界相联系，并成为这个世界的一部分。因此，使用同一个场所的人们通过认同于他们的场所而成为一个社会共同体，使他们联结起来。这使场所具有同一性和个性。定位则需要对空间的秩序和结构的认识，一个有意义的场所，必须具有可辨析的空间结构。

所以，场地中的“场所精神”所描述的景观是由一系列场所构成的。而每一场所由两部分构成，即场地的性格和场所的空间。一个场所就是一个有性格的空间。空间是构成场所现象的三维组织，而性格则是所有现象所构成的氛围或真实空间。两者是互为依赖而又相对独立的（图 6.2.1）。

图 6.2.1　具有纪念场所精神的美国华盛顿公共景观

3. 从场地到场所

如果我们只是简单地进行场地设计，还远远不能达到我们对于空间使用的需要，任何一个使用者都是带着情感的主体，不可能只是客观的描述世界而毫无感情。反观当今我们的设计，或许从定义上就已经偏离了人们希望看到的轨道。

景观回到“场所”是一种必然的发展趋势，诚挚的考虑在场地中活动的人们的物质需要以及情感需要是不可分离的两个方面。当纳入了情感方面的需要也就扩大了空间设计的范围，特别是情感本身是比较不容易把握的状态，如何进行具体的操作，需要我们对使用者进行更多更细致的观察和思考。

认真分析关于场地的客观的物的存在，应该回到关于场地的主观的人的需要。从以下几个方面解读人性对场所的内在需求：

（1）尊重场所的使用时间

使用者不同时间的使用会在很大程度上影响场地设计，时间对于不同的人具有不同的价值意义，而相对应的是不同的时间段里不同的人群也会有其对场所的不同需求。比如一般用于晚上活动的酒吧或者派对的场地设计，就应该更多地去考虑晚上人们对场地的需要以及场地设计的效果，把设计的重点放在灯光、夜景的处理上。同时考虑到晚上与白天人群对空间上的使用情况不同，如何让光线照度、灯具密度、道路布置、场地铺装以及整体搭配更加符合。

（2）尊重场所中使用者的使用习惯

对于一些具有特殊要求、特殊功能的场地空间，需要对这类使用人群的行为方式、日常习惯进行大量的数据调查，形式包括：访谈、问卷、观察、行为痕迹分析等不同类型的调查方式。在切实了解其对场地功能的使用状况下，再有针对性地对场地布局、色彩搭配、形态构成以及细部构件进行设计。

以敬老院场地为例，由于其特殊人群的年龄阶段和身体结构，则应该在以下方面加以注意，创造出合适这类群体的场地。

①功能布局上，应以短简方便的联系空间为主，尽量避免过多的迂回。

②色彩处理上，选择淡雅明快的色彩基调——满足老年人对于“恬适情趣”的向往。

③形态构成上，需要平稳、安定、常见的形态特征，尽量避免过于繁杂、夸张，具有明显张力的空间形态。

图 6.2.2 使用密度极高的香港公共空间

④细部设计上，这是对老年人使用空间最需要重点考虑的环节。由于其身体机能的减弱，在座椅材质、形状，地面铺装图案，扶手栏杆的舒适度以及台阶楼梯的高宽比，防滑条的处理上都需要在对老年人进行大量观察和调查的前提下进行设计。

⑤植被设计以清新淡雅为基调，休息板凳最好是比较柔软的木质长椅。

（3）尊重场所中的使用情绪

场所除了满足使用者物质功能的需要，还应该考虑使用者心理上的安慰。情绪是人类对于外部世界的直接反应；反过来，外界环境也能在很大程度上影响人们的情绪变化。情绪虽然是一种很主观也很难捉摸的设计条件，但在基于大量统计的情况下，还是可以用一些数据反映出人们情绪对于不同场地空间的几种基本认识。特别是当场地在为某种特定使用人群服务的情况下，这类数据变得更加清晰和有说服力。如医院中的场地设计，应尽量避免出现过多的灰色空间以及空间死角。空间处理上宜视线通透，采光良好，构筑物应积极高尚且色调明快。对原有地形进行规整以达到合适的坡度起伏加强其空间感，避免出现较多的阴影区域。植被方面以常绿树种为主，多种色彩的灌木进行搭配种植。

（4）尊重场所中的使用密度

尊重场所中的使用密度不仅是旨在考虑个体对场地环境的使用和感受，而且通过对人与人之间在某一空间中的使用把人与物、人与人进行综合考虑。考虑当人与人在使用空间相互影响时该如何在前期对空间进行设计。所以，这便要求设计者事先了解场地使用人群的数量在时间轴上的分布曲线，找出最大使用密度，最小使用密度以及其间的动态相互关系，以此为根据对场地进行合理布置（图 6.2.2）。如对汽车站场地空间进行设计就应该了解此车站在城市的地理位置以及重要程度，预计使用人群数量、年龄结构分布并在不同时间段来进行合理分析，达到既满足人们对整个空间的使用效果，又满足“不浪费公共空间”的使用要求。

（5）尊重场地的使用信息反馈

场地设计不是一蹴而就，更不是一成不变的。在满足前期规划与设计的同时，还应该建立“设计者—使用者”的长效机制，在动态中把握对场地环境形态的塑造和对不同人群的心理认知——这一点应该被设计者牢记，并且反映到初期对场地设计的考虑中来。通过周期性的对既有场地空间进行观察，记录人们的使用频率、效果、满意度，对场地环境保持持续的设计认知，加深对场地环境特征的理解，并最终反馈到对场地环境的塑造与再塑造上，使所设计的场地真正做到为人们所享用、所乐道，成为一种与人们活动互相补充，与人们发展互相促进的状态，变成一处具有生命力富有场所感的空间形态。

通过以上内容我们可以看到，将对人性诚挚的考虑带入到对场地的设计中来，这是对现有设计体制的一场变革，需要经历一个漫长的“接受与否”的过程，但这场变革是符合人们的需要的，也是符合时代发展。

从场地到场所，这不仅是对人在空间上的叠加，更是对景观场地既有环境的凝聚与升华，“场所”作为精神实体的存在，其意义正在于此。

第三节　景观中的空间概念

一、景观空间概念解读

空间是一种被限定的三维环境，是一个内空体，它是一个可以被感知的场所。人们在空间的不断转换与自然的不断接触、碰撞中，渐渐感悟到这是一种特有的审美观。由于人与空间环境建立了一定的因果关系，空间环境也就因此变成了一个“属于人的环境”。在景观设计中，人们能自由地漫游在各个景观空间里，欣赏景观构成中的音乐喷泉、雕塑、壁画、植物，进而转入内部去体会空间的无限魅力。此时人与景因共同语言而融为一体，由一种物质形态升华为另一种精神境界，而这些也正是景观构成艺术所要表达的最高境界和艺术魅力。

人们把建筑看成是一种社会需要，而把景观当做是精神休憩园地，更要求景观规划能够给人以适宜，和谐共融的心理感受。处处体现“以人为本”思想，落实人最基本的实用性需求。景观设计要在规划的基础上创造完善的公共活动空间。例如健身活动场所、儿童游乐场所、公共活动场所等，为使用者提供交往的可能与空间，便于行人的相互来往与交流。除这些必要社交空间，景观还承担着景观要素的合理组织，适宜配置的要务。这些景观要素包括水面、绿地、道路、照明等设施的配套工程建设。这就要求景观设施的服务半径的范围配置合理，体现以人为本原则，贴近人的精神需求，使人真正融入环境，陶醉其中。

景观设计空间其实是连接过去与未来的纽带。景观构成中或多或少总会有一些特有的符号和排列方式，巧妙地注入这种元素符号，可以加强环境景观的历史连续感和乡土气息，增强景观构成空间的感染力。而景观构成中的空间形态首先又会涉及场所与活动，没有空间场所，人就不能活动；无人活动的场所，也就无所谓视觉形态。所以，景观中场所的空间形态构成只有当它可行、可望、可游时，才具有实际意义和美学价值。

在景观设计的空间构成中，设计是为了更有效地利用空间，使构成景观的各种空间元素彼此连接，协调一致。如在景观设计空间分隔中常用的障景手法就是把人的可视空间与不可视空间联系起来，通常采用植物、雕塑、喷泉等群落，用隔障把大空间隔成诸多小空间，经过分割重新组合构成一个新的景观，这些都有助于将景观空间设计的各种尺度紧密地嵌合。在景观设计构成中，规划设计与艺术的完美结合，使景观成为可以为市民提供一个较大的、富有活力的、有地方特色的公共活动空间，成为人群聚集的场所。

景观设计的首要原则应当是重视功能，并根据实用功能的要求做出理性设计。景观设计以形态构成、色彩构成、光影构成等原理和方法表情达意。如今，休闲越来越成为广场的重要功能，景观设计也已演化成为与传统、历史文化和自然及意识形态相联系的综合文化现象。场所是指有人活动的空间加时间的有限部分，而空间能增加可变的时间因素。心理学上认为活动是有明确目的，并具有一定社会职能的各种活动的总和，或者是人们为了达到某种目的而采取的有意识的行为的总和。在景观设计构成中，人的各种活动首当其冲地成为景观场所构成的主要内容。

图 6.3.1 城市中的建筑景观空间

二、景观空间的概念与类型

1. 景观空间的基本概念

景观设计是一种环境设计，也可说是“空间设计”，目的在于提供给人们一个舒适而美好的外部休闲憩息场所。如中国古典园林艺术“尽错综之美，穷技巧之变”，构思奇妙，设计精巧，达到了设计上的至高境界。究其原理，乃得力于园林空间的构成和组合。但是时代发展到今天，我们的一些公共景观往往由于很少（或没有）充分考虑到空间构成和组合的重要性而使其显得平淡无奇，一览无余。因此把景观空间的构成和组合构成规律用来提高景观艺术水平是景观设计实践的重点。

空间是由一个物体同感觉它存在的人之间产生的相互联系，如在城市或公园这样广阔的空间中，它有自然空间和目的空间之分。作为与人们的意图有关的目的空间又有内在秩序的空间和外在秩序的空间两个系列。平常所谓的外部、内部空间是相对于室内空间而言的。它既可设计成具有外在秩序（开敞或半开敞），也可设计成具有内在秩序（围合、封闭）。但是内、外部空间并不是绝对划分的。如：某人住在带有庭院的住所内，他的居室是内部空间，庭院就是外部空间，但相对于整个住所来说，院外道路的空间就是外部的。而景观中的空间就是一种相对于建筑的外部空间，它作为景观形式的一个概念和术语，意指人的视线范围内由树木花草（植物）、地形、建筑、山石、水体、铺装道路等构图单体所组成的景观区域而成，它包括平面的布局，又包括立面的构图，是一个综合平、立面艺术处理的三维概念（图 6.3.1）。景观空间构成的依据是人观赏事物的视野范围，在于垂直视角（约

20—60 度)、水平视角(约 50—150 度)以及水平视距等心理因素所产生的视觉效果。因此,景观空间的构成须具备三因素 :一是植物、建筑、地形等空间境界物的高度 ;二是视点到空间境界物的水平距离 ;三是空间内若干视点的大致均匀度。

图 6.3.2 美国城市中的公共空间

2. 景观空间的类型

景观中的空间根据境界物的不同分为不同种类,主要有 :以地形为主组成的空间 ;以植物(主要是乔木)为主组成的空间以及以园林建筑为主组成的空间(庭院空间)和三者配合共同组成的空间四类,现分述如下 :

(1)以地形为主构成的景观空间

地形能影响人们对空间的范围和气氛的感受。平坦起伏平缓的地形在视觉上缺乏空间限制,给人以轻松感和美的享受(图 6.3.2)。斜坡,崎岖的地形能限制和封闭空间,极易使人造成兴奋和恣纵的感觉。在地形中,凸地形提供视野的外向性 ;凹地形是一个具有内向性和不受外界干扰的空间,通常给人一个分割感、封闭感和秘密感。地形可以用许多不同的方式创造和限制外部空间,空间的形成可通过如下途径 :对原有基础平面添土造型 ;对原有基础进行挖方降低平面 ;增加凸面地形的高度使空间完善或改变海拔高度构筑成平台或改变水平面。

当使用地形来限制外部空间时,下面的三个因素在影响空间感上极为关键 :空间的底面范围 ;封闭斜坡的坡度 ;地平轮廓线。这三个变化因素在封闭空间中同时起作用。一般人的视线在水平视线的上夹角 40—60 度到水平视线的下夹角 20 度的范围内,而当三个可变因素的比例达到或超过 45 度(长和高为 1∶1)则视域达到完全封闭 ;而当三个可变因素的比例少于 18 度时,其封闭感便失去。因此,我们可以运用底面积、坡度和天际线的不同结合来限制各种空间,或从流动的线形谷地到静止的盆地空间,塑造出空间的不同特性。如 :采用坡度变化和地平轮廓线变化而使底面范围保持不变的方式可构成天壤之别的空间。一般为构成空间或完成其他功能如地表排水、导流等,地表层决不能形成大于 50% 或 2∶1 的斜坡。利用和改造地形来创造空间、造景在古典园林和现代园林中有很多成功的典例,如 :颐和园的万寿山和昆明湖 ;长风公园的铁臂山和银锄湖。而且一般多见于中型、大型园林建设中,因其影响深、投资多、工程量大,故经常在使其满足使用功能、观景要求的基础上,以利用原有地形为主、改造为辅,根据不同的需要设计不同的地形。如 :群众文体活动场地需要平地,拟利用地形作看台时,就要求有一定大小的平地和外面围以适当的坡地。安静游览的地段和分隔空间时,常需要山岭坡地。园林中的地形有陆地和水体,二者须有机地结合,山间有水,水畔有山,使空间更加丰富多变。这种山、水结合的形式,在景观设计中广为利用,就低挖池,就高堆山,掇山置石,叠洞凿壁,除了增加景观外,重要是限制和丰富空间。

(2)以植物为主构成的空间

植物在景观中除观赏外,它还有更重要的建造功能即它能充当和建筑物的地面、天花板、围墙、门窗一样的构成、限制、组织室外空间的因素。由它形成的空间是指由地平面、垂直面以及顶平面单独或共同组成的具有实在或暗示性的范围组合。在地平面上,以不同高度和各类的地被植物、矮灌木来暗示空间边界,加一块草坪和一片地被植物之间的交界虽不具视线屏障,但也暗示空间范围的不同(图 6.3.3)。垂直面上可通过树干、叶丛的疏密和分枝的高度来影响空间的闭合感。同样,植物的枝

图 6.3.3 美国萨瓦那的植物围合空间

叶(树冠)限制着伸向天空的视线。鉴于此,亨利 · F · 阿诺德在他的著作《城市规划中的树木》中介绍到 :在城市布局中,树木的间距应为 3—6 米,如果间距超过 9 米便会失去视觉效应。因此我们在运用植物构成室外空间时,只有先明确目的和空间性质(开旷、封闭、隐密、雄伟),再选取、组织设计相应植物。以下是利用植物构成的一些基本空间类型。

①开敞空间 :四周开敞,外向无私密性。

②半开敞空间 :开敞程度小,单方向,通常适用于一面需隐秘性,而另一侧需景观的居民住宅环境中,在大型水体旁也常用。

③覆盖空间 :利用浓密树冠的遮阴树,构成顶部覆盖、空透的空间。一般来说,该空间能利用覆盖的高度形成垂直尺度的强烈感觉 ;另一种类似于此空间的是"隧道式"空间(绿色长廊),它是由道路两旁的行道树树冠遮阴而成,增强了道路直线前进的运动感。

④完全封闭空间 :四周均被中小型植物所封闭,无方向性、具极强的隐秘,隔离性。

⑤垂直空间 :运用高而细的植物构成一个方向直立,朝天开敞的空间。设计要求垂直感的强弱,取决于四周开敞的程度,这种空间尽可能利用锥形植物,越高则空间越大,而树冠则越小。

(3)以景观建筑为主的景观空间

以建筑主体的景观空间可形成封闭、半开敞、开敞、垂直、覆盖空间等不同空间形式。该空间的特点是以建筑物为构图主体,植物处于从属地位。在以建筑为主的景观空间中以建筑作为构成景观空间的主要手段,在具体运用上多式多样如运用渗透对比的手法扩大空间,用过渡、引申手法联络空间,用点缀补白手法丰富空间,这些手法互相结合,可形成不同特性、不同主题的专类景观空间(图 6.3.4)。

(4)植物、地形、建筑在景观中通常相互配合共同构成景观空间

植物和地形结合,可强调,或消除由于地形的变化所形成的空间。建筑与植物相互配合,更能丰富和改变空间感,形成多变的空间轮廓(图 6.3.5)。三者共同配合,既可软化建筑的硬直轮廓,又能提供更丰富的视域空间,中国园林中的山顶建亭、阁,山脚建廊、榭,就是很好的结合。如北京的颐和园、北海公园等。

经过将植物、地形、建筑的组合搭配可以构成全新的景观空间,这些都有助于将景观空间设计的各种尺度紧密地嵌合。在景观空间设计构成中,将多种元素完美结合,使景观成为可以为使用者提供一个较丰富的、有活力的、有特征的公共活动空间,成为吸引人群聚集的场所。

三、景观的空间属性

景观与空间是密不可分的，在某种程度上甚至可以说景观艺术就是对空间组织利用的艺术。无论从景观设计的概念，景观设计的本质与特征，景观设计的范畴以及展示设计的程序，我们都可以发现“空间”这个概念是贯穿始终的。景观设计是一种人为环境的创造，空间规划就成为其核心要素。所以，对景观空间设计的概念理解是非常必要的。

1. 景观空间的两重性

空间这个概念有着相对和绝对的两重性，空间的大小、形状被其围护物和其自身应具有的功能形式所决定，同时该空间也决定着围护物的形式。“有形”的围物使“无形”的空间成为有形，离开了围护物，空间就成为概念中的“空间”，不可被感知；“无形”的空间赋予“有形”的围护物以实际的意义，没有空间的存在，那围护物也就失去了存在的价值。对于空间及其围护物之间这种辩证关系，中国两千年前的老子曾作过精辟的论述：“埏埴以为器，当其无，有器之用。凿户牖以为室，当其无，有室之用。故有之以为利，无之以为用。”

图 6.3.4 法国拉德芳斯的公共建筑空间

图 6.3.5 建筑、植物、水体围合的东南大学公共空间

2. 景观空间的时间性

在景观设计中我们所说的空间是四维的，在此给通常意义上的三维空间加上“时间”这一概念。时间意味着运动，抛开时间研究空间将是乏味的，没有意义的。自爱因斯坦“相对论”提出以后，人们对空间的认识有了深化，知道了空间和时间是一个东西的不同表达方式。空间是可见实体要素限定下所形成的不可见的虚体与感觉它的人之间所产生的视觉的“场”，是源于生命的主观感觉。而这种感受是和时间紧密联系在一起的，人们在景观中对环境的观赏，必然是一种动态的观赏，时间就是动态的诠释方式。人在空间中，就必然体验时间的流逝和空间的变化，从而构成完整的感观体验。空间的时间性在景观设计中是客观存在的一个因素，充分运用时间这“第四维”是创造动态空间形式的根本，也是创造“流动之美”的必经之路。

3. 景观空间的流动性

在景观环境中，空间具有流动性是必然的，是由景观空间的功能特点决定的。景观空间是一门空间与场地规划的艺术，是在特定的空间范围内用一定的表现手段向使用者传达环境信息，规划上有意识的引导，使使用者在三维空间中体验时空产生的第四维效应（图 6.3.6）。

景观的空间，可以造成各种不同的空间效果。如几何直线构成的平面流线，使人有一种理性的、秩序的空间效果；如采用有机形或弧形的平面流线则可以使空间显得活泼更加自如。展区的分布与路线分配的不同，则使观众在浏览的过程中，产生

图 6.3.6 具有空间流动性的苏州圆融广场景观

一种心理上的节奏感。空间安排上的不同能引起参观过程中观众在展品、展位前逗留时间的差异,使整个大的环境张弛有序,富有变化。

第四节　景观的空间设计原则

1. 采用动态的、序列化的、有节奏的空间展示形式

景观空间最大的特点是具有很强的流动性,所以在空间设计上采用动态的、序列化的、有节奏的展示形式是景观设计首先要遵从的基本原则,这是由景观空间的性质和人的因素决定的(图 6.4.1)。人在景观空间中处于参观运动的状态,是在行为中体验并获得最终的空间感受的。这就要求景观空间必须以此为依据,以最合理的方法安排空间流线,在空间处理上做到犹如音乐旋律般的流畅,抑扬顿挫分明有致,使整个设计顺理成章。在满足功能的同时,让人感受到空间变化的魅力和设计的无限趣味。

中国的园林艺术在这点上与景观空间的设计原则有着异曲同工之妙,我们可以从中获得一些启发。如园林在空间序列上讲究起承转合,明暗开合;在游览路线上讲究移步换景,情景交融。这些都值得在考虑景观展示形式时采纳借鉴。

2. 在空间设计中考虑人的因素,使空间更好地服务于人

景观空间的基本结构由场所结构、路径结构、领域结构所组成,其中场所结构属性是展示空间的基本属性。因为场所反映了人与空间这个最基本的关系。它体现了以人为主体。通过中心(场所)、方向(路径)、区域(领域)协同作用的关系"力",即"突出了社会心理状态中人的位置";是人赋予了展示空间的第四维性,使它从虚幻的状态通过人在展示环境中的行动显现出实在性,同时人在对这种空间的体验过程中,获得全部的心理感受。"人"是展示空间最终服务的对象,所以人作为高级动物在精神层面上的需求是景观设计必须满足的一个方面。

景观设计需要满足人在物质和精神上的双重需求,这是在进行景观空间分析时的基本依据。人类需要舒适和谐的展示环境,声色俱全的展示效果,信息丰富的环境内容,安全便捷的空间规划,考虑周到的服务设施等等,这些都是人类在精神上对景观设计提出的要求。这就需要设计师仔细地分析参观者的活动行为并在设计中以科学的态度对人机工程学给以充分的重视,使景观空间的形状、尺寸与人体尺度之间有恰当的配合,使空间内各部分的比例尺度与人们在空间中行动和感知的方式配合得适宜、协调，这是最基本的空间要求。同时人们应该是在一个舒适的环境中进行活动。一个充满人性化的展示空间才是一个“合情”、“合理”的设计（图 6.4.2）。

3. 以有效的设计手法利用空间

景观中的空间，应该以最有效的场所感向使用者呈现空间形象。逻辑地设计空间的秩序是利用空间达到最佳展示效果的前提。因此，设计中必须将空间问题与环境内容结合起来进行考虑，不同的环境内容有与之相对应的空间形式和空间划分。如商业性质的景观空间要求场地较为开阔，空间与空间之间相互渗透以便互动交流，要给以充分的、突出的展示空间以增强对人的视觉冲击，给观众留下深刻的印象（图 6.4.3）。总之，给空间以合理的定位，用合理的手法设计空间是景观空间规划重点考虑的问题，也是景观空间设计成功的关键。

4. 保证空间的安全性

在空间设计的过程中，使用者的需求是第一位的。所以必须重视景观空间的安全性。如参观流线的安排必须设想到各种可能发生的意外因素，必须考虑到相应的应急措施。在大型的景观活动中，必须有足够的疏散通道和应急指示标志、应急照明系统等。为了给使用者提供方便，在景观的空间设计中要相应的考虑到行人的通行、休息的方便，尽可能地考虑到伤残者的特殊需求，以谋求“无障碍”设计，这也是现代景观设计发展的一个趋向。

图 6.4.1 上海现代集团设计的上海外滩公共城市空间

空间为我们对环境的感知活动提供了场所，没有空间，我们将无法获得信息也无法与人交流。总之，正确处理好空间的问题是景观设计中的精髓；正确认识空间与景观设计的关系是做设计的前提和基础；较好的运用“空间”语言则可以赋予一个设计以实质的意义和生命力。

第五节　景观设计中的空间组织

空间的本质在于其可用性，即空间的功能作用。一片空地，无参照尺度，就不成为空间，但是，一旦添加了空间实物进行结合便形成了空间，容纳是空间的基本属性。“地”、“顶”、“墙”是构成空间的三大要素，地是空间的起点、基础；墙因地而立，或划分空间，或围合空间（图 6.5.1，图 6.5.2）；顶是为了遮挡而设。与建筑室内空间相比，外部空间中顶的作用要小些，墙和

图 6.4.2 尺度适宜的日本公共空间设计

图 6.4.3 人性化的日本商业公共空间

地的作用要大些，因为墙是垂直的，并且常常是视线容易到达的地方。空间的存在及其特性来自形成空间的构成形式和组成因素，空间在某种程度上会带有组成因素的某些特征。顶与墙的空透程度，地、顶、墙诸要素各自的线、形、色彩、质感、气味和声响等特征综合地决定了空间的质量。因此，首先要撇开地、顶、墙诸要素的自身特征，只从它们构成空间的方面去考虑，然后再考虑诸要素的特征，并使这些特征能准确地表达所希望形成的空间的特点。

空间处理应从单个空间本身和不同空间之间的关系两方面去考虑。单个空间的处理应注意空间的大小和尺度、封闭性、构成方式、构成要素的特征（形、色彩、质感等）以及空间所表达的意义或所具有的性格等内容。多个空间的处理则应以空间的对比、渗透、层次、序列等关系为主。空间的大小应视空间的功能要求和艺术要求而定。大尺度的空间气势壮观，感染力强，常使人肃然起敬，多见于宏伟的自然景观和纪念性空间。小尺度的空间较亲切宜人，适合于大多数活动的开展。为了获得丰富的景观空间，应注重空间的渗透和层次变化。主要可通过对空间分隔与联系关系的处理来达到目的。被分隔的空间本来处于静止状态，但一经连通之后，随着相互间的渗透，好像各自都延伸到对方中去，所以便打破了原先的静止状态而产生一种流动的感觉，同时也呈现出了空间的层次变化。

空间的对比是丰富空间之间的关系，形成空间变化的重要手段。当将两个存在着显著差异的空间布置在一起，由于形状、大小、明暗、动静、虚实等特征的对比，而使这些特征更加突出。空间序列是关系到园林的整体结构和布局的问题。当将一系列的空间组织在一起时，应考虑空间的整体序列关系，安排游览路线，将不同的空间连接起来，通过空间的对比、渗透、引导、创造富有性格的空间序列。在组织空间、安排序列时应注意起承转合，使空间的发展有一个完整的构思，创造一定的艺术感染力。

一、景观空间的联系

1. 景观空间的分隔

景观空间的断也可称为隔断，通过阻挡视线，以阻直行，另辟蹊径，达到“柳暗花明又一景”。景观中空间应该隔而不断，可通过景墙的窗洞、门组织“对景”，以增加景的层次与深度，也可以安排漏窗，虽阻断通行但视线得以延续，谓之“引景”，或可透过门洞，看到“对景”。景观空间的连续并不是一览无遗，有隔有围，围而有透，“径缘池转，廊引人随，相互辉映，相映成景”（图 6.5.3）。

2. 景观空间的围合

景观空间有容积空间、立体空间以及两者相合的混合空间。容积空间的基本形式是围合，空间为静态的、向心的、内聚的，空间中墙和地的特征较突出。立体空间的基本形式是填充，空间层次丰富，有流动和散漫之感。容纳特性虽然是空间的根本标识，但是，设计空间时不能局限于此，还应充分发挥自己的创造力和想象力。例如草坪中的一片铺装，因其与众不同而产生了分离感。这种空间的空间感不强，只有地这一构成要素暗示着一种领域性的空间。再如一块石碑坐落在有几级台阶的台基上，因其庄严矗立而在环境中产生了向心力。由此可见，分离和向心都形成了某种意义和程度上的空间。实体围合而成的物质空间可以创造，人们亲身经历时产生的感受空间也不难得到不同的感受（图 6.5.4）。

图 6.5.1 英国泰晤士河坝公园空间中的墙体之一

图 6.5.2 英国泰晤士河坝公园空间中的墙体之二

景观空间的围合与空间的封闭性有关，主要反映在垂直要素的高度、密实度和连续性等方面。高度分为相对高度和绝对高度，相对高度是指墙的实际高度和视距的比值，通常用视角或高宽比 D/H 表示。绝对高度是指墙的实际高度，当墙低于人的视线时空间较开阔，高于视线时空间较封闭。空间的封闭程度由这两面三种高度综合决定。影响空间封闭性的另一因素是墙的连续性和密实程度。同样的高度，墙越空透，围合的效果就越差，内外渗透就越强。不同位置的墙所形成的空间封闭感也不同，其中位于转角的墙的围合能力较强。

二、景观空间的组织与配置

1. 景观空间的布局要求

图 6.5.3 扬州个园中的景墙设计

（1）景观空间的序列设计讲究依形就势，导引有序。如中国园林中的空间设计遵循“不妨偏径，顿觉婉转”的设计原则，在空间序列上如过于冗长则消减游兴，过短则兴致顿消。

（2）景观空间的序列安排取决于不同的基地条件，应根据具体的用地与交通条件布置景观空间的序列布局。

（3）景观空间的序列安排应注重自然景观空间与人工景观空间的承接关系。其设计应遵循中国园林的“因地制宜，巧于因借”。

（4）注意景观空间的交替、过渡、转换，加强其节奏感，做到划分、隔围、置景主从分明，尺度、体量把握有度。

（5）景观空间序列应呈现扩散、离心、辐射等状态，在景观中，空间往往是外向性的，是发散的，多视角的。多样性的空间能呈现出优美的形象与轮廓，并给予人们难忘的印象。

2. 景观空间的配置方法

景观空间序列的表达可以划分为起始、期待—引导—起伏—高潮—尾声几个阶段，可通过各种空间的组织手法处理好景的露与藏、显与隐等问题。

在景观空间中以引景、借景、对景、底景、主景等不同手法的运用，以达到预期的效果。在现代景观规划中应注重对中国古典传统空间设计理论的运用。

（1）主景与配景。景观空间的配置中，通过一定的构思立意，对景观元素进行主次选择与布局，使之相互衬托、突出重点、显示主题，才能使景观空间引起视觉的冲动，给人留下深刻的印象。主景的选择要求其在体量上、位置上、

图 6.5.4 具有空间暗示性的美国景观空间

造型上都有较显著的特色，如区域的位置、轴线的底景、环境的中心等。

（2）借景与对景。凡是位于景观空间轴线及视线端点的景，称为对景。对景包括正对和互对两种。正对是指在道路、广场的中轴线上布置景点。这样的布置方式能获得庄严雄伟的主景效果。互对是指在风景视线的端部设景。在现代的城市景观设计中常常利用视线分析的方法来创造一些互对的景观。

在人视力所及的范围内，凡有好的景色，都宜将其组织到景观的观赏视线中来，这就是借景。如中国园林“园林巧于因借，精在体宜。借者，园虽别于内外，得景则无拘远近。俗则屏之，嘉则收之”。借景能扩大景观空间，增加变幻，丰富景观层次。在现场踏勘调查中，如果发现有景可借，就应该组织景观视廊将基地外的景借进来以增强景观空间的互动性。借景因距离、视角、时间、地点等不同而有所不同。

（3）障景与隔景。障景又称抑景。凡是能抑制视线、引导游人视线发生改变和空间方向转变的屏障物均为障景。它来源于园艺造景中的“欲扬先抑，欲露先藏”的匠意，以达到“山重水复疑无路，柳暗花明又一村”的效果。障景不仅能隐蔽暂时不希望被看到的景观内容，而且还可以用来隐蔽一些不够美观和不能暴露的地段和物体。隔景即根据一定的构景意图，借助分隔空间的多种物质技术手段，将景观区分隔为不同功能和特点的观赏区和观赏点，以避免相互之间的过多干扰。隔景有实隔、虚隔和虚实并用等处理方式，利用实墙、地形等分隔空间为实隔，它有完全阻隔视线、限制通过、加强私密性和强化空间领域的作用。利用空廊、花架、花墙、漏花窗等分隔空间为虚隔，可部分通透视线，但人的活动受到一定的限制，相邻空间景色有相互补充和流通的延伸感。在多数场合，采用虚实并用的隔景手法，可获得景色情趣多变的景观感受。

（4）夹景与框景。为突出轴线端点的景观，常将视线两侧的较贫乏的景观加以隐蔽，形成了较封闭的狭长空间，以突出空间端部的景。这种左右两侧起隐蔽作用的前景称为夹景。夹景是运用透视线、轴线突出对景的手法之一，能起到障丑显美的作用，并增加景观的深远感。利用门框、窗框、树干树枝等所形成的框，有选择地摄取另一空间的景色，恰似一幅嵌在镜框中的图画，这种利用景框所观赏的景物称为框景。框景以简洁的景框为前景，使观者视线通过景框并高度地集中在画面的主景上，给人以强烈的艺术感染力（图 6.5.5）。

以上各种空间造景手法的目的是要使景观更有吸引力。应该指出的是，这些造景方法有一定的局限性，在设计中应综合考虑各种因素选择性利用。

3. 景观空间的引导与限定

景观空间是容纳人的行为的场所，人的行为方式及心理感受对于空间的构成有着重要的意义。从根本上讲，人对空间的感受是从视觉形象开始的。不同的空间形象源自于不同的功能和审美要求，同时也带给使用者不同的心理感受。

人作为景观空间的主体，其对环境的心理需求，以及环境对个人行为心态的影响是明显的。人对环境的知觉具有整体性，其对于空间的感知不仅局限于界面的具体形式，而且还能够通过更深层次的心理活动，综合视觉经验、行为经验，感知出超越具体形式以外的某种气氛。另外，空间应适应和满足人的行为模式的需求，并为人的行为提供必要的暗示，以此影响人在内外空间的行为。空间构成元素对人行为的影响中最直接的表现形式是空间对使用者的引导与限定。

图 6.5.5 美国城市中利用建筑空间的景观设计

引导性和限定性是不同的景观空间形式对于人的视觉与行为方式产生影响的两种重要形式。不同的空间形式和建筑元素一般都具有不同程度的引导性和限定性，通过眼睛的感知，去传递一种信息，营造一种氛围，领会一种精神，进而影响和支配人的情绪与思维，建立起人们在相关建筑内外空间的基本行为模式。分析、了解和掌握不同建筑元素的引导性与限定性，将有助于提高我们对建筑空间内外复杂交通路线的组织能力，有助于提高我们组织视线，界定场所及空间塑造的能力，对于提高我们的空间设计水平将大有裨益。

（1）景观空间构成元素的引导性

景观空间的引导性是指在景观空间设计中运用不同的构成元素指示运动路线，明确运动方向。这些构成元素以其不同的形式，联系着一个区域与另一个区域，强调明确前进方向，引导人们从一个空间进入另一个空间，并为人在景观空间中的活动提供一个基本的行为模式（图 6.5.6）。

①空间序列组合的引导性

体现在建筑空间的引导性，通常是通过空间序列的组合来体现的。运用这种方法主要是借助于人们逐渐专致的心情以及渴望强烈刺激的欲望和精神上的期待，从心理上诱导人们探寻空间重点、高潮的部分（图 6.5.7）。

空间的高潮在任何情况下都不是孤立的，没有前期时间。空间的酝酿、烘托、陪衬准备是不能形成高潮的。犹如音乐，高潮只能在序曲、引子、前奏以及对比的旋律中逐步展开而引人入胜。在建筑中通过空间序列预示高潮产生引导性的手法，根据不同空间情况，大致有以下两种：

一种是采用空间体量的大小对比、形状对比或由小到大的有规律变化等手法来暗示行动路线，引导观者走向重点空间。

北京故宫一组中轴线上的空间序列就明显地反映了这一手法。通过天安门与端门之间的小竖长方形空间、端门与午门间大长方形空间到午门与太和门之间的横长方形空间直至太和殿前宽广的接近正方形的空间的序列对比，产生视觉上的引导性。

另一种是借助于纵深的韵律感来引导观者走向重点空间。常用的办法是采用柱廊或重复的券拱。连续纵深的距离越长，韵律感越强，人们期待韵律感预示的主题希望也愈强烈。具有韵律感的列柱或连续券拱的重复延展有一种动态感，有一种预示空间高潮的趋向，具有明显的组织引导前进的作用。

②空间形态的引导性

空间形态是组织不同景观空间的表现手法，其空间形态的高度、宽度与纵深距离的比例关系会对处于其中的人在心理上产生纵深引力。因此可以起到明显地引导人流行进的作用（图 6.5.8）。例如：园林中的游廊——一种狭长的空间形式，利用其空间场的延续方向，向人们暗示沿着它所延伸的方向走下去，必定会有所发现，因此处于其中的人便不觉怀有期待的情绪，巧妙地利用这种情绪，便可借游廊把人在不知不觉间引导到某个确定的目标——景致所在的地方。在运用这种构成元素的设计过程中，还必须考虑到人在连续狭长的空间中行进容易感到重复的单调，进而影响到这种空间形式的引导作用。为改善空间对使用者可能产生的这种不利于空间形式发挥作用的情绪因素，可以辅助其他的设计方法，如在廊中嵌入一些区别于狭长重复空间的变化，既可调节行进的速度，甚至停下来休息，也可增添因空间变化而产生的情趣（图 6.5.9）。以此调节通行其中的人的情绪，增强狭长空间的引导作用。如北京明陵的十八对石像前后碑亭，以及罗马圣彼得广场东西环柱廊两端和中部突出于柱廊的休息空间都有异曲同工之妙。

③空间造景的引导性

利用空间造景也能很好地起引导人行进的作用，进而沿着通向它的路径来到一些观者预先不知的重要空间。如苏州虎丘，处于制高点上的虎丘塔（图 6.5.10），掩映于枝叶扶疏的远方，具有极大的吸引力，借助于它便可以诱导人们循着一级级弯曲山道来到剑池——一个在虎丘山门处无法观察到的主要景区。

除上述元素外，其他如道路、地铺、桥、墙垣等，也可以通过处理使之起到引导与暗示的作用。有一些小路回肠曲折，这样的路能起到引导人们探幽的兴趣。所谓“曲径通幽”所说的正是这个道理。

以上这些用以引导行进路线的空间构成元素有助于较复杂景观空间的有序化组合并保持空间与路径的连续性，使路线的变化和空间序的展开都能在不同元素的引导下有序地进行。

（2）景观空间构成元素的限定性

景观空间场所形成的关键因素是一定的空间围护体的确立。不同形态的空间界面可以限定出不同的空间，使人产生不同的心理感受和空间感受。所谓景观空间的限定性是指利用实体元素或人的心理因素限制视线的观察方向或行动范围，从而产生空间感和心理上的场所感。

景观空间的限定大致可分为以下几种形式：以实体围合，完全阻断视线；以虚体分隔，既对空间场所起界定与围合的作用，同时又可保持较好的视域；利用人固有的心理因素，来界定一个不定位的空间场所。

①实体围合的限定性

实体围合是界定、组成空间的基本方法。用实体如墙等围合的场所具有确定的空间感和内外的方位感。其在空间组织上的重要功能就是保证内部空间的私密性和完整性。

②利用虚体限定空间

这里所说的虚体是指景观中可使视线穿透的空间限定体，如镂空的景墙或绿化等。利用虚体限定空间，可使景观空间既有分隔又有联系，由于空间界面在一定程度上并不完整，视线并未受到完全的阻隔，空间便显得灵活而有情趣。例如一个面积较大的景观空间，如果不加以分割，就不会有层次变化，但完全分割就会显得呆板也不会有空间渗透的现象发生，只有在分割之后又使之有适当的联通，才能使人的视线从一个空间穿透至另一个空间，从而使两个空间相互渗透，这样才能充分发挥大空间的优势，显示出空间的层次变化。这个道理与西方近现代建筑所推崇的“流动空间”理论十分相似。因为被分割的空间本来处于静止状态，但一经联系之后，随着相互之间的渗透，若似各自都延伸到对方中去，所以便打破了原先的静止状态而产生了一种流动的感觉。

利用这一原理，通过不同的虚体元素对空间加以限定和分隔，可以创造出丰富的景观空间层次变化。景观中常用以下手法限定空间：

• 利用竖向线性元素限定空间

图 6.5.6 香港城市交通空间的引导性

图 6.5.7 武汉大学校园景观中的建筑空间

竖向线性元素参与空间的构成，可以柔化过渡空间。威尼斯圣马可广场矗立于岸边的两棵花岗石石柱的运用就是一个利用虚体限定空间的典范，顺着庇阿塞塔广场（圣马可广场内的小广场）左侧的总督府和右侧的斯卡莫奇图书馆美丽的立面，游人的视线被自然地引向宽阔的海面，两棵石柱则使相对狭小的广场与宽阔的海面之间的过渡变得柔和而富有层次，不会因两侧建筑立面的戛然而止而使空间层次发生骤然转换。当人们的视线落到两棵柱子上时，"两棵柱子大大收束了广场的外部空间"，为广场空间带来视觉与心理上的充实感，其作用表现为对视线的限定和空间的界定。而当视线从柱子之间穿过时，由于柱子与人的距离较近，视线在穿过柱子后仍能形成一个宽阔的视域，感受到海洋与天空的广阔，与庇阿塞塔小广场空间形成强烈对比，彼此相得益彰。

图 6.5.8 城市公共空间中的廊道

图 6.5.9 纽约线性景观中的休息空间

• 利用镂空景墙限定空间

在中国古典园林中，采用镂空墙体限定空间非常普遍，并且创造出丰富的空间层次变化。镂空实际上就是透过特意设置的门洞或窗口去看某一景物，从而使景物若似一幅图画嵌于框中，由于是隔着一重层次（粉墙）去看，因而更显得含蓄而深远。

如果在相互毗邻的两个空间的分隔墙面上连续设置一系列窗口，这种秩序化的虚体隔断将会对人的运动视觉产生更加有趣的影响。例如：自狮子林立雪堂前院复廊看修竹阁一带景物，廊的西部侧墙上一连开了六个六角形的窗洞，通过这些窗洞摄取外部空间的图像，随着视点的移动时隔时透，忽隐忽现，各窗景之间既保持一定的连续性又依次有所变化，移步景异的感觉分外强烈。利用这种分隔，不但可使相邻两空间保持良好的相对独立性，同时也可使界定体两侧的空间得以利用其邻界空间的优势弥补自身不足。

在界定和划分空间的设计中，如果在某一方向上设置多重虚隔断，还可增加整个空间的距离感。某一对象，直接地看和隔着一重层次去看其距离感是不同的，倘若透过多重层次去看，尽管实际距离不变，但给人感觉上的距离似乎要远得多。留园的东部景区借粉墙把空间分割成若干小院，并在墙上开了许多门洞窗口，人们的视线可以穿过一重又一重的门洞、窗口而自一个空间看到一连串的空间，从而使若干空间相互渗透，于是便产生了极其深远乃至不可穷尽的感觉。江南园林在很大程度上就是采用镂空这种虚分隔的手法，在空间上产生渗透的效果，使相对狭小的空间显得无限深远的。其他如石林小院一带，空间院

图 6.5.10 苏州虎丘塔

落极小，建筑又十分密集，但由于若干界定体相互通透及错动，空间层次变化异常丰富，从而使人有深邃曲折和不可穷尽之感。

• 利用山石、树木限定空间

山石、树木等自然形态的东西也可作为虚体隔断，起到划分界定空间的作用。对于大型空间来讲，为避免空旷、单调和一览无余，同时又保证空间的完整性，通常可采用这种形式把单一的大空间分割成若干较小空间。借山石、树木限定空间与利用墙垣等人工构造分割空间，其目的虽然一样，但效果却不尽相同。山石、树木无定型，虽由人作，但毕竟属于自然形态，凡用它们限定的空间，通常都可使被分割的空间相互连绵、延伸、渗透，从而找不出一条明确的分界线，而以人工建筑为界面限定出的空间则彼此泾渭分明，两者相比虽各有特点，但用前者限定空间更能不着痕迹，并且会因自然形态的参与增强空间的亲切感。

• 利用人的行为心理和视觉心理因素及人的感官限定空间

利用人的行为心理和视觉心理因素以及人的感官也可限定出一定的空间场所，这种限定性相对于实、虚隔断限定空间的方法而言，在空间形式上并不明显，而是更多地依赖于人——空间使用者的感觉，因而显得更加灵活，有时被限定的场的位置甚至是不确定的。如在公园中，一条坐椅上如果有人，尽管还有空位，后来者也很少会去挤在中间，这就是人心理固有的社交安全距离所限定出的一个无形的场，这个场虽然无形，却有效地控制着人们彼此的活动范围。虽然这种属于人际关系中社会行为表现的审美特征乃是无形的特征，但建筑作为人与环境的中介，在处理空间实用功能和审美功能时应充分、细致、全面地考虑这些微妙的行为和心理关系，并使之取得相应的和谐。作为设计者，就应充分考虑到人作为主体在空间的活动因素，更加有效的组织空间，避免人与空间功能之间的冲突。

其他如抬高局部地坪，顶部垂吊，区域间不同的色温照明，不同的整体色彩，不同的温度、声音、气味等等，都可通过人的感官及心理发挥作用，向人们暗示空间场的转变，从而起到限定空间的作用。

③具有引导与限定双重属性的空间构成元素

用以限定空间和引导行进的建筑元素或空间形式的属性有时是双重的，即同一元素既具有引导又具有限定性。因此利用这类元素所构成的空间效果也比利用单一属性元素所构成的空间更加丰富而有情趣。

• 景观门

景观门作为入口符号既是引导人流进入的标志也是完成空间分割的一种手法。因为门这种建筑形式可以确立一定的方位感，这种方位感既指其两侧的内与外，同时作为标识性的形体它也是大的空间方位的标志。由于这样的具有标识性的形体的确立，便可使人在活动过程中明确自身所处方位的转变。基于这一点，景观中的门既是引导人流进入空间的引导标志，同时也具有宏观上限定空间的作用。

• 廊

廊，不仅可以用来连接各景观空间，引导人流在不同空间中的活动，而且还可以用它来分隔空间并使其两侧的景物互相渗透，起到与虚体隔断相同的丰富空间层次的效果。如一条透空的廊若横贯于一个较大的空间，原有的空间便立即产生这一层与那一层之分，随着两侧空间的互相渗透，每一空间内的景物都将互为对方的远景或背景，而廊本身则起着中景的作用。景既有远、中、近三个层次，空间自然显得深远，空间层次自然变得丰富。

• 光

光对于空间有非凡的塑造力，同时也是引导与限定人的行为的重要手段。在景观空间中，我们会发现有几处特别适于人们休息静坐的地方，这就是由于光的限定而产生特殊区域的效果。如在住宅中，许多人愿意在窗前、门洞的边角等处停留或休息。就是因为这些地方由于光线较暗而形成了向外界观察最清晰的地点。这样的空间能够满足多数人不愿暴露于众目睽睽之下的心理倾向，因此由于光照不同而产生的明与暗的交替区域能对人的活动起到很好的驻留作用。同时环境具有以光为导向的特性，就像舞台上使用追光的表演效果一样。在空间创造不同明暗度的区域，把重点区域设置的较亮或利用天棚光带等手法，可以很自然地引导人由暗处走向亮处或沿光带指示的方向行进。例如在窑洞式民居中，由地上的门楼通过隧洞渐次地进入地下庭院的过程，光的明暗变化就起到了明显的导向作用。

三、景观空间中的尺度概念

景观空间是设计的主要表现方面，也是游人的主要感受场所，能否营造一个合理舒适的空间尺度，决定了设计的成败。

1. 景观空间的平面布局

景观空间的平面规划在功能目的及以人为本设计思想的前提下，体现出一定的视觉形式审美特点，诸如比例、对称、均衡、节奏韵律、对比统一等原则的运用，使道路、广场、建筑、设施等与绿地交错分割，充分发挥点、线、面等构成要素的造型作用，勾勒出明确的平面形态轮廓，表现出极具视觉美感的布局形式（图 6.5.11）。

平面中的尺度控制是设计的基本，在设计时要充分了解各种场地、设施、小品等的尺寸控制标准及舒适度。不仅要求平面形式优美可观，更要具有科学性和实用性。例如 3—4 米的主要行车道路，两侧配置的行道树的枝叶在靠近道路 0.6—1.5 米的范围内应按时修建，用于形成较为适当的行车空间。

2. 景观空间的立体造型

景观空间中的立体造型是空间的主体内容，也是空间中的视觉焦点。其造型多样化从视觉审美及艺术性角度而言，首先要与周围环境的风格相吻合统一；其次要具备自身强烈的视觉冲击力，使其在视觉流程上与周围景观产生先后次序，在比例、形式等构成方面要具有独特的艺术性（图 6.5.12）。空间的不同尺度传达不同的空间体验感。小尺度空间适和舒适宜人的亲密空间，大尺度空间则气势壮阔、感染力强，令人肃然起敬。

四、景观中的植物空间

1. 景观中利用植物而构成的基本空间类型

（1）开敞空间——用小尺度植物形成大尺度空间。仅以低矮灌木及地被植物作为空间的限制因素（图 6.5.13）。

（2）半开敞空间——少量较大尺度植物形成适当空间。它的空间一面或多面受到较高植物的封闭，限制了视线的穿透。其方向性指向封闭较差的开敞面。

（3）覆盖空间——高密度植物形成限定空间。利用具有浓密树冠的遮阴树，构成顶部覆盖而四周开敞的空间。利用覆盖空间的高度，形成垂直尺度的强烈感觉。

（4）完全封闭空间——高密度植物形成封闭空间。此类空间的四周均被植物所封闭，具有极强的隐秘性和隔离感，比如配电室、采光井等周围被植物遮蔽，增加隐蔽性和安全性等。

2. 景观空间中植物配置的尺度与组合方式

根据植物自身的观赏特征，采用多样化的组合方式，体现出整体的节奏与韵律感。

孤植、丛植、群植、花坛等植物造景方式都体现出构成艺术性。孤植树一般设在空旷的草地上，与周围植物形成强烈的视觉对比，适合的视线距离为树高的 3—4 倍；丛植运用的是自由式构成，一般由 5—20 株乔木组成，通过植物高低，疏密层次关系体现出自然的层次美；群植是指大量的乔木或灌木混合栽植，主要表现植物的群体之美。种植占地的长宽比例一般不大于 3∶1，树种不宜多选。此外，还有树木高度上的尺寸控制问题，或者纵横有致，或者高低有致，前后错落，形成优美的天际线。

图 6.5.11 具有构成感的华盛顿公共空间设计

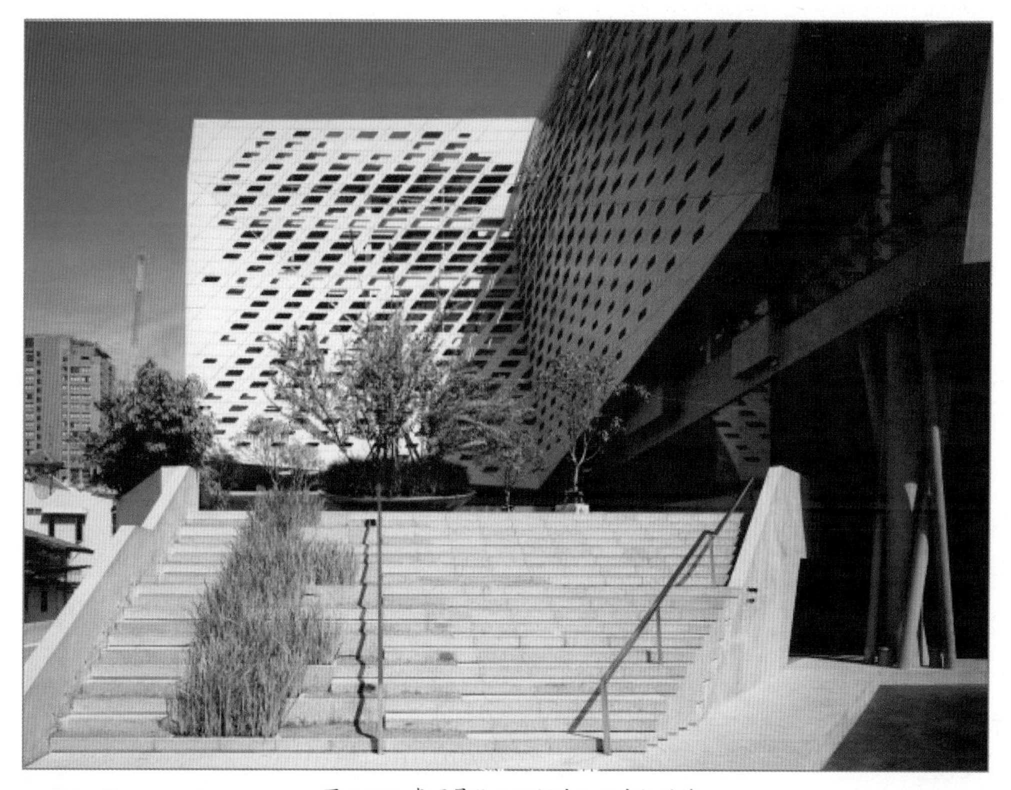

图 6.5.12 泰国曼谷 LIT 酒店入口空间设计

图 6.5.13 日本公共空间中的草坪形态设计

第七章　景观设计方法与过程

第一节　景观设计的思维方法

一、景观设计方法概述

景观设计是科学与艺术的结晶，融合了工程和艺术、自然与人文科学的精髓，创造一个高品质的生活居住环境，帮助人们塑造一种新的生活意识，更是社会发展的趋势。它的最终目的是在人与人之间、人与自然之间创造和谐。

作为科学与艺术的结合体，景观是多项工程配合相互协调的综合设计，就其复杂性来讲，需要考虑交通、水电、园林、市政、建筑等各个技术领域。各种法则法规都要了解掌握，才能在具体的设计中，运用好各种景观设计要素，安排好项目中每一地块的用途，设计出符合土地使用性质的、满足客户需要的、比较适用的方案。景观设计中一般以建筑为硬件，绿化为软件，以道路为网络，以小品为节点，采用各种专业技术手段辅助实施设计方案。

景观设计本身是个复杂的过程，它作为一个创作过程具有创造性、综合性、双重性、过程性和社会性的综合特点。

首先设计的过程本身就是一种创作活动，它需要创作主体具有丰富的想象力和灵活开放的思维方式。景观设计者面对各种类型的园林绿地时，必须能够灵活地解决具体矛盾与问题，发挥创新意识和创造能力，才能设计出内涵丰富、形式新颖的景观作品。对初学者而言，创新意识和创造能力应该是专业学习训练的目标。

其次景观设计是一门综合性很强的学科，涉及建筑工程、生物、社会、文化、环境、行为、心理等众多学科。作为一名景观设计者，必须熟悉、掌握相关学科的知识。另外，景观绿地本身的类型也是多种多样的，有道路、湖水、广场、居住区绿地、公园、风景区等等。因此，掌握正确而灵活的景观设计方法是非常重要的。

作为一门设计学科，其专业的思维活动有着不同于其他学科之处，具有思维方式双重性的特点。景观设计过程可概括为分析研究—构思设计—分析选择——再构思设计的循环发展的过程。在每一个“分析”阶段，设计者主要运用的是逻辑思维，如在“构思阶段”，主要运用形象思维。因此，平时的学习训练必须兼顾逻辑思维和形象思维两个方面。

在进行景观园林设计的创作过程中，需要科学、全面地分析调研，较深入地思考与想象，听取使用者的意见，在广泛论证的基础上优化选择方案。因此景观设计的过程是一个不断推敲、修改、发展、完善的过程。

另外景观作为城市空间环境的一部分，具有广泛的社会性。这种社会性要求景观设计师的创作活动必须综合平衡社会效益、经济效益与个性特色三者的关系。只有找到一个可行的结合点，才能创作出尊重环境、关怀人性的优秀作品。

二、景观设计的思维方法

1. 理解人，尊重人，规划人的体验

在景观规则设计中，设计师对主体服务对象——使用者的充分理解是很必要的。如西蒙兹认为，在景观规划设计中，人首先具有动物性，通常保留着自然的本能并受其驱使，要合理规划，就必须了解并适应这些本能。同时，人又有动物所不具备的特质，他们渴望美和秩序，这在动物中是独一无二的。人在依赖于自然的同时还可以认识自然的规律，改造自然，所以理解人类自身，理解特定景观服务对象的多重需求和体验要求是景观规划设计的基础。

人是可以被规划、被设计的么？答案显然是否定的。但人是可以被认识的，所以，不同的人在不同的景观中的体验是可以预测的，什么样的体验是受欢迎的也是可以知道的。人的体验是可以被规划的。如果设计师所设计的景观使人们在其中所得到的体验正是他们想要的，那么就可以说，这是一个成功的设计。

西蒙兹认为景观设计规划的不是场所，不是空间，也不是物体而是体验——首先是确定的用途或体验，其次才是随形式和质量的有意识的设计，以实现希望达到的效果。场所、空间或物体都根据最终目的来设计，以最好的生产表达需求，以最好的规划表达体验。这里所说的人们，是指景观设计的主体服务对象。规划的是他们在景观中所欲得到的体验，而不是外来者如旅游者，设计师和开发商的体验。但这一点很容易被忽略。设计师和开发商会将自己认为“好”的景观体验放在设计中强加给景观真正的使用者。例如，在历史文化名城保护中所强调的生活真实性就是指当地人而言的。

2. 理解自然，理解人与自然的相互关系，尊重自然过程

景观规划设计另一个服务对象是自然，是那些受到人类活动干扰和破坏的自然系统。我们所规划的人的体验必须通过物质空间要素才能体现出来。这些要素既有纯粹自然的要素如气候、土壤、水分、地形地貌、大地景观特征、动物、植物等，也有人工的要素如建筑物、构筑物、道路等。景观设计中对诸要素的综合考虑必须放在人与自然相互作用的前提下，了解自然系统本身的演变。

因为自然有它自己的发展规律，它对人类干扰和破坏的承受程度是有限的。目前比较受关注的生态设计就是一种很好的设计思维。美国著名的生态设计学家麦克哈格在他著名的《设计结合自然》一书中也对此设计观做了很好的说明。他一反以往土地和城市规划中功能分区的做法，强调土地利用规划应遵从自然固有的价值和自然过程，这为我们景观规则设计如何正确对待自然指明了方向。

3. 理解景观规划设计的社会环境，尊重人类文化，提高景观设计的认同感

景观规划设计所处的社会环境，当地人们的价值观、审美观、哲学取向都对景观规则设计产生很深远的影响。当我们对某一地域文化有所理解的时候，我们会发现很容易理解这些地方的景观差异之大，即使相同的国家、地区和民族，在不同时期里，景观设计也呈现出很大的异质性。即使人类对外来的事物抱有无限的好奇心，外来之物也无不打上本民族本地区的烙印。此外，社会在前进，时间像一条永不停息的河流，将人类文明一点点地沉积下来。景观规划设计的成果也是一样。景观规划设计的指导理论和评价标准，在农业时代（小农经济）是唯美论；在工业时代（社会化大生产）是以人为中心的再生论；在后工业时代（信息与生物技术革命国际化）是可持续论。

正是因为人类的相互影响，景观设计只有在把握了对人类社会文化的理解，才有可能使其作用得到大众的认同，才有更旺盛的生命力。

三、现代景观的设计思维

随着全球化趋势的不断发展，景观设计的思想与内涵也在不断地变化。要使景观的发展跨越障碍，实现可持续，则要求景观设计作出与社会发展相应的拓展，在新世纪的今天，景观设计的内涵有了前所未有的发展，就设计思维与设计观而言主要有以下方面的拓展：

1. 生态设计观

生态设计观念或结合自然的设计观念，已被设计者和研究者倡导了很长的时间。随着全球化带来的环境价值共享和高科技工具支持，生态设计观必然有进一步的发展，可以将其概括为：不仅考虑人如何有效利用自然的可再生能源，而且将设计作为完善大自然能量大循环的一个手段，充分体现地域自然生态的特征和运行机制；尊重地域自然地理特征，设计中尽量避免对地形构造和地表机理的破坏，尤其是注意继承和保护地域传统中因自然地理特征而形成的特色景观；从生命意义角度去开拓设计思路，既完善了人的生命，也尊重了自然的生命，体现了生命优于物质的主题。通过设计重新认识和保护人类赖以生存的自然环境，建构更好的生态伦理（图 7.1.1）。

图 7.1.1 沈阳建筑大学中的生态景观设计

2. 人性设计观

全球化是人类推动的，人类是世界的主体，是技术的掌握者、文化的继承者、自然的维护者。景观设计观念拓展的重要一方面即是完善人的生命意义，超越功能意义设计，进入到人性化设计。具体包括：以人为本，设计中处处体现对人的关注和尊重，是期望的环境行为模式获得使用者的认同；呼应现代人性意义，对人类生活空间与大自然的融合表示更多的支持；与人类的多样性和发展性相符合，肯定形式的变化和内涵的多义性。

3. 多元文化观

多元的景观发展要求景观设计强化地方性和多样性，以充分保留地域文化特色的景观来丰富全球景观资源。其观念具体包括：根据地域中社会文化的构成脉络和特征，寻找地域传统的景观体现和发展机制；以演进发展的观点来看待地域的文化传统，将地域传统中最具有活力的部分与景观现实及未来发展相结合，使之获得持续的价值和生命力；打破封闭的地域概念，结合全球文明的最新成果，用最新的技术和信息手段来诠释和再现古老文化的精神内涵；力求反映更深的文化内涵与实质，弃绝标签式的符号表达（图 7.1.2）。

图 7.1.2 传统文化与现代文化碰撞的现代景观构筑物设计

4. 信息设计观

传统的景观设计集中于展示形态与空间，满足功能需求。全球化发展的今天要求景观承载更多的信息，相应的景观设计必然集中于信息，体现时间优于空间的概念。其具体包括：应对于信息处理，设置信息调节、疏导的空间，留有增容余地和弹性发展的场所；为有效读取信息，采用更多提供一目了然、形象简洁、色彩夺目的形式，尤其是对符号标志系统的处理；将信息技术融进设计理念和人的审美需求之中，在更高层次上与情感抒发融为一体；创造互动景观，使景观应对于不同信息而变化，而不是固定地扮演某种角色，承载某种功能。

5. 技术设计观

全球化时期的景观发展充分利用技术所提供的一切可能性，相应的设计观念也必然紧密结合技术。表现在：体现技术理性，设计作为与人口增加、资源减少、环境变化的回答，反思技术的优越性和潜在危险；体现人文情感，反映技术与人类情感相融合的发展动态和技术审美观念的多样化趋势；体现景观智能化趋势，创造有“感觉器官”的景观，使其如有生命的有机体般活性运转，良性循环；尊重地域适宜技术所呈现的景观形式，将其转化为新的设计语言。

6. 艺术设计观

随着人类素质的提高和对文化艺术活动的时间投入，艺术和生活界限正在消失，人类生存的一切环境都被赋予艺术色彩。相应的景观设计观念包括：强化对美的共同追求，使景观与建筑、规划、园林有更大的融合；将审美的生存观念体现于设计中，通过设计将审美上升为人的生存范畴；结合时代特征，探索新的有序与和谐的景观艺术；景观设计的思维的发展既不是一蹴而就也不是一成不变。思维需要在发展的过程中随时间成长，因为包含了太多的因素，景观设计的思维亦如同一个有机体，在环境中不断地实现自我完善与发展。

第二节　景观设计的基本法则

一、景观的形式法则与运用

图 7.2.1 日本东京六本木城市景观中点元素的运用

对于视觉艺术来说，所有被称为美的事物，都有一个可视的美的形象，而这种可视的美的形象所具有的形式构成了形式美。景观构成形式美的可视要素有：点、线、面(形)、色彩及质感。

1. 点的运用

点是具有空间位置的视觉单位，即是一切形态的基础，也是力的中心。它本身没有大小、形状、方向、体积等，但如果有了背景环境，点就不仅有大小、方向、形状，而且还会因各种点的变化、点的扩大、点的排列及聚散等，在构图中造成极为丰富多彩的效果。点是一种轻松、随意的装饰美。点的合理运用是景观设计师创造力的延伸。

点在景观中通常是以景点形式存在，如园林小品(亭台楼阁、雕塑等)、孤植树、山石等。一个点构成了核心，成为游人视线的焦点。两个点在同一视域或空间范围内，游人的视线将其联系起来，这就是对景。

在景观构图时，是以景点的分布来控制全园，在功能分区和游览内容的组织上，景点起着核心的作用。景点在平面构图中的分布是否均衡，直接关系到布局的合理性。在园林布局中，要正确处理景点聚散的关系(图 7.2.1)。

2. 线的运用

线是点在一个方向上的延伸。当点的移动方向一定时，线为直线；移动方向发生变化时，线为曲线。线表现出特有的情感：直线——简单、明确、直接、严整、男性化；曲线——柔和、流畅、优雅、起伏丰富、女性化等。

长条横直线代表水平线的广阔宁静；竖直线给人以上升、挺拔之感；短直线表示阻断与停顿；断续线产生延续、跳动的感觉；斜线使人自然联想到山坡、滑梯的动势和危机感。用直线类组合成的图案和道路，表现出耿直、刚强、秩序、规则和理性。弧形弯曲线则代表着柔和、流畅，细腻和活泼。如圆弧线的丰满，抛物线的动势，波浪线的起伏，悬链线的稳定，螺旋线的飞舞，双曲线的优美等(图 7.2.2)。线不仅具有装饰美，而且还充溢着一股生命活力的流动美。

线条是设计师的语言，用它可以表现起伏的地形线、曲折的道路线、婉转的河岸线，美丽的桥拱线、丰富的林冠线、严整的广场线、挺拔的峭壁线、简洁的屋面线等。

在景观中，线也可以是虚的，如视线、景观轴线等。中国古典园林里借景、对景、障景等艺术手法都是通过对人的欣赏视线的引导和控制达到的。而在空间的视觉感知中，轴线能以其强有力的秩序控制力对周边的景观要素进行组织限定，使各部分的景观要素达到动态的平衡，使无数对立的力量达到视觉心理上的平衡。

3. 面的运用

面是由线移动的轨迹形成的，我们一般称其为图形，图形一般分为规则式和自然式两类。它们是由不同的线条采用不同的围合方式而形成的。规则式图形的特征是稳定、有序，有明显的规律变化，有一定的轴线关系和数比关系，庄严肃穆，秩序井然；而不规则图形表达了人们对自然的向往，其特征是自然、流动、不对称、活泼、抽象、柔美和随意。

面被广泛应用于景观中，如园林中的分区布局，花坛草坪、水面、广场等均有各种各样的图形构成（图 7.2.3）。

4. 景观设计中的质感

质感是指通过触觉与视觉所感知的物体的质地特征。不同的材质有不同的质感，天然的有石材、木材等；有粗糙的感觉；人工的有金属、玻璃等有细腻雅致的感觉。在景观造型艺术中，对某种材质的偏好会形成独特的风格，如长城——砖石；埃菲尔铁塔——钢铁；哥特式教堂——石料和钢铁；流水别墅——石头和混凝土；柏林红军烈士墓——花岗岩。

景观中，建筑、小品、植物、道路、广场等各造园要素均由不同的材质构成，组合在一起，体现出不同材质的质感美，形成不同的艺术风格（图 7.2.4）。

图 7.2.2 悉尼 Water Police 公园中线元素的运用

5. 景观设计中的色彩

色彩是造型艺术的重要表现手段之一，通过光的反射，色彩能引起人们生理和心理感应，从而获得美感。色彩表现的基本要求是对比与和谐。人们在风景园林空间里，面对色彩的冷暖和感情联系，必然产生丰富的联想和精神满足（图 7.2.5）。

色彩的冷暖——春、秋、冬常用暖色花卉，而夏季则多用冷色花卉。

色彩的距离感——由于空气透视的原因，暖色系色相、同一色相中饱和色相、最明色调与最暗色调等给人近前的感觉；而冷色系色相、不饱和色相、灰色等给人以退后的感觉。园林中，若实际的空间深度感染力不够，为加强深远的效果，用作背景的树木宜选择灰绿或灰蓝色的树种，如毛白杨、银白杨、雪松等。

色彩的运动感——如橙色系色相中，同一色相中的明色调、饱和色相等给人的运动感强；冷色系色相中，同一色相中的暗色调、不饱和色相等给人的运动感弱。因此，景观中娱乐活动区宜用运动感强的色彩，如橙、红，以衬托欢快活跃的气氛；而在安静区，则不宜选用对比过强的色彩。

色彩的面积感——如橙色系色相、白色、明色调、饱和色相等产生向外散射感；青色系色相，黑色、暗色调、不饱和色相等产生向心收缩感。因此，若在景观草坪上布置花丛，宜选用白色或饱和色的花卉，这样可以以少胜多，与草坪取得均衡。景观中，同样面积，水面感觉大于草地，草地大于裸地，裸地大于背光地。所以，在小面积场所中，可利用反光、白色、明色调等产生面积扩大的感觉，以

图 7.2.3 巴塞罗那德国馆庭院设计中面元素的运用

图 7.2.4 景观铺装中的质感

图 7.2.5 日本东京六本木城市景观色彩与建筑的对比

扩大游人心理上的空间感。

色彩的重量感——明色调给人“轻”的感觉，暗色调给人“重”的感觉。色彩的重量感与景观建筑的用色关系很大，一般来说，建筑的基础部分宜用暗色系，显得稳重；建筑的基础栽植也宜多选用色彩浓重的植物种类。

二、景观的设计法则及应用

人们在长期社会劳动实践中，按照美的规律塑造景物外形，逐步发现了一些形式美的规律性，即所谓法则。在这里，最重要的法则便是多样统一规律。古今中外的艺术作品，尽管在形式处理方面有极大的差别，但凡属优秀作品，必然遵循一个共同的准则——多样统一。另外，对比与调和、均衡与稳定、比例与尺度、节奏韵律等都是形式美的基本法则。

1. 多样统一的设计法则

多样统一，也称有机统一，即统一中求变化，在变化中求统一。任何造型艺术，都具有若干不同的组成部分，这些部分之间，既有区别，又有内在的联系。只有这些部分按照一定的规律，有机地组合成为一个整体时，才可以从各部分的差别，看出多样性和变化；从各部分之间的联系，看出和谐与秩序。既有变化，又有秩序，这就是一切艺术品，特别是造型艺术形式必须遵循的原则。

只有多样变化，没有整齐统一，就会显得纷繁散乱；如果只有整齐统一，没有多样变化又会显得呆板、郁闷、单调。所以景观中常要求统一当中有变化，或是变化当中有统一。在景观中，建筑、山石、植物、小品等因素，其体量、材质、色彩、风格等各不相同。面对景观中复杂多样的构图因素，可以通过形式的统一、材料的统一、花木多样化的统一、局部与整体的统一（图 7.2.6）。

风景园林的多样化是在统一性的基础上进行变化。多样化是景观艺术多姿多彩的根本，无论是在设计形式、材料、色彩和纹理质地都保持合理的多样性的变化，才有丰富的景观。

2. 对比与调和的设计法则

对比和调和，是事物存在的两种矛盾状态，它体现出事物存在的差异性，所不同的是，“调和”是在事物的差异性中求“同”，“对比”是在事物的差异性中求“异”。“调和”是把两个相当的东西并在一起，使人感到融合、协调，在变化中求得一致；“对比”则是把两种极不相同的东西放在一起，使人感到鲜明、醒目，富于层次美。在景观构图中，任何两种景物之间都存在一定的差异性，差异程度明显的，各自特点就会显得突出，对比鲜明；差异程度小的，显得平缓、和谐，具有整体效果。所以，园林景物的对比到调和统一，是一种差异程度的变化。

对比——在造景中，往往通过形式和内容的对比关系而更加突出主体，产生强烈的艺术感染力。如色彩对比、方向对比、疏密对比、虚实对比等。

调和——园林景色要在对比中求调和，调和中求对比，这样景观才既丰富多彩而又主题突出，风格一致。

相似协调——形状相似而大小或排列上有变化。

近似协调——相互近似的景物重复出现或相互配合进而产生协调感。

在景观静态构图中，一般有主景、配景之分。主景以与配景对比而突出，配景则以自身调和手法烘托、陪衬主景，统一画面。在连续构图中，连续的主景可有变化，但要有主调；连续的配景要有基调，尤其在种植设计中，基调贯穿全园，才能达到主景突出，格调统一。一般全园必以某一树种作为基调树种，将各区统一起来，同时根据不同空间造景，可选择不同的主调树种以保持相对的独立性，这样使全园既统一又有变化（图 7.2.7）。

景观设计中，对比手法主要应用于空间对比、疏密对比、虚实对比、藏露对比、高低对比、曲直对比等。我国造园艺术中常用万绿丛中一点红来进行强调就是一例。英国谢菲尔德公园，

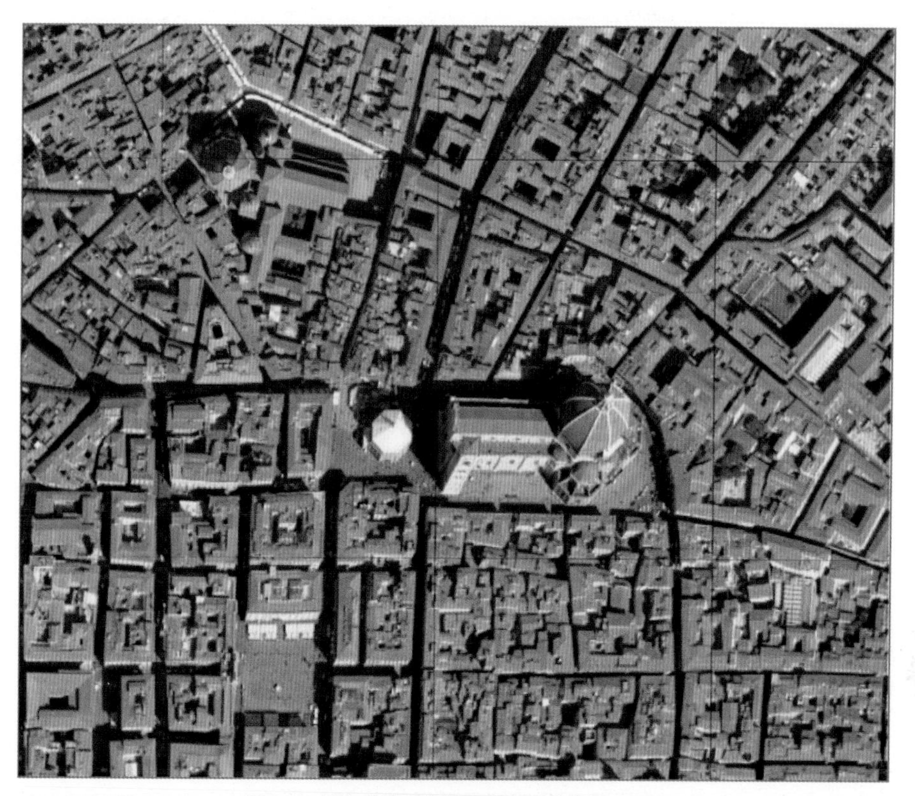

图 7.2.6　意大利佛罗伦萨历史城区的多样统一性

图 7.2.7　西安园博会参展景观中主景与配景的对比与调和

路旁草地深处一珠红枫，雄红的色彩把游人吸引过去欣赏，改变了游人的路线，成为主题。幸树金黄色的秋叶与浓绿的拷树，在色彩上形成了一明一暗的鲜明对比。协调与对比总是相呼应的关系，在景观设计中尤其应该重视对设计元素协调性的把握，如广州中山纪念堂主建筑两劳各用一棵冠径达 25 米的、庞大的白兰花与之相协调；南京中山陵两旁用高大的雪松与雄伟庄严的陵墓相协调；英国勃莱汉姆公园大桥两端各用由九棵椴树和九棵欧洲七叶树组成似一棵完整大树与之相协调，高大的主建筑前用九棵大柏树紧密地丛植在一起，成为外观犹如一棵巨大的柏树与之相协调。

3. 均衡与稳定的设计法则

地球具有引力，景观活动尤其是建筑活动从某种意义上讲就是与重力作斗争的产物。在做斗争的过程中，久而久之就形成了一套与重力有联系的审美观念，也就是均衡与稳定。像山的上小下大、树的上细下粗四周平均分叉、人的左右对称等。另外，建筑实践更证明了均衡与稳定的原则，并认为凡是符合于这样的原则，不仅在实际上是安全的，而且在感觉上也是舒服的；反之，如果违背这些原则，不仅在实际上不安全，而且在感觉上也不舒服。于是人们在造景时都力求符合于均衡与稳定的原则。

以静态均衡来讲，有两种基本形式：一种是对称的形式；另一种是非对称的形式。对称的形式天然就是均衡的，加之它本身又体现出一种严格的制约关系，因而具有一种完整统一性。正是基于这一点，人类很早就开始运用这种形式来建造建筑。不对称形式的均衡虽然相互之间的制约关系不像对称形式那样明显、严格，但要保持均衡的本身也就是一种制约关系。而且与对称形式的均衡相比较，不对称形式的均衡显然要轻巧活泼得多。

除静态均衡外，有很多现象是依靠运动来求得平衡的，例如旋转着的陀螺、展翅飞翔的小鸟、奔驰着的动物、行驶着的自行车等，就是属于这种形式的均衡，一旦运动终止，平衡的条件将随之消失，因而人们把这种形式的均衡称之为动态均衡。近现代建筑师及造园家还往往用动态均衡的观点来考虑问题。

此外，景观艺术非常强调时间和运动这两方面因素。这就是说人对于园林景观的观赏不是固定于某一个点上，而是在连续运动的过程中来观赏的。从这种观点出发，必然认为园林景观的对称或均衡是不够的，还必须从各个角度来考虑动态景观的均衡问题，从连续行进的过程中来把握园林景观的动态的平衡变化，这就是格罗毕斯所强调的："生动有韵律的均衡形式"（图 7.2.8）。

图 7.2.8 德国科隆大教堂建筑与环境的均衡对称感

和均衡相连的是稳定。如果说均衡所涉及的主要是园林构图中各要素左与右、前与后之间相对轻重关系的处理，那么稳定所涉及的则是园林景观整体上下之间的轻重关系处理。随着科学技术的进步和人们审美观念的发展变化，人们凭借着最新的技术成就，不仅可以建造出超过百层的摩天大楼，而且还可以把古代奉为金科玉律的稳定的原则——下大上小、上轻下重——颠倒过来，从而建造出许多底层透空、上大下小，如同把金字塔倒转过来的新型的建筑形式。

规则式均衡常用于规则式建筑及庄严的陵园或雄伟的皇家园林中。如门前两旁配植对称的两株桂花；楼前配植等距离、左右对称的南洋杉、龙爪槐等；陵墓前、主路两侧配植对称的松或柏等。自然式均衡常用于花园、公园、植物园、风景区等较自然的环境中。一条蜿蜒曲折的园路两旁，路右若种植一棵高大的雪松，则邻近的左侧须植以数量较多，单株体量较小，成丛的花灌木，以求均衡。

4. 韵律与节奏的设计法则

韵律本来是用来表明音乐和诗歌中音调的起伏和节奏感的，以往一些美学家多认为诗和音乐的起源是和人类本能地节奏和和谐有着密切的联系。亚里士多德认为：爱好节奏和谐之类的形式是人类生来就有的自然倾向。自然界中许多事物或现象，往往由于有规律的重复出现或有秩序的变化，也可以激发人们的美感。例如把一颗石子投入水中，就会激起一圈圈的波纹由中心向四外扩散，这就是一种富有韵律感的自然现象。除自然现象外，其他如人工的编造物，延经纬两个方向互相交错、穿插，一隐一显也同样给人某种韵律感。在此基础上，人们有意识地加以模仿和运用，从而创造出各种以具有条理性、重复性和连续性为特征的美的形式——韵律美。园林绿地中常见的韵律有：

图 7.2.9 西安园博会中景观的韵律感

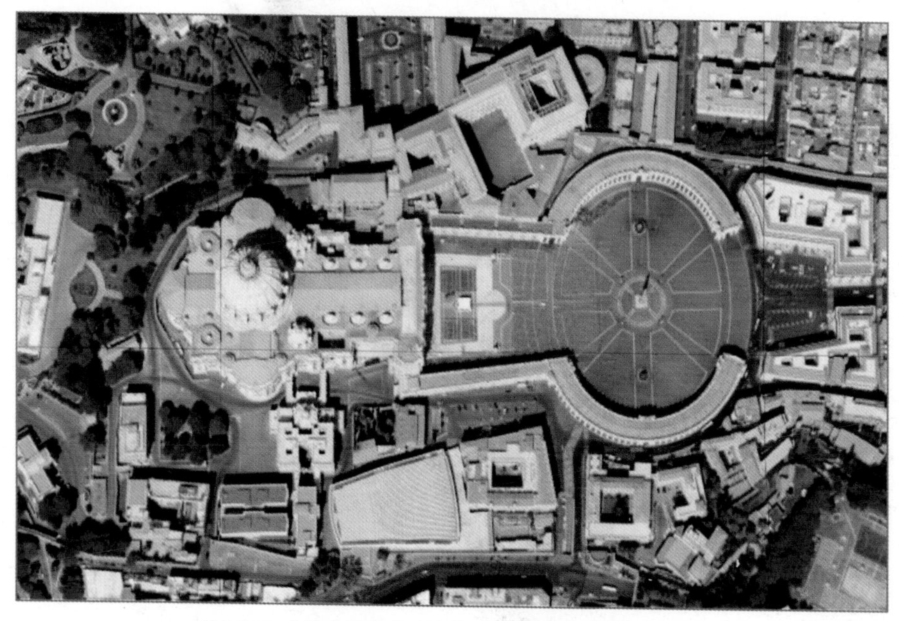

图 7.2.10 世界基督教中心梵蒂冈城建筑与广场的比例关系

（1）简单韵律　即有同种因素等距反复出现的连续构图的韵律特征。如等距的行道树、等高等距的长廊、等高等宽的登山台阶、爬山墙等。

（2）交替韵律　即有两种以上因素交替等距反复出现的连续构图的韵律特征。如柳树与桃树的交替栽种、两种不同花坛的等距交替排列。

（3）渐变韵律　指园林布局连续出现重复的组成部分，在某一方面作有规律的逐渐加大或变小，逐渐加宽或变窄，逐渐加长或缩短的韵律特征。如体积大小、色彩浓淡、质地粗细的逐渐变化（图 7.2.9）。

（4）突变韵律　指景物连续构图中某一部分以较大的差别和对立形式出现，从而产生突然变化的韵律感，给人以强烈的对比的印象。

（5）交错韵律　两组以上的要素按一定规律相互交错变化。常见的有芦席的编织纹理和中国的木棂花窗格。

（6）*旋转韵律*　某种要素或线条，按照螺旋状方式反复连续进行，或向上、或向左右发展，从而得到旋转感很强的韵律特征。在图案、花纹或雕塑设计中常见。

（7）*拟态韵律*　既有相同因素又有不同因素反复出现的连续构图。如花坛外形相同但花坛内种的花草种类、布置又各不相同。

5. 比例与尺度的设计法则

景观中的比例，包含两方面的含义：一是指园林景物、建筑物整体或某局部本身的长、宽、高之间的大小关系；二是指园林景物、建筑物整体或某局部之间的大小关系。任何园林景观，都要研究景物本身的三维空间和整体与局部的空间关系。景观中的尺度，指景观空间中各个组成部分与具有一定自然尺度的物体的比较。功能、审美和环境特点决定园林设计的尺度。尺度可分为可变尺度和不可变尺度两种。不可变尺度是按一般人体的常规尺寸确定的尺度。可变尺度如建筑形体、雕像的大小、桥景的幅度等都要依具体情况而定。景观中常应用的是夸张尺度，夸张尺度往往是将景物放大或缩小，以达到造园造景效果的需要。

在人类的审美活动中，使客观景象和人的心理经验形成一定的比例关系，使人得到美感，这就是合乎比例了，或者说某景物整体与局部间存在着的关系，是合乎逻辑的必然关系（图 7.2.10）。世界公认的最佳数比关系是由古希腊毕达格拉斯学派创立的黄金分割理论，即无论从数字、线段或面积上相互比较的两个因素，其比值近似是 1∶0.618。然而在人的审美活动中，比例更多的见之于人的心理感应，这是人类长期社会实践的产物，并不仅仅限于黄金分割比例关系。设计中应该利用最简单明确、合乎逻辑的比例关系来产生美感，因为过于复杂而且理不出头绪的比例关系并不美。以上理论确定了圆形、正方形、正三角形、正方内接三角形等，可以作为好的比例衡量标准。另一种方法称之为动态对称理论，认为比例关系是无公约数的，只有用图解法才能获得。如一个由正方形对角线展开的矩形系列，其长度和宽度之比是协调的，而其比值则围绕着黄金比而变化。

比例一般只反映景物及各组成部分之间的相对数比关系，而不涉及具体尺寸。尺度则是指园林景物、建筑物整体和局部构件与人或人所习见的某些特定标准之间的大小关系。在园林造景中，运用尺度规律进行设计的方法有以下几种：

（1）*单位尺度引进法*　即应用某种为人所熟悉的景物作为尺度标准，来确定群体景物的相互关系，从而得出合乎尺度规律的园林景观。如在苏州留园中，为了突出冠云峰的高度，在其旁边及后面布置了人们熟知的亭子和楼阁作为陪衬和对比，来显示其“冠云”之高。

（2）*人的习惯尺度法*　习惯尺度是以人体各部分尺寸及其活动习惯尺寸规律为准，来确定风景空间及各景物的具体尺度。如亭子、花架、水榭、餐厅等尺度，就是依据人的习惯尺度法来确定的。

（3）*模度尺设计法*　运用好的数比关系或被认为是最美的图形，如圆形、正方形、正三角形、黄金率矩形等作为基本模度，进行多种划分、拼接、组合、展开或缩小等，从而在立面、平面或主体空间中，取得具有模度倍数关系的空间。如房屋、庭院、花坛等，这不仅得到好的比例尺度效果，而且也给建造施工带来方便。一般模度尺的应用多取增加法和消减法进行设计。

（4）*尺度与环境的相对关系*　一件雕塑在展室内显得气度非凡，移到大草坪、广场中则感到分量不足，尺度欠佳。一座大假山在大水面边奇美无比，而放到小庭园里则必然感到尺度过大，拥挤不堪。这都是环境因素的相对关系在起作用，也就是说景物与环境尺度要协调和统一。

第三节 景观设计的基本过程

一、景观设计流程概述

景观设计是依照特定的思想内涵、审美趋向、社会功能所做的景观规划与按生态学及美学原理对局地景观的结构与形态进行具体配置与布局的过程，景观设计一般分为方案设计、初步设计、施工图设计三个部分。每个部分均包括设计说明、设计图纸、经济指标。

1. 方案设计

方案设计是设计中的重要阶段，它是一个极富有创造性的设计阶段，同时也是一个十分复杂的问题，它涉及设计者的知识水平、经验、灵感和想象力等。方案设计包括设计要求分析、系统功能分析、原理方案设计几个过程。

景观方案设计是对场地自然现状和社会条件进行分析，确定性质、功能、风格特色、内容、容量，明确交通组织流线、空间关系、植物布局、综合管网安排、综合效益分析。

该部分内容主要应包含区域位置图，用地范围图，现状分析图，总平面图，功能分区图，竖向图，建筑、园林小品布局图，道路交通图，植物配置图，综合设施管网图，重点景区平面效果图等。

2. 初步设计

景观初步设计是对景观方案进行深化设计的一个过程，它位于方案设计之后、施工图设计之前，是景观设计中的一个重要组成部分，起着承上启下的作用。初步设计时，设计师需要结合多方面的因素，在科学严谨的理性思考中，带着人性关怀和浪漫思量来对方案进行深入解读，对局部进行仔细推敲，对细节进行合理设计。

景观初步设计是确定场地平面，道路广场铺装形状、材质，山形水系、竖向，明确植物分区、类型，确定建筑内部功能、位置、体量、形象、结构类型，景观小品的体型、体量、材料、色彩等，能进行工程概算。

该部分内容主要应包含总平面图，放线图，竖向图，植物种植图，道路铺装及部分详图索引平面，重点部位详图，建筑、构筑物及小品平、立、剖图，园林设备图，园林电气图。

3. 施工图设计

施工图设计是景观设计的最后阶段，是根据批准的初步设计或技术设计绘制施工图的设计阶段，其设计文件和图纸的内容深度必须满足施工、安装的要求，应标明平面位置尺寸、竖向、放线依据，工程做法，植物种类、规格、数量、位置，综合管线的路由、管径及设备选型，然后才能进行工程预算。

该部分内容主要应包含总平面图，放线图，竖向图，种植设计图，道路铺装及详图索引平面，子项详图，建筑、构筑物及小品施工详图，园林设备图，园林电气图。

二、景观规划设计的详细步骤

1. 接受设计任务、基地实地勘察，同时收集有关资料

作为一个建设项目的业主（俗称“甲方”）会邀请一家或几家设计单位进行方案设计。

作为设计方（俗称“乙方”）在与业主初步接触时，要了解整个项目的概况，包括建设规模、投资规模、可持续发展等方面，特别要了解业主对这个项目的总体框架方向和基本实施内容。总体框架方向确定了这个项目是一个什么性质的绿地，基本实施内容确定了绿地的服务对象。这两点把握住了，规划总原则就可以正确制定了。

另外，业主会选派熟悉基地情况的人员，陪同总体规划师至基地现场踏勘，收集规划设计前必须掌握的原始资料。

这些资料包括：

（1）所处地区的气候条件，气温、光照、季风风向、水文、地质土壤（酸碱性、地下水位）；

（2）周围环境，主要道路，车流人流方向；

（3）基地内环境，湖泊、河流、水渠分布状况，各处地形标高、走向等。

总体规划师结合业主提供的基地现状图（又称“红线图”），对基地进行总体了解，对较大的影响因素做到心中有底，今后作总体构思时，针对不利因素加以克服和避让；有利因素充分地合理利用。此外，还要在总体和一些特殊的基地地块内进行摄影，将实地现状的情况带回去，以便加深对基地的感性认识。

2. 初步的总体构思（雏形）及修改

基地现场收集资料后，就必须立即进行整理、归纳，以防遗忘那些较细小的却有较大影响因素的环节。

在着手进行总体规划构思之前，必须认真阅读业主提供的“设计任务书”（或“设计招标书”）。在设计任务书中详细列出了业主对建设项目的各方面要求：总体定位性质、内容、投资规模，技术经济相符控制及设计周期等。

在进行总体规划构思时，要将业主提出的项目总体定位作一个构想，并与抽象的文化内涵以及深层的警世寓意相结合，同时必须考虑将设计任务书中的规划内容融合到有形的规划构图中去。

构思草图只是一个初步的规划轮廓，接下去要将草图结合收集到的原始资料进行补充、修改，逐步明确总图中的入口、广场、道路、湖面、绿地、建筑小品、管理用房等各元素的具体位置。经过这次修改，会使整个规划在功能上趋于合理，在构图形式上符合园林景观设计的基本原则：美观、舒适。

3. 方案的第二次修改与文本的制作包装

经过了初次修改后的规划构思，还不是一个完全成熟的方案。设计人员此时应该虚心好学、集思广益，多渠道、多层次、多次数地听取各方面的建议。不但要向有经验的设计师们请教方案的修改意见，而且还要虚心向中青年设计师们讨教，往往多请教讨教别人的设计经验，并与之交流、沟通，更能提高整个方案的新意与活力。

由于大多数规划方案，甲方在时间要求上往往比较紧迫，因此设计人员特别要注意两个问题：

第一，只顾进度，一味求快，最后导致设计内容简单枯燥、无新意，甚至完全搬抄其他方案，图面质量粗糙，不符合设计任务书要求。

第二，过多地更改设计方案构思，花过多时间、精力去追求图面的精美包装，而忽视对规划方案本身质量的重视。这里所说的方案质量是指：规划原则是否正确，立意是否具有新意，构图是否合理、简洁、美观，是否具可操作性等。

整个方案全都定下来后，图文的包装必不可少。现在，它正越来越受到业主与设计单位的重视。

最后，将规划方案的说明、投资框（估算）、水电设计的一些主要节点，汇编成文字部分；将规划平面图、功能分区图、绿化种植图、小品设计图，全景透视图、局部景点透视图汇编成图纸部分。文字部分与图纸部分的结合，就形成一套完整的规划方案文本。

4. 业主的信息反馈

业主拿到方案文本后，一般会在较短时间内给予一个答复。答复中会提出一些调整意见：包括修改、添删项目内容，投资规模的增减，用地范围的变动等。针对这些反馈信息，设计人员要在短时间内对方案进行调整、修改和补充。

现在各设计单位电脑出图率已相当普及，因此局部的平面调整还是能较顺利按时完成的。而对于一些较大的变动，或者总体规划方向的大调整，则要花费较长一段时间进行方案调整，甚至推倒重做。

对于业主的信息反馈，设计人员如能认真听取反馈意见，积极主动地完成调整方案，则会赢得业主的信赖，对今后的设计工作能产生积极的推动作用；相反，设计人员如马马虎虎、敷衍了事，或拖拖拉拉，不按规定日期提交调整方案，则会失去业主的信任，甚至失去这个项目的设计任务。

一般调整方案的工作量没有前面的工作量大，大致需要一张调整后的规划总图和一些必要的方案调整说明、框（估）算调整说明等，但它的作用却很重要，以后的方案评审会以及施工图设计等，都是以调整方案为基础进行的。

5. 方案设计评审会

由有关部门组织的专家评审组，会集中一天或几天时间，进行一个专家评审（论证）会。出席会议的人员，除了各方面专家外，还有建设方有关部门的领导以及项目设计负责人和主要设计人员。

作为设计方，项目负责人一定要结合项目的总体设计情况，在有限的一段时间内，将项目概况、总体设计定位、设计原则、设计内容、技术经济指标、总投资估算等诸多方面内容，向领导和专家们作一个全方位汇报。汇报人必须清楚，自己心里了解的项目情况，专家们不一定都了解，因而，在某些环节上，要尽量介绍得透彻一点、直观化一点，并且一定要具有针对性。在方案评审会上，宜先将设计指导思想和设计原则阐述清楚，然后再介绍设计布局和内容。设计内容的介绍，必须紧密结合先前阐述的设计原则，将设计指导思想及原则作为设计布局和内容的理论基础，而后者又是前者的具象化体现。两者应相辅相成，缺一不可。切不可造成设计原则和设计内容南辕北辙。

方案评审会结束后几天，设计方会收到打印成文的专家组评审意见。设计负责人必须认真阅读，对每条意见，都应该有一个明确答复，对于特别有意义的专家意见，要积极听取，立即落实到方案修改稿中。

6. 扩初设计评审会

设计者结合专家组方案评审意见，进行深入一步的扩大初步设计（简称“扩初设计”）。在扩初文本中，应该有更详细、更深入的总体规划平面，总体竖向设计平面，总体绿化设计平面，建筑小品的平、立、剖面（标注主要尺寸）。在地形特别复杂的地段，应该绘制详细的剖面图。在剖面图中，必须标明几个主要空间地面的标高（路面标高、地坪标高、室内地坪标高）、湖面标高（水面标高、池底标高)。

在扩初文本中,还应该有详细的水、电气设计说明,如有较大用电、用水设施,要绘制给排水、电气设计平面图。

扩初设计评审会上,专家们的意见不会像方案评审会那样分散,而是比较集中,也更有针对性。设计负责人的发言要言简意赅,对症下药。根据方案评审会上专家们的意见,要介绍扩初文本中修改过的内容和措施。未能修改的意见,要充分说明理由,争取能得到专家评委们的理解。

在方案评审会和扩初评审会上,如条件允许,设计方应尽可能运用多媒体电脑技术进行讲解,这样,能使整个方案的规划理念和精细的局部设计效果完美结合,使设计方案更具有形象性和表现力。

一般情况下,经过方案设计评审会和扩初设计评审会后,总体规划平面和具体设计内容都能顺利通过评审,这就为施工图设计打下了良好的基础。总的说,扩初设计越详细,施工图设计越省力。

7. 基地的再次勘察施工图的设计

该次基地的踏勘,与景观规划设计步骤(一)中基地踏勘的不同之处是:

(1)*参加人员范围的扩大*　前一次是设计项目负责人和主要设计人,这一次必须增加建筑、结构、水、电等各专业的设计人员;

(2)*踏勘深度的不同*　前一次是粗勘,这一次是精勘;

(3)*掌握最新、变化了的基地情况*　前一次与这一次踏勘相隔较长一段时间,现场情况必定有了变化,我们必须找出对今后设计影响较大的变化因素,加以研究,然后调整随后进行的施工图设计。

现在,很多重点景观工程,施工周期都相当紧促。往往最后竣工期先确定,然后从后向前倒排施工进度。这就要求设计人员打破常规的出图程序,实行“先要先出图”的出图方式。一般来讲,在大型景观绿地的施工图设计中,施工方需要的图纸是:

①总平面放样定位图(俗称方格网图);

②竖向设计图(俗称土方地形图);

③一些主要的大剖面图;

④土方平衡表(包含总进、出土方量);

⑤水的总体上水、下水、管网布置图,主要材料表;

⑥电的总平面布置图、系统图等。

与此同时,这些较早完成的图纸要做到两个结合:

①各专业图纸之间要相互一致,不应自圆其说;

②每一种专业图纸与今后陆续完成的图纸之间,要有准确的衔接和连续关系。

8. 施工图的设计

社会的发展伴随着大项目、大工程的产生,它们自身的特点使得设计与施工各自周期的划分已变得模糊不清。特别是由于施工周期的紧迫性,我们只得先出一部分急需施工的图纸,从而使整个工程项目处于边设计边施工的状态。

前一期所提到的先期完成一部分施工图,以便进行即时开工。紧接着就要进行各个单体建筑小品的设计,这其中包括建筑、结构、水、电的各专业施工图设计。

另外，作为整个工程项目设计总负责人，往往同时承担着总体定位、竖向设计、道路广场、水体以及绿化种植的施工图设计任务。他不但要按时，甚至提早完成各项设计任务，而且要把很多时间、精力花费在开会、协调、组织、平衡等工作上。尤其是甲方与设计方之间、设计方与施工方之间、设计各专业之间的协调工作更不可避免。往往工程规模越大，工程影响力越深远，组织协调工作就越繁重。

从这方面看，作为项目设计负责人，不仅要掌握扎实的设计理论知识和丰富的实践经验，更要具有极强的工作责任心和优良的职业道德，这样才能更好地担当起这一重任。

9. 施工图预算编制

严格来讲，施工图预算编制并不算是设计步骤之一，但它与工程项目本身有着千丝万缕的联系，应进行简述。

施工图预算是以扩初设计中的概算为基础的。该预算涵盖了施工图中所有设计项目的工程费用。其中包括：土方地形工程总造价，建筑小品工程纵总价，道路、广场工程总造价，绿化工程总造价，水、电安装工程总造价等。

施工图预算与最终工程决算往往有较大出入。其中的原因各种各样，影响较大的是：施工过程中工程项目的增减，工程建设周期的调整，工程范围内地质情况的变化，材料选用的变化等。施工图预算编制属于造价工程师的工作，但项目负责人脑中应该时刻有一个工程预算控制度，必要时及时与造价工程师联系，协商，尽量使施工预算能较准确反映整个工程项目的投资状况。

应该承认，某个工程的最终效果很大程度上由投资控制所决定。近几年在很多景观建设中出现了单位面积造价节节攀升的现象，设计师应该根据实际情况客观上因地制宜，主观上发挥各专业设计人员的聪明才智，平衡协调在一环节中做到投资控制。

景观工程项目建成后所具有的良好景观效果，必然是在一定资金保证下，优良设计与科学合理施工结合的体现。

10. 施工图的交底

业主拿到施工设计图纸后，会联系监理方、施工方对施工图进行看图和读图。看图属于总体上的把握，读图属于具体设计节点、详图的理解。

之后，由业主牵头，组织设计方、监理方、施工方进行施工图设计交底会。在交底会上，业主，监理，施工各方提出看图后所发现的各专业方面的问题，各专业设计人员将对口进行答疑，一般情况下，业主方的问题多涉及总体上的协调、衔接；监理方、施工方的问题常提及设计节点、大样的具体实施。双方侧重点不同。由于上述三方是有备而来，并且有些问题往往是施工中关键节点。因而设计方在交底会前要充分准备，会上要尽量结合设计图纸当场答复，现场不能回答的，回去考虑后尽快做出答复。

11. 设计师的施工配合（一）

设计的施工配合工作往往会被人们所忽略。其实，这一环节对设计师、对工程项目本身恰恰是相当重要的。

业主对工程项目质量的精益求精，对施工周期的一再缩短，都要求设计师在工程项目施工过程中，经常踏勘建设中的工地，解决施工现场暴露出来的设计问题、设计与施工相配合的问题。如有些重大工程项目，整个建设周期就已经相当紧迫，业主普遍采用“边设计边施工”的方法。针对这种工程，设计师更要勤下工地，结合现场客观地形、地质、地表情况，做出最合理、最迅捷的设计。

如果建设中的工地位于设计师所在的同一城市中，该设计项目负责人必须结合工程建设指挥的工作规律，对自己及各专业设计人员制定一项规定：每周必须下工地 1—2 次(可根据客观情况适当增减)，每次至工地，参加指挥部召开的每周工程例会，会后至现场解决会上各施工单位提出的问题。能解决的，现场解决；无法解决的，回去协调各专业设计后出设计变更图解决，时间控制在 2—3 天。如遇上非设计师下工地日，而工地上恰好发生影响工程进度的较重大设计施工问题，设计师应在工作条件允许下，尽快赶到工地，协调业主、监理、施工方解决问题。上面所指的设计师往往是项目负责人，但其他各专业设计人员应该配合总体设计师，做好本职专业的施工配合。

12. 设计师的施工配合(二)

如果建设中的工地位于与设计师不同城市，俗称“外地设计项目”而工程项目又相当重要(影响深远，规模庞大)。设计院所就必须根据该工程的性质、特点，派遣一位总体设计协调人员赴外地施工现场进行施工配合。

设计师的施工配合工作也随着社会的发展、与国际间合作设计项目的增加而上升到新的高度，配合时间更具弹性、配合形式更多样化。这是设计师施工配合所要达到的工作目的。

第四节　景观方案设计

一、景观艺术布局的立意内容形式

强调在规划设计之前必不可少的创意构思、指导思想、造园意境，这种意图是根据景观的性质、地位而定的。

在景观设计之初应该根据地形、地势、地貌的实际情况，考虑园林的性质、规模，及其构思艺术特征和景观结构。结合规划用地周边及区域自然环境、人文特征、历史文化特征，以及根据规划用地的尺度和空间关系，确定园林布局的形式和内容。结合业主的意愿和喜好，进行构思立意。

二、景观布局的内容

景观的整体布局主要包含以下内容：

1. 功能布局

根据规划用地性质、用地规模、现状条件及周边环境，进行功能分区，满足各种活动的需要。

2. 建筑布局

根据用地规模和太阳高度角来选择建筑的布局形式，考虑功能的要求和地形条件，结合自然环境，与山石、水体、植物巧妙搭配。

3. 道路布局

道路主要组织园林空间，具有导向作用，其布局形式多种多样，主要有串联式、并联式、环行式、多环式、放射式及分区式等。

4. 山石、水体的布局

根据功能需要合理布局，力求模拟自然山石、水体的布局形式。

5. 植物种植布局

三、景观方案设计的方法与阶段

从设计方法或设计阶段上讲，大体有以下几个方面：

1. 景观设计构思

构思是一个景观设计最重要的部分，也可以说是景观设计的最初阶段。从学科发展方面和国内外景观实践领域来看，景观设计的含义相差甚大。一般的观点都认为景观设计是关于如何合理安排和使用土地，解决土地、人类、城市和土地上的一切生命的安全与健康以及可持续发展的问题。它包括区域、新城镇、邻里和社区规划设计，公园和游憩规划，交通规划，校园规划设计，景观改造和修复，遗产保护，花园设计，疗养及其他特殊用途区域等很多的领域。同时，从目前国内很多实践活动或学科发展来看，着重于具体的项目本身的环境设计，这就是狭义上的景观设计。但是这两种观点并不相互冲突。

综上所述，无论是关于土地的合理使用，还是一个狭义的景观设计方案，构思是十分重要的。

构思是景观规划设计前的准备工作，是景观设计不可缺少的一个环节。构思首先考虑的是满足其使用功能，充分为地块的使用者创造、安排出满意的空间场所，又要考虑不破坏当地的生态环境，尽量减少项目对周围生态环境的干扰。然后，采用构图以及下面将要提及的各种手法进行具体的方案设计（图 7.4.1）。

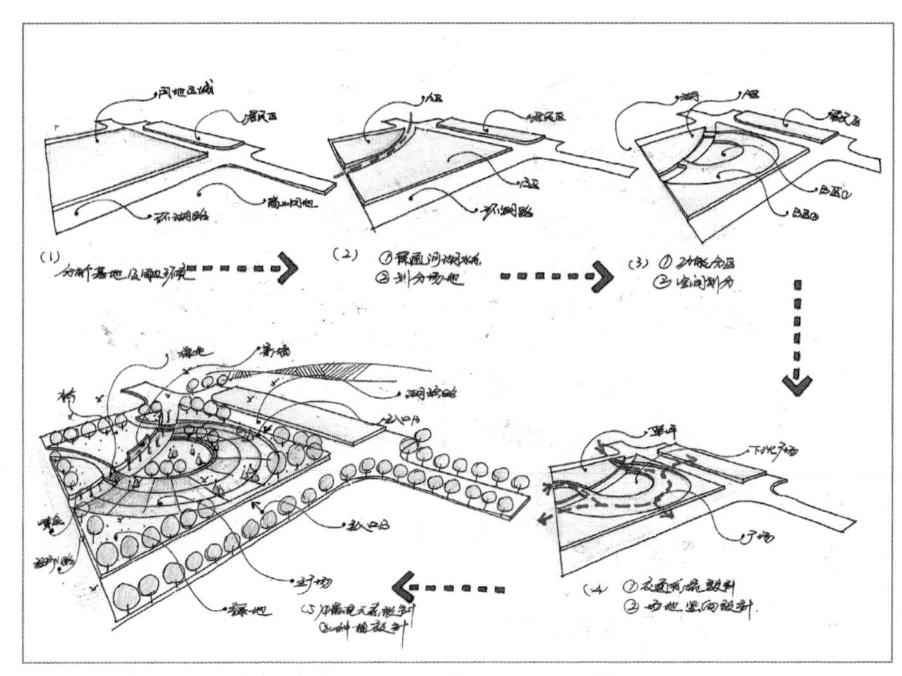

图 7.4.1　方案设计的思维过程

2. 景观设计构图

在构思的基础上就是构图的问题了。构思是构图的基础，构图始终要围绕着满足构思的所有功能。在这当中要把主要的注意力放在人和自然的关系上。中国早在步入春秋战国时代，就进入和亲协调的阶段，所以在造园构景中运用多种手段来表现自然；以求得渐入佳境、小中见大、步移景异的理想境界，以取得自然、淡泊。恬静、含蓄的艺术效果。而现代的景观设计思想也在提倡人与人、人与自然的和谐，景观设计师的目标和工作就是帮助人类，使人、建筑、社区、城市以及 他们的生活，同生命的地球和谐相处。景观设计构图包括两个方面的内容即平面构图组合（图 7.4.2）和立体造型组合（图 7.4.3）。

平面构图：主要是将交通道路、绿化面积、小品位置，用平面图示的形式，按比例准确地表现出来（图 7.4.4）。

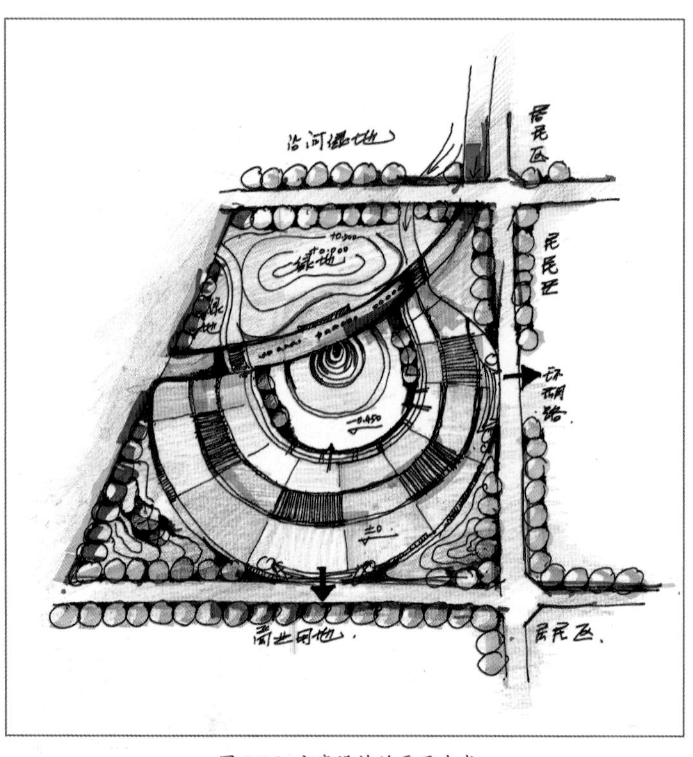

图 7.4.2 方案设计的平面生成

立体造型：整体来讲，是地块上所有实体内容的某个角度的正立面投影；从细部来讲，主要选择景物主体与背景的关系来反映（图 7.4.5），从以下的设计手法中可以体现出这层意思。

3. 对景与借景的设计手法

景观设计的构景手段很多，比如讲究设计景观的目的、景观的起名、景观的立意、景观的布局、景观中的微观处理等，这里就一些在平时工作中使用很多的景观规划设计方法做一些介绍。景观设计的平面布置中，往往有一定的建筑轴线和道路轴线，在轴线尽端的不同地方，安排一些相对的、可以互相看到的景物，这种从甲观赏点观赏乙观赏点，从乙观赏点观赏甲观赏点的方法（或构景方法），就叫对景。对景往往是平面构图和立体造型的视觉中心，对整个景观设计起着主导作用。对景可以分为直接对景和间接对景。直接对景是视觉最容易发现的景，如道路尽端的亭台、花架等，一目了然；间接对景不一定在道路的轴线上或行走的路线上，其布置的位置往往有所隐蔽或偏移，给人以惊异或若隐若现之感。

借景也是景观设计中常用的手法。通过建筑的空间组合，或建筑本身的设计手法，将远处的景致借用过来，大到皇家园林，小至街头小品。空间都是有限的，在横向或纵向上要让人扩展视觉和联想，才可以小见大，最重要的办法便是借景。所以古人计成在《园冶》中指出，“园林巧于因借”。借景有远借、邻借、仰借、俯借、应时而借之分。借远方的山，叫远借；借邻近的大树叫邻借；借空中的飞鸟，叫仰借；借池塘中的鱼，叫俯借；借四季的花或其他自然景象，叫应时而借。如扬州瘦西湖，全面可以从多个角度看到几百米以外的大明寺塔，这种借景的手法可以丰富景观的空间层次，给人极目远眺、身心放松的感觉（图 7.4.6）。

图 7.4.3 方案设计的效果表达

4. 添景与障景的设计手法

当一个景观在远方，或自然的山，或人为的建筑，如没有其他景观在中间、近处作过渡，就会显得虚空而没有层次；如果在中间、近处有小品、乔木作中间、近处的过渡景，景色就显得有层次美，这中间的小品和近处的乔木，便叫做添景。如当人们站在北京颐和园昆明湖南岸的垂柳下观赏万寿山远景时，万寿山因为有倒挂的柳丝作为装饰而生动起来。

“佳则收之，俗则屏之”是我国古代造园的手法之一，在现代

图 7.4.4　悉尼 Water Police 公园平面构图

图 7.4.5　深圳日晖台水景中的立体造型设计

图 7.4.6　扬州瘦西湖借景大明寺塔

景观设计中，也常常采用这样的思路和手法。隔景是将好的景致收入到景观中，将乱差的地方用树木、墙体遮挡起来。障景是直接采取截断行进路线或逼迫其改变方向的办法用实体来完成（图 7.4.7）。

5. 引导与示意的设计手法

引导的手法是多种多样的。采用的材质有水体、铺地等很多元素。如公园的水体，水流时大时小，时宽时窄，将游人引导到公园的中心。示意的手法包括 明示和暗示。明示指采用文字说明的形式如路标、指示牌等小品的形式。暗示可以通过地面铺装、树木的有规律布置的形式指引方向和去处，给人以身随景移“柳暗花明又一村”的感觉。

图 7.4.7 景观中的障景设计

图 7.4.8 犹太人博物馆建筑与景观的比例

6. 渗透和延伸的设计手法

在景观设计中，景区之间并没有十分明显的界限，而是你中有我，我中有你，渐而变之，使景物融为一体，景观的延伸常引起视觉的扩展。如用铺地的方法，将墙体的材料使用到地面上，将室内的材料使用到室外，互为延伸，产生连续不断的效果。渗透和延伸经常采用草坪、铺地等的延伸、渗透，起到连接空间的作用，给人在不知不觉中景物已发生变化的感觉；在心理感受上不会“戛然而止”，给人良好的空间体验。

7. 尺度与比例的设计手法

景观设计主要尺度依据在于人们在建筑外部空间的行为，人们的空间行为是确定空间尺度的主要依据。如学校的教学楼前的广场或开阔空地，尺度不宜太大，也不宜过于局促。太大了，学生或教师使用、停留会感觉过于空旷，没有氛围；过于局促会使得人们在其中觉得过于拥挤，失去一定的私密性，这也是人们所不会认同的。因此，无论是广场、花园或绿地，都应该依据其功能和使用对象确定其尺度和比例。合适的尺度和比例会给人以美的感受，不合适的尺度和比例则会让人感觉不协调，特别的别扭。以人的活动为目的，确定尺度和比例才能让人感到舒适、亲切（图 7.4.8）。

具体的尺度、比例，许多书籍资料都有描述，但最好的是从实践中把握感受。如果不在实践中体会，在亲自运用的过程中加以把握，那么是无论如何也不能真正掌握合适的比例和尺度的。比例有两个度向，一是人与空间的比例，二是物与空间的比例。在其中一个庭院空间中我们安放景点的山石，多大的比例合适呢？应该照顾到人对山石的视觉，把握距离以及空间与山石的体量比值。太小，不足以成为视点；太大，又变成累赘。总之，尺度和比例的控制，单从图画方面去考虑是不够的，综合分析、现场的感觉才是最佳的方法。

8. 质感与肌理的设计手法

景观设计的质感与肌理主要体现在植被和铺地方面。不同的材质通过不同的手法可以表现出不同的质感与肌理效果。如花岗石的坚硬和粗糙，大理石的纹理和细腻，草坪的柔软，树木的挺拔，水体的轻盈。这些不同材料加以运用，有条理地加以变化，将使景观富有更深的内涵和趣味（图 7.4.9）。

9. 节奏与韵律的设计手法

节奏与韵律是景观设计中常用的手法。在景观的处理上节奏包括：铺地中材料有规律的变化，灯具、树木排列中以相同间隔的安排，花坛座椅的均匀分布等。韵律是节奏的深化，如临水栏杆设计成波浪式一起一伏很有韵律，整个台地都用弧线来装饰，不同弧线产生了向心的韵律来获得人们的赞同（图 7.4.10）。

综上所述是景观设计中常采用的一些手法，但它们是相互联系综合运用的，并不能截然分开。只有在了解这些方法，加上更多的专业设计实践，才能很好地将这些设计手法，熟记于胸，灵活运用于方案之中。

图 7.4.9　Casa Mila 屋顶雕塑中材料质感的表达

第五节　景观设计的图纸表达

一、景观设计表达的主要内容

景观设计所要表达的内容主要包含：

1. 景观构思草图

根据自己的思维，一旦出现设计灵感，就快速表达出来，绘出草图；积累一系列的草图，然后比较、分析，提升设计方案。这一阶段可以简单上一点颜色，以验证构思效果。

2. 景观平面图

根据整体规划的思路，把各个功能分区的平面草图汇总在一张图纸上，形成总平面图。

3. 景观剖立面图

在与景观立面平行的投影面上所作的正投影图以反映出景观的主要立面特征。

4. 景观分析图

针对景观的结构与内容进行分析的相关图纸，以展示对设计内容的图纸化解释，如景观节点、功能分区、道路系统的分析等。

5. 景观效果图

以三维形式形象地体现设计意图和景观效果。

图 7.4.10　新加坡南洋理工大学建筑与景观的韵律感

二、景观设计图纸的相关规范

1. 景观设计图纸的内容要求

（1）图纸排列顺序

为了使设计师能够较好地向甲方表达其设计意图，又使施工者有较完整的施工依据，减少施工中的变更、拆改项目，提高有效工作时间，因此要求设计师必须图纸齐全，排列有序（按以下顺序排列）。

1）封面（按设计院统一制作的模板打印）

2）目录（按设计院统一制作的模板打印）

3）工程概况

4）设计说明

5）装饰工程项目表（按设计院统一制作的模板打印）

6）施工图纸（总平面图、平面、立面、大样详图等）

（2）图纸的内容要求

利用正投影原理所绘制的平面、立面、剖面图是设计师的设计意图与其现场施工交流的语言。设计师要将自己的设计意图充分的表达给客户及施工人员，设计师就必须掌握设计的图纸规范；正投影制图要求使用专业的绘图软件工具，在图纸上作的线条必须粗细均匀、光滑整洁、交接清楚。因为这类图纸是以明确的线条，描绘景观的形体轮廓线来表达设计意图的，所以严格的线条绘制和严格的制图规范是它的主要特征。

1）封面（按设计院统一制作的模板打印）

2）图纸目录　图纸目录必须标有正投影图的图号、图名及备注。图名是按图纸编排顺序，从第一页施工图开始编号。

3）工程概况　工程概况内容应反映出景观工地的大体格局、工程地址、设计部门、工艺级别、设计风格等。

4）设计说明

5）装饰工程项目表　必须标明装饰工程涉及的每个景观空间装饰的材质、品牌、规格、颜色，以便甲方及观者对装饰工程的主材及建议的色彩、配饰思路更清晰。

6）施工图纸

① 平面布置图

A. 平面图应在建筑物的门、窗洞口处，水平剖切俯视。图内应包括剖切面及投影方向可见的构造。

B. 平面图须注清立面标识、名称、地面材料（包括材料、尺寸与规格等内容）、主要景观设施的平面布置图。

② 立面图

A. 各种立面图应按正投影原理所绘制。

B. 立面图应包括投影方向可见的景观建筑、设施等的外轮廓线和构造图、墙面做法、材料做法及细部尺寸。

C. 各种立面图尚不能表达清楚的要做剖切图。剖切图的剖切位，应根据图纸的用途或设计的深度选择能反映全貌特征以及有代表性的部位剖切。

D. 剖切图包括剖切面和投影方向可见的施工构造、材料及尺寸标注。

③ 水电图

A. 景观中的配电图纸应包含景观照明系统、消防系统等相关配电图纸；

B. 景观中的给水图纸应包含景观给水、排水及消防系统的相关设计图纸，其中尤为重要的是景观中水景设计的水电配置设计的图纸。

④ 装饰详图及大样

A. 景观建筑、道路、广场、绿地等制作部分的平、立、剖面图。

B. 景观小品制作部分必须有平、立、剖面图。

C. 图样中某一部分或构造，需要重点索引节点详图。

（3）图纸具体要求

1）图纸设计必须符合施工规范要求，必须具有可施工性。

2）所有施工图必须标明比例。

3）利用正投影原理绘制的图纸严禁铅笔和徒手绘图。

4）手写的说明性文字需要使用仿宋体或标宋字。

（4）图纸规范要求

1）图幅大小：有 A0、A1、A2、A3、A4 五种。

2）比例：平面 1∶100（1∶150），大样 1∶20（1∶30），楼梯 1∶50（1∶60），单元平面 1∶50，节点大样 1∶20（1∶30）等，其他可视情况而定。

3）线型、宽度及各种线型的运用：

① 粗实线：A2（0.4—0.5 毫米）；A3（0.3—0.4 毫米）；A4（0.25—0.3 毫米）；

用于平、立、剖面图及详图中被剖切墙体的主要结构轮廓线；立面图的外轮廓线、剖切符号、详图符号、图面标志及标志等（地平线依次用 0.6 毫米、0.4 毫米、0.3 毫米粗实线）。

② 中实线：A2（0.35 毫米）；A3（0.25 毫米）；A4（0.25 毫米）；

用于平、立、剖面图及详图中物体的主要结构轮廓。

③ 细实线：A2（0.20 毫米）；A3（0.15 毫米）；A4（0.15 毫米）；

用于平、立、剖面图中可见的次要结构轮廓线，标注尺寸线、折断线（不需画全的断开界限）、引出线（用于对各种需要说明的部位详细说明）、图例线、索引图标、标高图标等。

④ 细虚线：A2（0.15 毫米）；A3（0.1 毫米）；A4（0.1 毫米）；

家具图中不可见的隔板，门窗的开启方式及图例线等。

⑤ 点画线 A2（0.15 毫米）；A3（0.1 毫米）；A4（0.1 毫米）；

用于中心线、对称线、定位轴线；

⑥ 辅助实线 A2（0.05 毫米）；A3（0.03 毫米）；A4（0.03 毫米）；

用于地面填充、玻璃纹理填充等。

4）文字：

① 图纸中总说明文字，字高 600 毫米，宽 0.8 毫米，用仿宋体；图名字体为仿宋，字体高 500—700 毫米，宽 0.9 毫米；

② 文字标注用仿宋体，字高 350 毫米，宽 0.7 毫米，不放在引线的横线上方；

③ 数字标注用 Tssdeng.shx 英文或仿宋字体；

④ 图形下图名字高 550 毫米，图内文字注释字高 350 毫米；

⑤ 图框内图纸名称字高 500 毫米，项目名称、工程名称等字高 400 毫米，设计人、校对人等文字字高 350 毫米。

5）尺寸标注：

① 尺寸线及尺寸界限应以细实线绘制，尺寸起止符号的斜短线应以中粗线绘制，长度为 200—300 毫米，并与尺寸线右方向成 45 度角；

② 尺寸线应与被标注长度平行，两端不宜超出尺寸界限，尺寸界限应与尺寸线垂直；

③ 尺寸数字应注写在尺寸线读数上方的中部，数字间不要有逗号，相邻的尺寸线数字如注写位置不够，可错开或引出注写；

④ 标注数字以毫米为单位，标注精度为整数。

⑤ 尺寸标注与标高标注在不同的方向位置，不允许交叉表示。

6）标高表示方法：

① 标高以地面作正负零位置，用于天花图中不同吊顶表面距地面高度的表示，用于平面图中地台、坡地、山体等不同高度的表示；

② 标高以米为单位，其数字的小数点后保留 3 位数。

7）详图索引标志：

① 索引图、索引剖切图图标、定位轴线的圆用粗实线，直径 800—1 000 毫米；

② 索引详图：圆用粗实线，直径 1 200 毫米，圆内横线用细实线绘制，索引详图圆内文字字高 350—400 毫米。

8）引出线：

① 对图形表达不完善的部位需要引出说明的线形。引出线应采用细曲线，不应用直线；

② 索引详图的引出线，应对准圆心；当同时索引几个相同部分时，各引出线应保持平行；

③ 多层构造引出线，必须通过被引的各层，并须保持垂直方向。被引注说明的层次，需用小圆点（直径≤ 100 毫米）表示。

9）其他：

① 图纸名称的表示：应有图名、比例（字体高度是图名的 1/2），图名下面有粗实线（0.5 毫米）、细实线（0.2 毫米）两道线，长度与字体对齐，两线相距 150 毫米；

② 平面图中方向性图标：用于平面图中各立面的标识，放置在平面图的左或右下方。

附录一　园林景观制图规范细则

一、总　则

1. 工作目标

1.1 规范化——有效提高设计的工作质量；

1.2 标准化——提高设计的工作效率；

1.3 网络化——便于网络上规范化管理和成果的共享。

2. 工作范围

本标准是依据建筑 CAD 制图的统一规则，适用于建筑工程和景观工程及相关领域中的 CAD 制图。

3. 工作风格

本标准为形成 CAD 绘图表达的风格的统一，不提倡个人绘图表达风格。CAD 制图的表达应清晰、完整、统一。

二、制　图

1. 制图规范

工程制图严格遵照国家有关建筑制图规范制图，要求所有图面的表达方式均保持一致。

2. 图纸目录

各个专业图纸目录参照下列顺序编制：

封面

图纸目录

景观专业：景观设计说明；总图；竖向图；放线图；索引图；分区图；节点详图；铺装详图。

建筑专业：建筑设计说明；室内装饰一览表；建筑构造作法一览表；建筑定位图；平面图；立面图；剖面图；楼梯；部分平面；建筑详图；门窗表；门窗图。

结构专业：结构设计说明；桩位图；基础图；基础详图；地下室结构图；（人防图纸）；地下室结构详图；楼面结构布置；楼面配筋图；梁、柱、板、楼梯详图；结构构件详图。

电气专业：电气设计说明；主要设备材料表；平面图；详图；系统图；控制线路图。大型工程应按强电、弱电、火灾报警及其智能系统分别设置目录。

给排水专业：给排水设计说明；总图；平面图（自下而上）；详图；给水、消防、排水、雨水系统图。

暖通空调专业：暖通设计说明；主要设备材料表，平面图；剖面图；详图；系统图。

绿化专业：绿化设计说明；苗木材料表；总图；乔木种植图；灌木种植图；地被种植图。

3. 图纸深度

工程图纸除应达到国家规范规定深度外，尚须满足业主提供例图深度及特殊要求。

4. 图纸字体

除投标及其特殊情况外，均应采取以下字体文件，尽量不使用 TureType 字体，以加快图形的显示，缩小图形文件。同一图形文件内字形数目不要超过四种。以下字体形文件为标准字体，将其放置在 CAD 软件的 FONTS 目录中即可。

5. 图纸版本及修改标记

5.1 图纸版本

5.1.1 施工图版本号

第一次出图版本号为 0

第二次修改图版本号为 1

第三次修改图版本号为 2

5.1.2 方案图或报批图等非施工用图版本号

第一次图版本号为 A

第二次图版本号为 B

第三次图版本号为 C

5.2 图面修改标记

图纸修改可以以版本号区分，每次修改必须在修改处做出标记，并注明版本号。

简单或单一修改尽量使用变更通知单。

6. 图纸幅面

6.1 图纸图幅采用 A0、A1、A2、A3 四种标准，以 A1 图纸为主。

图纸尺寸规格表

图纸种类	图纸宽度（mm）	图纸高度（mm）	备　注
A0	1189	841	
A1	841	594	
A2	594	420	
A3	420	297	
A4	297	210	主要用于目录、变更、修改等

6.2 特殊需要可采用按长边 1/8 模数加长尺寸(按房屋建筑制图统一标准)。

6.3 一个专业所用的图纸,不宜多于两种幅面(目录及表格所用 A4 幅面除外)。

6.4 图纸比例

常用图纸如下,同一张图纸中,不宜出现三种以上的比例。

常用比例表

常用比例	1∶1	1∶2	1∶5	1∶10	1∶20	1∶50	1∶100	1∶200	1∶500	1∶1 000
可用比例	1∶3	1∶15	1∶25	1∶30	1∶150	1∶250	1∶300	1∶1 500	1∶2 000	

7. 图层及文件交换格式

7.1 采用图层的目的是用于组织、管理和交换 CAD 图形的实体数据以及控制实体的屏幕显示和打印输出。图层具有颜色、线形、状态等属性。

7.2 图层组织根据不同的用途、阶段、实体属性和使用对象可采取不同

附录二　景观总图施工图设计深度规范

一、图纸目录

二、设计说明，主要技术经济指标表

以上内容可列在总平面布置图上。

三、总平面布置图

1. 城市坐标网、场地建筑坐标网、坐标值；
2. 场地四界的城市坐标和场地建筑坐标（或标注尺寸）；
3. 建筑物、构筑物（人防工程、化粪池等隐蔽工程以虚线表示）定位的场地建筑坐标（或相互关系尺寸）、名称（或编号）、室内标高及层数；
4. 拆除旧建筑的范围边界、相邻单位的有关建筑物、构筑物的使用性质、耐火等级及层数；
5. 道路、铁路和明沟等的控制点（起点、转折点、终点等）的场地建筑坐标（或相互关系尺寸）和标高、坡向箭头、平曲线要素等；
6. 指北针、风玫瑰图；
7. 建筑物、构筑物使用编号时，列建筑物、构筑物名称编号表；
8. 说明栏内。尺寸单位、比例、城市坐标系统和高程系统的名称、城市坐标网与场地建筑坐标网的相互关系、补充图例、施工图的设计依据等。

四、竖向设计图

1. 地形等高线和地物；
2. 场地建筑坐标网、坐标值；
3. 场地外围的道路、铁路、河渠或地面的关键性标高；
4. 建筑物、构筑物的名称（或编号）、室内外设计标高（包括铁路专用线设计标高）；

5. 道路、铁路和明沟的起点、变坡点、转折点和终点等的设计标高（道路在路面中、铁路在轨项、阴沟在沟项和沟底）、纵坡度、纵坡距、纵坡向、平曲线要素、竖曲线半径、关键性标注，道路注明单面坡或双面坡；

6. 挡土墙、护坡或土坡等构筑物的坡顶和坡脚的设计标高；

7. 用高距 0.10—0.50 米的设计等高线表示设计地面起伏状况，或用坡向箭头表明设计地面坡向；

8. 指北针；

9. 说明栏内：尺寸单位、比例、高程系统的名称、补充图例等；

10. 当工程简单，本图与总平面布置图可合并绘制，如路网复杂时，可按上述有关技术条件等内容，单独绘制道路平面图。

五、土方工程图

1. 地形等高线、原有的主要地形、地物；

2. 场地建筑坐标网、坐标值；

3. 场地四界的城市坐标和场地建筑坐标（或注尺寸）；

4. 设计的主要建筑物、构筑物；

5. 高距为 0.25—1.00 米的设计等高线；

6. 20 米×20 米或 40 米×40 米方格网，各方格点的原地面标高、设计标高、填挖高度、填区和挖区间的分界线、各方格土方量、总土方量；

7. 土方工程平衡表；

8. 指北针；

9. 说明栏内：尺寸单位、比例、补充图例、坐标和高程系统名称、弃土和取土地点、运距、施工要求等；

10. 本图亦可用其他方法表示，但应便于平整场地的施工；

11. 场地不进行初平时可不出图，但在竖向设计图上须说明土方工程数量。如场地需进行机械或人工初平时，须正式出图。

六、管道综合图

1. 绘出总平面布置图；

2. 场地四界的场地建筑坐标（或注尺寸）；

3. 各管线的平面布置、注明各管线与建筑物、构筑物的距离尺寸和管线的间距尺寸；

4. 场外管线接入点的位置及其城市和场地建筑坐标；

5. 指北针；
6. 当管线布置涉及范围少于 3 个设备专业时，在总平面布置蓝图上绘制草图，不正式出图。如涉及范围在 3 个或 3 个以上设备专业时，对干管干线进行平面综合，须正式出图；管线交叉密集的部分地点，适当增加断面图，表明管线与建筑物、构筑物、绿化之间以及合线之间的距离，并注明管道及地沟等的设计标高。
7. 说明栏内：尺寸单位、比例、补充图例。

七、绿化布置图

1. 绘出总平面布置图；
2. 场地四界的场地建筑坐标（或注尺寸）；
3. 植物种类及名称、行距和株距尺寸、群栽位置范围、与建筑物、构筑物、道路或地上管线的距离尺寸、各类植物数量（列表或旁注）；
4. 建筑小品和美化构筑物的位置、场地建筑坐标（或与建筑物、构筑物的距离尺寸）、设计标高；
5. 指北针；
6. 如无绿化投资，可在总平面布置图上示意，不单独出图。此时总平面布置图和竖向设计图须分别绘制；
7. 说明栏内：尺寸单位、比例、图例、施工要求等。

八、详图

施工图详图主要包含道路标准横断面、路面结构、混凝土路面分格、铁路路基标准横断面、小桥涵、挡土墙、护坡、建筑小品等相关内容。

参 考 文 献

[1] 周维权 . 中国古典园林史 [M]. 北京 :清华大学出版社,1999

[2] (日)针之谷钟吉著,邹洪灿译 . 西方造园变迁史 [M]. 北京 : 中国建筑工业出版社,1991

[3] (美)John Ormsbee Simonds 著,俞孔坚译 . 景观设计学 [M]. 北京 :中国建筑工业出版社,2005

[4] 王向荣,林菁 . 西方现代景观设计的理论与实践 [M]. 北京 : 中国建筑工业出版社,2002

[5] 冯炜,李开然 . 现代景观设计教程 [M]. 杭州 : 中国美术学院出版社,2004

[6] 陈志华 . 外国造园艺术 [M]. 郑州 :河南科学技术出版社,2001

[7] 彭一刚 . 中国古典园林分析 [M]. 北京 : 中国建筑工业出版社,1986

[8] 王晓俊 . 西方现代园林设计 [M]. 南京 : 东南大学出版社,2000

[9] 鲍诗度 . 西方现代派美术 [M]. 北京 : 中国青年出版社,1993

[10] 俞孔坚,李迪华 . 景观生态规划发展历程 [M]. 北京 :中国建筑工业出版社,2004

[11] 成玉宁 . 现代景观设计理论与方法 [M]. 南京 :东南大学出版社,2010

[12] 吴家骅 . 环境设计史纲 [M]. 重庆 :重庆大学出版社,1999

[13] 王云才 . 景观生态规划原理 [M]. 北京 :中国建筑工业出版社,2007

[14] 金学智 . 中国园林美学 [M]. 北京 :中国建筑工业出版社,2005

[15] 刘滨谊 . 现代景观规划设计 [M]. 南京 :东南大学出版社,2010

[16] 张振 . 传统园林与现代景观设计 [J]. 中国园林,2003(08)